U0171040

随机切换系统的降阶方法研究

石　碰　张会焱　苏晓杰　敖文刚　著

科学出版社
北　京

内容简介

本书在随机切换系统的框架下，主要研究了随机切换系统的随机稳定性分析、耗散性分析、模型降阶、降阶控制器设计及降阶滤波器设计等课题。本书涉及不确定性、时滞、随机过程、噪声干扰等复杂环境下的处理技术和方法，由浅入深地介绍混杂系统的系统分析与综合。总之，本书的研究成果依赖于控制理论、数学方法、计算机仿真系统及工业管理等多学科知识的积累和协作。

本书的主要读者为：控制理论与工程专业的高年级本科生和研究生，智能控制领域的教师或科研工作者，企业或研究院所实际项目中的研究员。

图书在版编目(CIP)数据

随机切换系统的降阶方法研究 / 石碰等著. — 北京：科学出版社，2022.6(2023.2 重印)

ISBN 978-7-03-069360-0

Ⅰ. ①随… Ⅱ. ①石… Ⅲ. ①自动控制理论-研究 Ⅳ. ①TP13

中国版本图书馆 CIP 数据核字 (2021) 第 138982 号

责任编辑：刘莉莉 / 责任校对：彭　映

责任印制：罗　科 / 封面设计：墨创文化

科学出版社 出版

北京东黄城根北街16号

邮政编码：100717

http://www.sciencep.com

成都锦瑞印刷有限责任公司印刷

科学出版社发行　各地新华书店经销

*

2022 年 6 月第　一　版　开本：B5 (720×1000)

2023 年 2 月第二次印刷　印张：11 1/2

字数：230 000

定价：119.00 元

(如有印装质量问题，我社负责调换)

前　言

实际工业过程，尤其是智能交通、智慧电网和航空航天系统等，往往需要面临复杂环境、多任务协同、高精度及高性能需求等多项挑战。随机切换系统是一类特殊的混杂系统，可以有效地针对由环境的突变、零部件故障，甚至正常操作过程中人为因素等引起的系统突变现象进行建模，因而其研究在控制领域得到广泛关注。本书将切换思想应用到系统的时变参数矩阵、参数矩阵不确定性以及时变转移概率，拟探索复杂高阶随机切换系统的性能分析、低保守性近似逼近、鲁棒控制及事件触发下降阶综合。

近年来，线性矩阵不等式、锥补线性化、凸线性优化算法及投影定理等先进技术，已广泛应用到解决线性定常系统的模型降阶问题中，并得到行之有效的降阶方法，如$\mathcal{H}_2/\mathcal{H}_\infty$模型降阶法、Hankel(汉克尔)范数优化法、聚合法、矩匹配法和平衡截断法等。模型降阶算法已经发展得较成熟，但是在解决随机切换系统的降阶问题时仍存在很多亟待解决的问题，如参数间的强耦合问题、降阶误差有界问题、降阶精度与性能要求之间的互相妥协问题等。作者从能量角度提出基于耗散性的随机切换系统的模型降阶算法，相关成果已发表在国内外相关知名期刊中。基于博士论文[1]，本书扩展了基于平衡截断方法的时滞马尔可夫切换系统和基于有限时间格拉姆的半马尔可夫切换系统的降阶方法等。

本书由 3 部分，共 7 章组成。第 1 章是绪论，对随机切换系统降阶方法研究的背景及研究现状进行分析，并指出随机切换系统是智能制造时代的热门研究领域且获得了巨大的发展，然而仍存在很多不足或者需要改进的问题亟待解决。第 2 章利用参数依赖李雅普诺夫-克拉索夫斯基泛函结合分割分析技术，给出了连续半马尔可夫切换时滞系统均方指数稳定且满足严格耗散性的充分条件。第 3 章、第 4 章和第 5 章分别基于时间加权格拉姆、广义耗散不等式和有限时间区间格拉姆，提出新的平衡降阶方法来解决切换线性参数时变(linear parameter varying，LPV)系统、马尔可夫切换系统和半马尔可夫切换系统的近似逼近问题。第 6 章和第 7 章针对不确定连续半马尔可夫切换系统，分别研究基于凸线性化和疏松矩阵的降阶综合。

本书受到国家自然科学基金青年项目(62003062)、重庆市自然科学基金(cstc2020jcyj-msxmX0077)、重庆市教委项目(KJQN201900831 和 KJZD-M201900801)、重庆工商大学高层次人才启动项目(1956030 和 1953013)、管理科学与工程重庆市重点学科智能决策与优化管理团队项目（ZDPTTD201918）、重庆工商大学国家智能制造服务国际科技合作基地的资助。

作者尽最大努力将近年来随机切换系统的模型降阶及降阶综合的研究成果反映在此书中，但限于作者水平，书中不足之处在所难免，恳请广大读者批评指正。

目　　录

第一篇　随机切换系统的性能分析

第二篇　随机切换系统的模型降阶研究

第三篇 随机切换系统的降阶综合研究

第一篇　随机切换系统的性能分析

第1章 绪　论

随着计算机、网络和通信等新一代信息技术的发展，混杂系统越来越被广泛应用于实际物理过程，以实现智能计算、通信与控制的深度融合及全系统的自治与协作。随机切换系统是一类特殊的混杂系统，可以有效地针对由环境的突变、零部件故障，甚至正常操作过程中人为因素等引起的系统突变现象进行建模，其研究在控制领域得到广泛关注。从数学模型角度分析，随机切换系统由一类具有多个连续时间的状态和决定各模态间如何切换的离散事件组成。该数学模型可建模一类实际物理对象具有多模态性质的动态系统，也可建模一类为提高系统性能而采取多控制器的控制系统，且广泛应用于电力系统、化工过程及航空航天系统等实际系统中。近年来，越来越多的研究者关注随机切换系统，大多数的研究成果集中于马尔可夫切换系统分析与综合，如系统镇定、滤波器设计、鲁棒控制和模型降阶等。本章首先从研究背景和国内外研究现状角度介绍这类特殊的动态系统。

1.1 研究背景和意义

近年来，国家经济发展及国家安全对控制系统的需求日益剧增，智能制造作为国家提升国际竞争力的核心技术应运而生[2,3]。然而，先进的工业过程或经济领域，特别是智能电网、智能交通、化工系统以及航空航天系统等，面对的多是复杂的动态系统，往往需要面对复杂及突变的外部环境和数以万计的由执行器或者传感器组成的被控对象。这些复杂的智能系统在海量的控制系统约束下，在系统分析与综合过程中将面临复杂的系统设计、优化控制及仿真等问题[4,5]，运算成本高甚至不能达到要求的性能。这些多目标且互相关联的大型智能控制系统，引起了控制领域的研究者对混杂系统的广泛关注。混杂系统本质上来说是一类由具有随时间连续变换的系统状态和驱动系统模态的离散事件两部分组成的复杂动态系统[6]。值得提出的是，系统模态一般是由多个连续或者离散时间微分或者差分方程描述且其行为方式受离散事件驱动的动态环节。随机切换系统作为一类特殊的混杂系统，可以有效地针对由环境突变干扰、随机产生的故障或者内部部件故障，甚至正常操作过程中的人为因素等引起的随机切换现象进行建模和分析。该系统在智能控制领域中得到广泛关注[7]，相关研究成果已广泛应用于工业制造、化工工程、飞行器设计和网络通信等领域。总之，不论是智能控制理论领域还是实际应用，以随机切换系统为研究对象，耗散性控制、控制器/滤波器设计、可达性以及可观性等智能控制问题亟待解决。

切换系统是从系统与控制论的角度研究的一类重要的随机切换系统，由若干个微分或者差分方程描述的子系统和决定这些子系统间如何切换的切换信号构成[8]。近年来，切换系统相关的智能控制理论和切换思维已经成为国际控制理论研究领域的热门分支之一，且其相关结论已广泛应用于车辆控制、工业制造、电力系统等领域。切换系统理论研究的意义可总结为以下两个方面。

(1)可以有效地描述因环境突变、参数变化、外部干扰、零部件的损坏及系统时滞等引起的突变现象。这些突变现象的实质是多模态的，利用切换系统的子系统描述不同状态下的动态特性，使得系统可以在遭受突变时仍然满足需要的性能指标。也就是说，此类切换系统的切换动作取决于某时刻的切换信号，我们称此类切换系统为时间依赖切换系统。

(2)可以有效处理智能控制中多控制器切换现象。在混杂系统的镇定或者控制系统设计过程中，由于系统的复杂性以及不确定性，单一的控制器往往不能满足对系统性能指标的要求。也就是说，多控制器设计方法，可以根据不同的系统状态选择不同的控制器，从而能够有效地提高系统的性能，我们称此类切换系统为状态依赖切换系统。

综上所述，切换系统的理论或者切换思维不论是在控制理论方面还是在实际应用中均有重要的意义。

值得提出的是，切换系统的性能不仅依赖于系统的初始状态，还依赖于切换信号，在此以时间依赖切换系统为例说明：在$\left[t_0,t_1\right]$系统以初始状态x_0决定系统在某模态运行；若发生突变现象，在$\left[t_1,t_2\right]$系统则以x_1为初始状态在下一模态运行。切换系统的切换信号与突变情况发生的时间、持续的时间以及种类有关。实际工业过程中，可以通过经验或者大量统计得到不同突变情形(每种突变情形分别对应系统的某个模态)之间的逗留时间服从的某种概率分布。若两种模态之间的逗留时间服从指数分布，也就是系统模态之间的切换遵从马尔可夫过程，我们称该系统为马尔可夫切换系统[9]。由于马尔可夫切换系统在经济系统、计算机和通信系统、太阳能接收器、航空系统控制及能源系统等领域具有广泛应用，使得马尔可夫切换系统的转移概率已知、部分可知及不确定情形下的系统分析与综合问题得到了广泛的讨论。

考虑马尔可夫切换系统，假设其逗留时间服从无记忆性的指数分布，意味着转移概率不依赖于逗留时间和过去的模态，即无后效性。而连续时间分布中指数分布是唯一具有无记忆性的分布，且实际应用中在这样理想的假设条件下得到的系统设计和综合的结论往往不能达到满意的性能，因此马尔可夫切换系统中对转移概率为时不变的假设条件限制了其在实际应用中的适用范围。而半马尔可夫切换系统放松了马尔可夫切换系统中的逗留时间服从指数分布的假设条件，可以为更一般的概率分布，如韦布尔(Weibull)分布、拉普拉斯(Laplace)分布、高斯(Gaussian)分布或者几种分布的混合等[10]。这类概率分布不具有无记忆性，因此半马尔可夫切换系统的转移概率是依赖于逗留时间的时变矩阵，在如今的智能制造工业时代具有更高的实际应用价值。值得提出的是，马尔可夫切换系统与半马尔可夫切换系统虽然在系统建模中有相似之处，但是在智能控制过程中，由于对象的复杂性和性能指标的高要求，并不能将马尔可夫切换系统相关的结论直接应用到半马尔可夫切换系统的设计与控制中。半马尔可夫切换系统仍有很多复杂的问题亟待解决，仍是控制理论界较前沿的研究课题。

为了更好地说明随机切换系统的应用背景和意义，现举例说明。

1.1.1　实例 1：RCL 电路系统[11]

考虑图 1-1 所示的 RCL 电路系统。

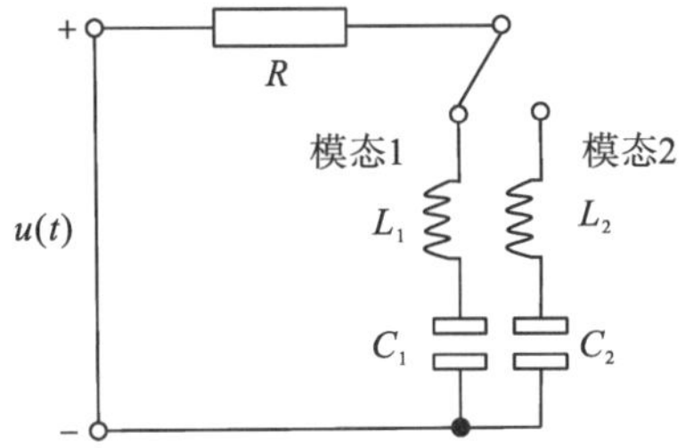

图 1-1　RCL 串联电路

如图 1-1 所示，系统在两个模态之间切换，并且假设是随机切换的。用连续时间马尔可夫过程 η_t 描述系统中两个模态之间的切换过程，那么随机变量 η_t 的不同取值对应 RCL 电路中的不同位置。其中，$i(t)$ 表示电路中当前的电流，R 为电阻，$u_C(t)$ 和 $u_L(t)$ 分别表示通过电容和电感的电压，$L(\eta_t)$ 和 $C(\eta_t)$ 分别表示相应的电感和电容系数，应用基尔霍夫定律得

$$\frac{\mathrm{d}i(t)}{\mathrm{d}t}=\frac{u_L(t)}{L(\eta_t)}=\frac{u-u_C(t)-i(t)R}{L(\eta_t)}$$

$$\frac{\mathrm{d}u_C(t)}{\mathrm{d}t}=\frac{i(t)}{C(\eta_t)}$$

令 $x_1(t)=u_C(t)$，$x_2(t)=i(t)$，那么此时 RCL 电路可以描述为

$$\dot{x}(t)=\begin{bmatrix} 0 & \dfrac{1}{C(\eta_t)} \\ -\dfrac{1}{L(\eta_t)} & -\dfrac{R}{L(\eta_t)} \end{bmatrix} x(t)+\begin{bmatrix} 0 \\ \dfrac{1}{L(\eta_t)} \end{bmatrix} u(t)$$

可见，N 个位置切换的 RCL 电路系统可以建模为具有 N 个模态的马尔可夫切换系统，并且转移概率矩阵决定不同模态之间的切换。

1.1.2 实例 2：直升机垂直起降模型[7]

考虑航空航天工业中的直升机垂直起降模型。在该系统模型中，令 x_1、x_2、x_3 和 x_4 分别表示直升机的水平速度、垂直速度、俯仰角速度以及俯仰角，可以用以下微分方程描述直升机的垂直起降过程：

$$\dot{\boldsymbol{x}}(t)=\boldsymbol{A}(\eta_t)\boldsymbol{x}(t)+\boldsymbol{B}(\eta_t)\boldsymbol{u}(t)$$

其中，$\boldsymbol{x}(t)=\begin{bmatrix} x_1(t) & x_2(t) & x_3(t) & x_4(t)\end{bmatrix}$，为系统的状态向量；$\boldsymbol{u}(t)$ 表示系统的外部输入；系统矩阵 $\boldsymbol{A}(\eta_t)$ 和 $\boldsymbol{B}(\eta_t)$ 依赖于随机变量 η_t，满足

$$\boldsymbol{A}(\eta_t)=\begin{bmatrix} -0.0366 & 0.0271 & 0.0188 & -0.4555 \\ 0.0482 & -1.01 & 0.0024 & -4.0208 \\ 0.1002 & a_{32}(\eta_t) & -0.707 & a_{34}(\eta_t) \\ 0.0 & 0.0 & 1.0 & 0.0 \end{bmatrix}$$

$$\boldsymbol{B}(\eta_t)=\begin{bmatrix} 0.4422 & 0.1761 \\ b_{21}(\eta_t) & -7.5922 \\ -5.52 & 4.49 \\ 0.0 & 0.0 \end{bmatrix}$$

也就是说，系统矩阵是根据直升机飞行海拔和速度时变的。其中，随机变量 η_t 是具有右连续轨迹并且取值于有限集 $\mathcal{N}\triangleq\{1,2,3\}$，分别对应 3 种不同的飞行速度：170knots、135knots 和 60knots①。如果系统在某种模态的逗留时间服从指数分布，则直升机垂直起降模型建模为马尔可夫切换系统；如果逗留时间服从更一般的分布，则直升机垂直起降模型建模为半马尔可夫切换系统。

① knots：节，速度单位，常用于航海、航空等领域，1knots＝1.852km/h。

1.1.3　实例 3：单链机器人手臂系统[11]

考虑具有以下动态方程的单链机器人手臂系统：

$$\ddot{\theta}=\left[-\frac{MgL}{I_m}\sin\theta(t)-\frac{D(t)}{I_m}\dot{\theta}(t)+\frac{1}{I_m}\omega(t)\right]$$

其中，g 表示重力加速度；M 表示负载的质量；L 表示机器人手臂的长度；I_m 为惯性矩；$D(t)$ 为黏性摩擦不确定系数；$\theta(t)$ 为机器臂的角位移；$\omega(t)$ 为外部干扰。

利用欧拉近似方法，$x_1(t)=\theta(t)$ 和 $x_2(t)=\dot{\theta}(t)$，得到以下连续系统：

$$\dot{x}(t)=\begin{bmatrix}0 & 1\\ -\dfrac{MgL}{I_m(\eta_t)} & -\dfrac{D(t)}{I_m(\eta_t)}\end{bmatrix}x(t)+\begin{bmatrix}0\\ \dfrac{1}{I_m(\eta_t)}\end{bmatrix}\omega(t)$$

其中，$I_m(\eta_t)$ 依赖于随机变量 $\eta_t=1,2$，不同模态之间的切换可以看作是马尔可夫过程。

此外，随机切换系统在智能交通、太阳能发电装置以及外汇交易的经济领域均有广泛的应用。由此可见，随机切换系统的分析与综合具有很大的实际应用价值。

1.2　研 究 现 状

1.2.1　切换系统的稳定性分析

切换系统从控制理论数学模型上来看，是由有限个子系统和切换规则组成的[8]。其与线性参数时变(linear parameter varying，LPV)系统或者时变系统的区别是在非常短的时间段内系统的状态产生变换的概率极小，且系统一旦发生切换，系统的状态将发生极大的变换[12]。切换控制的思想早在经典控制理论和实际中得到应用，如处理非线性系统的方法还不完善，解决方法[8]如下：①引入不确定性；②采用分段线性化方法，将非线性系统划分为多个线性系统；③采用多控制器对划分的多线性系统进行设计，得到更好的性能指标。为了处理非线性系统中的振荡现象，如伺服系统，采用“开”和“关”操作方法来处理系统的稳定性问题。航空航天领域的 Bang-Bang 控制原理，旨在设计一个控制器在可控输入上下界之间切换，从而实现飞行时间和燃料的最优控制。调和振荡器系统中的弹簧系统具有不确定性，系统的外部输入控制信号需要根据弹簧系统进行调整，其闭环系统被视为多控制器的切换系统。现代控制理论中的模糊控制和智能控制均是以切换系统控制理论为基础，产生和发展的先进控制理论[13-15]。

系统稳定性问题是切换系统首要考虑的性能指标。需要注意的是，每个子系统均为稳定的，切换系统不一定稳定；每个子系统均不稳定，切换系统不一定不稳定。早在 1991 年 Peleties 和 Decarlo[16]就提出了 3 种情形下切换系统的稳定性分析：公共李雅普诺夫函数、多李雅普诺夫函数和参数依赖李雅普诺夫函数。文中提出了对任意快速切换序列的切换系统，若所有的子系统存在一个公共李雅普诺夫函数，沿着系统的状态和任意切换规则，函数都是递减的，那么系统是稳定的。由于找到这样一个公共的李雅普诺夫函数存在一定难度，因此该方法具有一定的局限性。Davrazos 和 Koussoulas[17]和 Abdallah 等[18]总结了几年来随机切换系统的稳定性分析问题，均提到多李雅普诺夫函数方法由于考虑了每个子系统的信息，尤其是当切换序列比较缓慢的情形，可以得到保守性更低的稳定性条件。从控制理论发展的角度出发，多李雅普诺夫函数方法能够将随机切换系统的控制方法扩展到更加复杂的马尔可夫切换系统情形，尤其是当转移概率部分可知时，可推广性强。近年来，切换系统的稳定性分析得到进一步发展和推广，研究学者提出了驻留时间的概念(即系统在某一个子系统停留的时间)，并且证明了当驻留时间充分大时切换系统满足稳定性条件。其中值得提出的是，Zhai 等[19]考虑同时包含赫尔维茨稳定和不稳定的两种类型的子系统，将多李雅普诺夫函数和平均驻留时间方法结合给出了整个切换系统指数稳定的条件，并且将该结论应用到带非线性干扰的情形中。随机切换系统的研究涉及实际应用中的方方面面，控制理论研究趋于成熟[20-23]，但是仍有很多新的创新型的问题提出。本书主要研究在模型降阶、降阶控制器及滤波器设计过程中，转移概率矩阵对降阶误差的影响，因此本书以任意切换的切换系统为切入点，尝试对现有的模型降阶方法进行创新和改进，进而应用到更加复杂的考虑转移概率信息的马尔可夫切换系统。

1.2.2 马尔可夫切换系统的研究现状

通过经验或者大量统计可以得到不同子系统或模态之间切换的概率，如不同模态之间切换的逗留时间服从指数分布(离散系统服从几何分布)，那么该随机过程叫马尔可夫过程，系统叫马尔可夫切换系统[24]。考虑以下连续时间马尔可夫切换系统模型：

$$\dot{\boldsymbol{x}}(t)=\boldsymbol{A}(\eta_t)\boldsymbol{x}(t)+\boldsymbol{B}(\eta_t)\boldsymbol{u}(t) \tag{1-1}$$

式中，$\boldsymbol{x}(t)\in\mathbb{R}^n$ 为系统状态；$\boldsymbol{u}(t)\in\mathbb{R}^m$ 为定义在 $\mathcal{L}_2[0,\infty)$ 上的外部输入控制向量；

矩阵 $\boldsymbol{A}(\eta_t)$ 和 $\boldsymbol{B}(\eta_t)$ 为具有适当维数的状态矩阵；$\{\eta_t, t\geqslant 0\}$ 为取值于有限状态空间 $\mathcal{N}=\{1,2,\cdots,N\}$ 的连续且具有右连续轨迹的马尔可夫过程，并且转移概率矩阵 $\boldsymbol{\Lambda}\triangleq[\alpha_{ij}]_{N\times N}$ 满足

$$P_r(\eta_{t+h}=j\mid\eta_t=i)=\begin{cases}\alpha_{ij}h+o(h), & i\neq j\\ 1+\alpha_{ij}h+o(h), & i=j\end{cases} \tag{1-2}$$

式中，$o(h)$ 为无穷小变量且满足 $h>0$ 且 $\lim\limits_{h\to 0}\dfrac{o(h)}{h}=0$；$\alpha_{ij}\geqslant 0(i,j\in\mathcal{N},i\neq j)$，为从 t 时刻模态 i 切换到 $t+h$ 时刻模态 j 的转移概率，并且满足 $\alpha_{ii}=-\sum\limits_{j=1,j\neq i}^{N}\alpha_{ij}$。

对应地考虑以下离散时间马尔可夫切换系统模型：

$$\boldsymbol{x}(k+1)=\boldsymbol{A}(\eta_k)\boldsymbol{x}(k)+\boldsymbol{B}(\eta_k)\boldsymbol{u}(k) \tag{1-3}$$

式中，$\boldsymbol{x}(k)\in\mathbb{R}^n$ 为系统状态；$\boldsymbol{u}(k)\in\mathbb{R}^m$ 为定义在 $\ell_2[0,\infty)$ 上的外部输入控制向量；矩阵 $\boldsymbol{A}(\eta_k)$ 和 $\boldsymbol{B}(\eta_k)$ 为具有适当维数的状态矩阵；$\{\eta_k, k\geqslant 0\}$ 为取值于有限状态空间 $\mathcal{N}=\{1,2,\cdots,N\}$ 的离散马尔可夫过程，并且转移概率矩阵 $\boldsymbol{\Pi}\triangleq[\pi_{ij}]_{N\times N}$ 满足

$$\pi_{ij}=P_r(\eta_{k+1}=j\mid\eta_k=i) \tag{1-4}$$

式中，$\pi_{ij}\geqslant 0(i,j\in\mathcal{N})$ 为从 k 时刻模态 i 切换到 $k+1$ 时刻模态 j 的转移概率，并且满足 $\sum\limits_{j=1}^{N}\pi_{ij}=1$；$o(h)$ 为无穷小变量且满足 $h>0$ 且 $\lim\limits_{h\to 0}\dfrac{o(h)}{h}=0$。

对马尔可夫切换系统的研究最早可以追溯到 20 世纪 60 年代，Krasovskii 和 Lidskii[25]首次提出用马尔可夫切换系统的模型来描述切换的情形，并且给出了基于二次型性能指标的最优控制理论。Sworder[26]于 1969 年提出通过随机最大值原理来设计最优反馈控制器，扩展了克拉索夫斯基的结论并且得到使得该二次型性能指标最小的条件。基于此，近年来越来越多的学者以马尔可夫切换系统为研究对象，研究不同情形下转移概率矩阵随机切换系统的稳定性分析、控制器及滤波器设计[27-30]。以下将进行简要介绍。

1.2.2.1　马尔可夫切换系统的稳定性分析

无论是控制理论还是实际应用，系统的稳定性分析是动态系统分析和综合的首要问题。由于随机切换系统的随机性，系统的稳定性研究有其特殊性且已经引起了控制理论学者的广泛讨论。早期的稳定性概念主要集中在均方稳定、矩稳定、渐近稳定和几乎处处稳定[31]几个方面。Ji 和 Chizeck[32]首先提出了几乎处处稳定和矩稳定之间的关系，文中以离散时间马尔可夫切换系统为例，证实矩稳定可以推出几乎处处稳定，反之不能，即矩稳定是几乎处处稳定的充分条件。值得提出

的是，在实际应用过程中，人们往往只关注系统的一个简单路径，从这方面来讲几乎处处稳定比矩稳定更加具有使用价值。另外，Fang 和 Yoparo[33]以连续时间马尔可夫切换系统为例，详细讨论了矩稳定和均方稳定之间的关系，指出二阶矩稳定包括随机稳定、渐近均方稳定、均方指数稳定等概念是等价的。本书主要研究基于李雅普诺夫方程的前 3 种稳定性形式，几乎处处稳定的相关结论可以参考杨婷[34]的结论。本书中第 2～7 章就其中一种稳定性形式进行分析，其他稳定性概念在同一章不再赘述。下面详细说明马尔可夫切换系统的随机稳定、渐近稳定、渐近均方稳定和均方指数稳定的定义。

定义 1.1：针对转移概率满足式(1-2)或转移概率式(1-4)的马尔可夫切换系统式(1-1)或式(1-3)，其平衡点如下：

(1)随机稳定的，若针对任意的初始时刻$\left(x_0,\eta_0\right)$，满足

$$\mathrm{E}\left\{\int_{t=0}^{+\infty}\left\|\boldsymbol{x}(t)\right\|^2\mathrm{d}t\mid x_0,\eta_0\right\}<+\infty$$

$$或\mathrm{E}\left\{\sum_{k=0}^{+\infty}\left\|\boldsymbol{x}(k)\right\|^2\mid x_0,\eta_0\right\}<+\infty$$

(2)渐近(几乎确定)稳定的，若针对任意的初始时刻$\left(x_0,\eta_0\right)$，满足

$$P_r\left\{\lim_{t\to+\infty}\mathrm{E}\left\{\left\|\boldsymbol{x}(t)\right\|\mid x_0,\eta_0\right\}=0\right\}=1$$

$$或P_r\left\{\lim_{k\to+\infty}\mathrm{E}\left\{\left\|\boldsymbol{x}(k)\right\|\mid x_0,\eta_0\right\}=0\right\}=1$$

(3)渐近均方稳定的，若针对任意的初始时刻$\left(x_0,\eta_0\right)$，满足

$$\lim_{t\to+\infty}\mathrm{E}\left\{\left\|\boldsymbol{x}(t)^2\right\|\mid x_0,\eta_0\right\}=0$$

$$或\lim_{k\to+\infty}\mathrm{E}\left\{\left\|\boldsymbol{x}(k)^2\right\|\mid x_0,\eta_0\right\}=0$$

(4)均方指数稳定的，若针对任意的初始时刻$\left(x_0,\eta_0\right)$，存在常量

$$\mathrm{E}\left\{\left\|\boldsymbol{x}(t)\right\|^2\mid x_0,\eta_0\right\}<\kappa\left\|x_0\right\|^2\mathrm{e}^{-\psi t},\forall t\geqslant 0$$

$$或\mathrm{E}\left\{\left\|\boldsymbol{x}(k)\right\|^2\mid x_0,\eta_0\right\}<\kappa\left\|x_0\right\|^2\mathrm{e}^{-\psi k},\forall k\geqslant 0$$

近年来，马尔可夫切换系统的稳定性分析或者与镇定相关的结论很多。为满足实际应用的需求，研究者也会考虑系统矩阵中存在不确定性、系统过程中受到外部干扰或者存在时滞现象等复杂情况，并且将相关结论推广到转移概率矩阵包

含不确定性、部分可知、完全未知、时变等情形[35,36]。

1.2.2.2 部分转移概率未知的马尔可夫切换系统的稳定性分析

马尔可夫切换系统的逗留时间服从无记忆性的指数分布，转移概率矩阵为时不变常量。然而，由于实际生产过程中或者物理模型中设备的局限性、参数的不确定性、外部环境的复杂性及突变现象发生的可能性，精确获得转移概率矩阵中每个元素的信息非常困难或成本高、代价大。因此，越来越多的研究者立志于寻找更一般的转移概率矩阵形式，如转移概率矩阵中部分可知或者不确定。

举例说明：假设式(1-1)或式(1-3)有 4 个模态，即 $\mathcal{N}=\{1,2,3,4\}$，那么系统的转移概率矩阵 $\boldsymbol{\Lambda}$ 或 $\boldsymbol{\Pi}$ 可以表示为

$$\boldsymbol{\Lambda}\triangleq\begin{bmatrix} ? & ? & \alpha_{13} & \alpha_{14} \\ ? & \alpha_{22} & \alpha_{23} & ? \\ ? & ? & ? & \alpha_{34} \\ \alpha_{41} & ? & \alpha_{43} & ? \end{bmatrix} \text{或} \boldsymbol{\Pi}\triangleq\begin{bmatrix} ? & ? & \pi_{13} & \pi_{14} \\ ? & \pi_{22} & \pi_{23} & ? \\ ? & ? & ? & \pi_{34} \\ \pi_{41} & ? & \pi_{43} & ? \end{bmatrix}$$

其中，?表示转移概率矩阵中不可得的元素。

为了处理转移概率矩阵中的未知元素，需要将矩阵 $\boldsymbol{\Lambda}$ 或 $\boldsymbol{\Pi}$ 中的已知和未知元素分离开。定义 $\mathcal{N}\triangleq\mathcal{N}_{\mathrm{K}}^{i}+\mathcal{N}_{\mathrm{UK}}^{i}$，其中

$$\begin{cases} \mathcal{N}_{\mathrm{K}}^{i}\triangleq\left\{j\text{：}\ \alpha_{ij}\left(\text{或}\pi_{ij}\right)\text{是已知的}\right\} \\ \mathcal{N}_{\mathrm{UK}}^{i}\triangleq\left\{j\text{：}\ \alpha_{ij}\left(\text{或}\pi_{ij}\right)\text{是未知的}\right\} \end{cases}$$

近年来，具有上述转移概率矩阵的马尔可夫切换系统的研究引起了广泛关注。Zhang 等[37]考虑离散时间的时滞马尔可夫切换系统的分析与综合问题，给出了在转移概率部分可知情形下系统稳定可允许的最大时滞。Zhang 和 Boukas[38]分别针对连续时间和离散时间的马尔可夫切换系统进行稳定性分析和镇定问题研究，以 LMI (linear matrix inequality，线性矩阵不等式)形式给出了转移概率部分可知情形下系统随机稳定的充分条件；进一步，Zhang 等[39]针对连续时间的转移概率部分可知的马尔可夫切换系统，提出了基于自由权矩阵方法来降低系统稳定或镇定的保守性。另外，针对转移概率部分可知的马尔可夫切换系统，同时存在完全可知、不确定、不可知情形下的 $\mathcal{H}_\infty$ 模型降阶研究[40]和 $\mathcal{H}_\infty$ 控制问题[41]得到越来越多研究学者的关注，但仍存在不足和亟待解决的问题。

1.2.2.3 时滞马尔可夫切换系统的稳定性分析

针对转移概率部分可知、不确定、完全不可知情形下的马尔可夫切换系统，可以采用共同的、多李雅普诺夫函数方法进行随机、渐近均方稳定、均方指数稳定系统分析与综合[42,43]。然而，实际系统中由于机械传输过程、操作过程的复杂

性及测量仪器的局限性等原因，往往不可避免地存在时滞现象。时滞现象的存在往往会造成系统性能的恶化，如不稳定、不能控或者不能观等，即使是最先进的控制理论和计算机技术都不能消除时滞的存在及其带来的影响，因此近年来控制理论学者一直都致力于研究如何降低时滞的影响，以及系统保持稳定能包容的最大时滞。从控制理论角度来讲，即使线性时不变系统的稳定性分析或者镇定研究已经趋于成熟，由于时变时滞现象的存在使得系统状态为时变的(无限维的)，传统的针对线性时不变系统的稳定性分析理论已经不再适用。因此，本节以连续时间马尔可夫切换系统为例，概括近年来处理随机系统中时滞的方法的发展过程。

1. 频域内稳定性分析

最早在 20 世纪 50 年代，学者首先利用频域内方法来判定时滞系统的稳定性。该方法中，通过传递函数来求解根轨迹以及特征值，当所有特征值均位于左半平面时，该时滞系统是稳定的。然而，该方法仅仅对时不变时滞系统有效，且有时计算比较烦琐，而对含有不确定或者时变时滞系统具有较强的局限性。由于随机切换系统的特性——子系统稳定，整个系统不一定稳定；子系统不稳定，整个系统不一定不稳定——就算每个子系统的特征值都位于左半平面也不能证实系统的稳定性。因此，频域内稳定性分析方法在随机切换系统领域是无效的。

2. 时域内基于李雅普诺夫函数方法

在该方法中，可以通过构造一个李雅普诺夫函数，然后用拉祖米欣(Razumikhin)稳定性定理来判断时滞系统的稳定性。

定理 1.1(Razumikhin 稳定性定理[44])：考虑连续时间时滞系统 $\dot{\boldsymbol{x}}(t)=\boldsymbol{f}(t,\boldsymbol{x})$。假设 $\nu_1,\nu_2,\omega:\mathbb{R}^+\to\mathbb{R}^+$ 为连续且非递减函数，且满足 $\nu_1(0)=\nu_2(0)=0$。若存在连续可微李雅普诺夫函数 $V:\mathbb{R}\times\mathbb{R}^n\to\mathbb{R}^+$ 满足：

$$\nu_1(|\boldsymbol{x}|)\leqslant \boldsymbol{V}(t,\boldsymbol{x})\leqslant \nu_2(|\boldsymbol{x}|)$$

且该李雅普诺夫函数沿系统 $x(t)$ 的导数满足：当

$$\boldsymbol{V}(t+\theta,\boldsymbol{x}+\theta)\leqslant \nu(t,\boldsymbol{x}),\theta\in[-\tau,0],\text{ 有}$$

$$\dot{\boldsymbol{V}}(t,\boldsymbol{x})\leqslant -\omega(|\boldsymbol{x}(t)|)$$

则该时滞系统的解是一致稳定的。

由上述 Razumikhin 稳定性定理可知，构造适当的李雅普诺夫函数，求取该李雅普诺夫函数的导数就可以得到该时滞系统的稳定性充分条件。沈轶和廖晓昕[45]针对随机中立型泛函微分方程解决了基于 Razumikhin 稳定性定理的指数稳定的问题。然而，该方法中并没有考虑时变时滞的信息且时滞不一定可微的情况，因此对较大的时滞或者变化率较大的时滞具有较强的局限性。若根据是否考虑时滞信息将时滞系统稳定性分析方法分类，则可以分为时滞独立和时滞依赖两种方法。上述两种时滞的处理方法都是早期的结论，都属于时滞独立方法，忽略了时滞的信息而具有较高的保守性。

3. 时域内基于李雅普诺夫-克拉索夫斯基泛函方法

在该方法中，首先构造合适的李雅普诺夫-克拉索夫斯基泛函，然后计算该泛函沿系统状态的导数可以得到系统稳定性的条件。

定理 1.2（李雅普诺夫-克拉索夫斯基稳定性定理[46]）：考虑连续时间时滞系统 $\dot{\boldsymbol{x}}(t)=\boldsymbol{f}(t,\boldsymbol{x})$。假设 $\nu_1,\nu_2,\omega:\mathbb{R}^+\to\mathbb{R}^+$ 为连续且非递减函数，且满足 $\nu_1(0)=\nu_2(0)=0$。若存在连续可微李雅普诺夫函数 $V:\mathbb{R}\times\mathbb{R}^n\to\mathbb{R}^+$ 满足：

$$\nu_1(|\boldsymbol{x}|)\leqslant V(t,\boldsymbol{x})\leqslant\nu_2(|\boldsymbol{x}|),\quad \dot{V}(t,\boldsymbol{x})\leqslant-\omega(|\boldsymbol{x}(t)|)$$

则该时滞系统的解 $x=0$ 是一致稳定的。

值得提出的是，与李雅普诺夫函数方法相比，该方法考虑了时变信息而具有较低的保守性。尤其是 20 世纪 90 年代以后，由于线性矩阵不等式(LMI)工具箱的广泛应用，系统的稳定性问题可以转变为 LMI 约束下的优化问题，出现了大量新的研究成果。总体来说，根据时滞系统的稳定性条件是否考虑时滞的信息而分为两种类型：时滞独立和时滞相关。由于忽略时滞的大小信息，尤其是时滞比较小或者是时变时，前者具有较大的保守性。因此，本章后续讨论的均为基于 LMI 的时滞相关的时滞处理方法。以连续时间带时变时滞的马尔可夫系统为例：

$$\begin{cases}\dot{\boldsymbol{x}}(t)=\boldsymbol{A}(\eta_t)\boldsymbol{x}(t)+\boldsymbol{A}_\tau(\eta_t)\boldsymbol{x}(t-\tau(t))\\ \boldsymbol{x}(t)=\phi(t),\forall t\in[-\tau,0]\end{cases}$$

其中，$\boldsymbol{x}(t)\in\mathbb{R}^n$ 为该系统状态；$\phi(t)$ 为系统的初始条件；$\tau>0$ 为常时滞。

本节将讨论处理时变时滞的基于李雅普诺夫-克拉索夫斯基泛函的几类方法。

1) 离散李雅普诺夫-克拉索夫斯基泛函方法

Gu[47]研究时滞依赖的线性定常系统的稳定性分析，以线性矩阵不等式的形式给出了详细的基于离散李雅普诺夫-克拉索夫斯基泛函方法的稳定性充分条件。该方法的主要思路是将考虑的定常时滞区间 $[-\tau,0]$ 分为 R 段 $[\vartheta_{i-1},\vartheta_i]$，且每段长度 $r=\dfrac{\tau}{R}$，即满足 $\vartheta_i=-\tau+ir(i=0,1,2,\cdots,R)$。对每个区间构造以下李雅普诺夫-克拉索夫斯基泛函：

$$\begin{aligned}V(x)\triangleq\,&\boldsymbol{x}^{\mathrm{T}}(0)\boldsymbol{P}(\eta_t)\boldsymbol{x}(0)+2\boldsymbol{x}^{\mathrm{T}}(0)\int_{-\tau}^{0}\boldsymbol{Q}_1(t)\boldsymbol{x}(t)\mathrm{d}t+\int_{-\tau}^{0}\boldsymbol{x}^{\mathrm{T}}(t)\boldsymbol{Q}_2(t)\boldsymbol{x}(t)\mathrm{d}t\\&+\int_{-\tau}^{0}\int_{-\tau}^{0}\boldsymbol{x}^{\mathrm{T}}(t)\boldsymbol{\mathcal{R}}(t,s)\boldsymbol{x}(s)\mathrm{d}s\mathrm{d}t\end{aligned}$$

其中，$\boldsymbol{P}(\eta_t)$ 为正定对称矩阵；矩阵 $\boldsymbol{Q}_1(t)\in\mathbb{R}^{n\times n}$ 、$\boldsymbol{Q}_2(t)\in\mathbb{R}^{n\times n}$ 、$\boldsymbol{\mathcal{R}}(t,s)\in\mathbb{R}^{n\times n}$ 为对称矩阵。

在子区间 $[\vartheta_{i-1},\vartheta_i]$ 内应用该李雅普诺夫-克拉索夫斯基泛函，定义

$$Q_{1i}\triangleq Q_1(\vartheta_i)，\ Q_{1i}(a)\triangleq Q_1(\vartheta_i+a)=\left(1-\frac{a}{r}\right)Q_{1i}+\frac{a}{r}Q_{1(i-1)}$$

$$Q_{2i}\triangleq Q_2(\vartheta_i)，\ Q_{2i}(a)\triangleq Q_2(\vartheta_i+a)=\left(1-\frac{a}{r}\right)Q_{2i}+\frac{a}{r}Q_{2(i-1)}$$

$$\mathcal{R}_{ij}\triangleq\mathcal{R}(\vartheta_i,\vartheta_j)$$

$$\mathcal{R}_{ij}(a,b)\triangleq\mathcal{R}(\vartheta_i+a,\vartheta_j+b)=\begin{cases}\dfrac{r-a}{r}\mathcal{R}_{ij}+\dfrac{b}{r}\mathcal{R}_{(i-1)(j-1)}+\dfrac{a-b}{r}\mathcal{R}_{(i-1)j},a\geqslant b\\[2ex]\dfrac{r-b}{r}\mathcal{R}_{ij}+\dfrac{a}{r}\mathcal{R}_{(i-1)(j-1)}+\dfrac{b-a}{r}\mathcal{R}_{i(j-1)},a<b\end{cases}$$

其中，参数 $a\in[0,r]$，$b\in[0,r]$，且 $i,j=1,2,\cdots,R$ 。

值得提出的是，该方法的优势是可以评估实际应用中保证系统稳定的最大允许时滞值，缺点是只针对定常时滞的线性系统、中立型系统等简单系统有效，对时变时滞系统或者复杂系统难以推广，实际应用系统中难推广而利用率低。

2) 模型变化方法

近年来，越来越多的控制领域的学者采用模型变化的方法研究时滞系统的稳定性分析问题[48-56]，主要思路是构造合适的时滞依赖李雅普诺夫-克拉索夫斯基泛函，利用李雅普诺夫-克拉索夫斯基稳定性定理来获得系统稳定的充分条件。由于考虑时变时滞的信息，该泛函沿系统求导会同时出现交叉项和二次型积分项，可采用适当模型变化的方法使系统方程出现积分项来抵消泛函求导出现的积分项。根据牛顿-莱布尼茨公式：

$$\boldsymbol{x}(t-\tau(t))=\boldsymbol{x}(t)-\int_{t-\tau(t)}^{t}\dot{\boldsymbol{x}}(s)\mathrm{d}s$$

和一些已知的引理，出现了以下几种矩阵变换的方法[48]（$i\in\mathcal{N}$）：

$$\begin{cases} \text{方法1} & \dot{\boldsymbol{x}}(t)=(\boldsymbol{A}_i+\boldsymbol{A}_{\tau i})\boldsymbol{x}(t)-\boldsymbol{A}_{\tau i}\int_{t-\tau(t)}^{t}\dot{\boldsymbol{x}}(s)\mathrm{d}s \\ \text{方法2} & \dot{\boldsymbol{x}}(t)=(\boldsymbol{A}_i+\boldsymbol{A}_{\tau i})\boldsymbol{x}(t)-\boldsymbol{A}_{\tau i}\int_{t-\tau(t)}^{t}\left[\boldsymbol{A}_i\boldsymbol{x}(s)+\boldsymbol{A}_{\tau i}\boldsymbol{x}(s-\tau(t))\right]\mathrm{d}s \\ \text{方法3} & \dfrac{\mathrm{d}}{\mathrm{d}t}\left[\boldsymbol{x}(t)+\boldsymbol{A}_{\tau i}\int_{t-\tau(t)}^{t}\boldsymbol{x}(s)\mathrm{d}s\right]=(\boldsymbol{A}_i+\boldsymbol{A}_{\tau i})\boldsymbol{x}(t) \\ \text{方法4} & \dot{\boldsymbol{x}}(t)=\boldsymbol{y}(t),\ \boldsymbol{y}(t)=(\boldsymbol{A}_i+\boldsymbol{A}_{\tau i})\boldsymbol{x}(t)-\boldsymbol{A}_{\tau i}\int_{t-\tau(t)}^{t}\boldsymbol{y}(s)\mathrm{d}s \end{cases}$$

该方法中用到的一些常用不等式总结如下。

引理 1.1(基本不等式)：对任意向量 $\boldsymbol{a},\boldsymbol{b}\in\mathbb{R}^n$ 和任意矩阵 $\boldsymbol{X}=\boldsymbol{X}^{\mathrm{T}}>0$，有

$$-2\boldsymbol{a}^{\mathrm{T}}\boldsymbol{b}\leqslant\boldsymbol{a}^{\mathrm{T}}\boldsymbol{X}\boldsymbol{a}+\boldsymbol{b}^{\mathrm{T}}\boldsymbol{X}^{-1}\boldsymbol{b}$$

引理 1.2[Park(帕克)不等式[49]]：对任意向量 $\boldsymbol{a},\boldsymbol{b}\in\mathbb{R}^n$，任意适当位数的矩阵 $\boldsymbol{X}=\boldsymbol{X}^{\mathrm{T}}>0$ 和 $\boldsymbol{Y}\in\mathbb{R}^{n\times n}$，下列不等式成立：

$$-2\boldsymbol{a}^{\mathrm{T}}\boldsymbol{b}\leqslant\begin{bmatrix}\boldsymbol{a}\\\boldsymbol{b}\end{bmatrix}^{\mathrm{T}}\begin{bmatrix}\boldsymbol{X} & \boldsymbol{X}\boldsymbol{Y}\\ * & (\boldsymbol{X}\boldsymbol{Y}+\boldsymbol{I})^{\mathrm{T}}\boldsymbol{X}^{-1}(\boldsymbol{X}\boldsymbol{Y}+\boldsymbol{I})\end{bmatrix}\begin{bmatrix}\boldsymbol{a}\\\boldsymbol{b}\end{bmatrix}$$

引理 1.3[Moon(穆恩)不等式[50]]：对任意向量 $\boldsymbol{a},\boldsymbol{b}\in\mathbb{R}^n$ 和具有适当维数的矩阵 $\boldsymbol{X}=\boldsymbol{X}^{\mathrm{T}}$、$\boldsymbol{Y}$、$\boldsymbol{Z}$ 和 $\boldsymbol{R}$，如果满足 $\begin{bmatrix}\boldsymbol{X} & \boldsymbol{Y}\\ * & \boldsymbol{Z}\end{bmatrix}\geqslant 0$，那么下列不等式成立：

$$-2\boldsymbol{a}^{\mathrm{T}}\boldsymbol{R}\boldsymbol{b}\leqslant\begin{bmatrix}\boldsymbol{a}\\\boldsymbol{b}\end{bmatrix}^{\mathrm{T}}\begin{bmatrix}\boldsymbol{X} & \boldsymbol{Y}-\boldsymbol{R}\\ * & \boldsymbol{Z}\end{bmatrix}\begin{bmatrix}\boldsymbol{a}\\\boldsymbol{b}\end{bmatrix}$$

引理 1.4[Jensen(詹森)不等式[53]]：对任意标量 $b>a$，具有适当维数的对称矩阵 $\boldsymbol{R}\in\mathbb{R}^{n\times n}$ 和向量函数 $\boldsymbol{x}(t):[a,b]\to\mathbb{R}^n$，下列不等式成立：

$$-\int_a^b\dot{\boldsymbol{x}}^{\mathrm{T}}(s)\boldsymbol{R}\dot{\boldsymbol{x}}(s)\mathrm{d}s\leqslant-\frac{1}{b-a}\left(\int_a^b\dot{\boldsymbol{x}}(s)\mathrm{d}s\right)^{\mathrm{T}}\boldsymbol{R}\left(\int_a^b\dot{\boldsymbol{x}}(s)\mathrm{d}s\right)$$

引理 1.5[Wirtinger(维廷格)不等式[56]]：对任意具有适当维数的矩阵 $\boldsymbol{R}>0$ 和向量函数 $\boldsymbol{x}(t):[a,b]\to\mathbb{R}^n$ 且标量满足 $b>a>0$，那么下列不等式成立：

$$-\int_a^b\dot{\boldsymbol{x}}^{\mathrm{T}}(s)\boldsymbol{R}\dot{\boldsymbol{x}}(s)\mathrm{d}s\leqslant-\frac{1}{b-a}\begin{bmatrix}\boldsymbol{x}(b)\\\boldsymbol{x}(a)\\\dfrac{\int_a^b\boldsymbol{x}(s)\mathrm{d}s}{b-a}\end{bmatrix}^{\mathrm{T}}\begin{bmatrix}a_1\boldsymbol{R} & a_2\boldsymbol{R} & a_3\boldsymbol{R}\\ * & a_1\boldsymbol{R} & a_3\boldsymbol{R}\\ * & * & a_4\boldsymbol{R}\end{bmatrix}\begin{bmatrix}\boldsymbol{x}(b)\\\boldsymbol{x}(a)\\\dfrac{\int_a^b\boldsymbol{x}(s)\mathrm{d}s}{b-a}\end{bmatrix}$$

其中，$a_1=0.25\pi^2+1$，$a_2=0.25\pi^2-1$，$a_3=-0.5\pi^2$，$a_4=\pi^2$。

此外，Park 等[57]首次提出用交互式凸组合的方法来解决时滞系统的稳定性问

题。近年来，在解决时滞系统的稳定性问题时越来越多的学者不仅仅关注其中一种方法的应用，而是将不同方法结合起来，得到保守性更小的结果。Feng 等[58]提出利用时滞分割和交互式凸组合方法相结合得到保守性更低的结论，旨在得到较低保守性的时滞系统稳定性判定条件。同时，赵旭东等[59]利用时滞分割和 Jensen 不等式相结合的方法来处理时滞系统，得到保守性更小的结果。

3) 自由权矩阵法

该方法的主要思路为构造合适的时滞依赖的李雅普诺夫-克拉索夫斯基泛函，利用李雅普诺夫-克拉索夫斯基稳定性定理来获得系统稳定的充分条件[60-64]。选取以下李雅普诺夫-克拉索夫斯基泛函：

$$\begin{aligned}\boldsymbol{V}(x,t,i) \triangleq\ & \boldsymbol{x}^{\mathrm{T}}(t)\boldsymbol{P}(\eta_t)\boldsymbol{x}(t)+\int_{t-\tau(t)}^{t}\boldsymbol{x}^{\mathrm{T}}(s)\boldsymbol{Q}_1\boldsymbol{x}(s)\mathrm{d}s+\int_{t-\bar{\tau}}^{t}\boldsymbol{x}^{\mathrm{T}}(s)\boldsymbol{Q}_2\boldsymbol{x}(s)\mathrm{d}s\\ & +\int_{-\bar{\tau}}^{0}\int_{t+\theta}^{t}\dot{\boldsymbol{x}}^{\mathrm{T}}(s)(\boldsymbol{R}_1+\boldsymbol{R}_2)\dot{\boldsymbol{x}}(s)\mathrm{d}s\mathrm{d}\theta\end{aligned}$$

为了处理李雅普诺夫-克拉索夫斯基泛函求导过程中出现的二次型积分项，在求导过程中加入以下零式：

$$2\left[\boldsymbol{x}^{\mathrm{T}}(t)\boldsymbol{R}_1+\boldsymbol{x}^{\mathrm{T}}(t-\tau(t))\boldsymbol{R}_2\right]\left[\boldsymbol{x}(t)-\boldsymbol{x}(t-\tau(t))-\int_{t-\tau(t)}^{t}\dot{\boldsymbol{x}}(s)\mathrm{d}s\right]=0$$

其中，Wu 等[60]考虑了连续时间的中立型时滞系统，提出利用自由权矩阵法进行鲁棒稳定性和镇定性分析；Zhao 等[64]提出了自由权矩阵方法和时滞分割方法相结合的方法，并且应用到连续时间的时滞 T-S 模糊系统的稳定性分析和镇定问题中，最后通过数值算例来验证该方法可以得到系统稳定的、能包容的时滞最大值且具有较低的保守性。然而，该方法由于引入了自由权矩阵这个新的变量，增加了计算复杂性，具有较高的保守性。

4) 输入输出方法

上述模型变换方法由于转换以后的部分不可能完全等价于原系统，同时有可能额外引入了动态特性，从而不可避免地增加了保守性。近年来，越来越多的人[65-68]关注于用输入-输出方法来处理时变时滞的稳定性问题。该方法的实现思想为，利用鲁棒控制的思想和模型变换的方法，将原系统的时变时滞近似表示为两部分，即具有时变时滞的原系统表示为由两个子系统互联的形式，然后利用小增益定理给出互联系统的稳定性条件。其中，具有定常时滞的子系统为前向子系统，具有时滞不确定性的子系统为反馈部分。值得提出的是，该方法通过增加额外的输入-输出，而未增加新的动态特性，不会增加额外的保守性。在此，先给出小增益定理。

引理 1.6（小增益定理[69,70]）：考虑以下两个子系统组成的互联系统：

$$\mathcal{H}_1:\xi(t)=\boldsymbol{G}\xi_1(t),\ \mathcal{H}_2:\xi_1(t)=\Delta\xi(t)$$

其中，$\mathcal{H}_1$ 为已知的前向子系统；$\mathcal{H}_2$ 为时变反馈系统子系统。

假设 $\mathcal{H}_1$ 是内部随机稳定的，对于矩阵 $\left\{\boldsymbol{X}_\xi,\boldsymbol{X}_{\xi_1}\right\}\in\mathcal{T}$ 满足 $\mathcal{T}\triangleq\left\{\left\{\boldsymbol{X}_\xi,\boldsymbol{X}_{\xi_1}\right\}\in\mathbb{R}^{\xi\times\xi}\times\mathbb{R}^{\xi_1\times\xi_1}:\ \boldsymbol{X}_\xi,\ \boldsymbol{X}_{\xi_1}\text{是非奇异的；}\left\|\boldsymbol{X}_\xi\Delta\boldsymbol{X}_{\xi_1}^{-1}\right\|_\infty\leqslant 1\right\}$。

如果满足 $\left\|\boldsymbol{X}_{\xi_1}\boldsymbol{G}\boldsymbol{X}_\xi^{-1}\right\|_\infty<1$，那么称由 $\mathcal{H}_1$ 和 $\mathcal{H}_2$ 组成的互联系统是输入-输出随机稳定的。

Gu 等[65]最早提出利用输入-输出方法来处理时滞系统的稳定性分析问题。近年来，Su 等[68]将输入-输出方法应用到离散时间的 T-S 模糊系统的滤波器设计中，设计了较低保守性的全阶和降阶滤波器。Wei 等[71,72]进一步将输入-输出方法应用到离散和连续时间的半马尔可夫切换系统的模型降阶问题及动态输出反馈控制器设计问题中。从整体来说，时变时滞系统的稳定性分析问题取得了一些降低保守性的研究成果，但是由于系统复杂性和环境干扰等因素的影响，时滞系统的稳定性分析仍然是控制理论领域的热门领域且仍存在一些不足和亟待解决的问题。

1.2.2.4　马尔可夫切换系统的耗散性分析

早期的耗散性理论来源于系统的无源性。早期的无源性理论来源于电气领域，如包含电阻的电路就是无源系统且天生就是稳定的[73]，可见无源性是系统非常重要的特性。因此，越来越多的学者将无源性与控制理论相结合，用来讨论控制系统的性能，随即出现了系统的耗散性分析。早在 20 世纪 70 年代，Willems[74,75]提出了耗散性和能量储存函数的基本概念，并且从能量输入和输出的角度提出，若系统的耗散性得到保证，则系统的稳定性和镇定问题得以解决。从整个系统的能量角度来讲，系统的耗散性分析为解决随机切换系统的稳定性分析提供了一种新的工具和角度。在给出耗散性理论的研究现状之前，先给出以下连续时间的马尔可夫切换系统的储存函数和系统耗散性的定义。

考虑以下连续时间的马尔可夫切换系统：

$$\begin{cases}\dot{\boldsymbol{x}}(t)=\boldsymbol{A}(\eta_t)\boldsymbol{x}(t)+\boldsymbol{B}(\eta_t)\boldsymbol{u}(t)\\ \boldsymbol{y}(t)=\boldsymbol{C}(\eta_t)\boldsymbol{x}(t)+\boldsymbol{D}(\eta_t)\boldsymbol{u}(t)\end{cases}$$

其中，$\boldsymbol{x}(t)\in\mathbb{R}^n$，为状态向量；$\boldsymbol{y}(t)\in\mathbb{R}^l$，是系统测量输出向量；$\boldsymbol{u}(t)\in\mathbb{R}^m$，是定义在 $\mathcal{L}_2[0,\infty)$ 的外部输入控制向量。

$\{\eta_t,t\geqslant 0\}$ 是连续的马尔可夫过程，在具有右连续轨迹并且有限集 $\mathcal{N}=\{1,2,\cdots,N\}$ 中取值。针对上述系统，存在以下定义。

定义 1.2（供给率[76]）：实值函数 $\boldsymbol{s}\left(\boldsymbol{u}(t),\boldsymbol{y}(t)\right)$ 称为马尔可夫切换系统的供给率，如果

$$\boldsymbol{s}(t)=\boldsymbol{s}\left(\boldsymbol{u}(t),\ \boldsymbol{y}(t)\right):\ \mathbb{R}^m\times\mathbb{R}^l\rightarrow\mathbb{R}$$

局部勒贝格（Lebesguek）可积且独立于系统的输入和初始状态，也就是

$$\int_0^t \boldsymbol{s}\left(\boldsymbol{u}(t),\boldsymbol{y}(t)\right)\mathrm{d}t<+\infty$$

对所有的 $\boldsymbol{\eta}_0\in\mathcal{N}$，$\boldsymbol{u}(t)\in\mathbb{R}^m$ 和 $\boldsymbol{y}(t)\in\mathbb{R}^l$，$\forall t\geqslant 0$ 均成立。

根据耗散性理论[77]，本书中马尔可夫切换系统的供给率给定为

$$\boldsymbol{s}(\boldsymbol{u},\boldsymbol{y})=\boldsymbol{y}^{\mathrm{T}}(t)\boldsymbol{\mathcal{X}}\boldsymbol{y}(t)+2\boldsymbol{y}^{\mathrm{T}}(t)\boldsymbol{\mathcal{Y}}\boldsymbol{u}(t)+\boldsymbol{u}^{\mathrm{T}}(t)\boldsymbol{\mathcal{Z}}\boldsymbol{u}(t) \tag{1-5}$$

式中，矩阵 $\boldsymbol{\mathcal{X}}\in\mathbb{R}^l$、$\boldsymbol{\mathcal{Y}}\in\mathbb{R}^{l\times m}$ 和 $\boldsymbol{\mathcal{Z}}\in\mathbb{R}^m$ 已知并且满足 $\boldsymbol{\mathcal{X}}=\boldsymbol{\mathcal{X}}^{\mathrm{T}}<0$，$\boldsymbol{\mathcal{Z}}=\boldsymbol{\mathcal{Z}}^{\mathrm{T}}$。

那么对应的该系统的二次能量函数定义为

$$\boldsymbol{J}\left(\boldsymbol{u}(t),\boldsymbol{y}(t),t^*\right)=\mathrm{E}\left\{\int_0^{t^*}\boldsymbol{s}\left(\boldsymbol{u}(t),\boldsymbol{y}(t)\right)\mathrm{d}t\right\}$$

定义 1.3：在零初始条件下，对任意给定的参数 t^* 和 $\rho>0$，均有

$$\boldsymbol{J}\left(\boldsymbol{u}(t),\boldsymbol{y}(t),t^*\right)>\rho\int_0^{t^*}\boldsymbol{u}^{\mathrm{T}}(t)\boldsymbol{u}(t)\mathrm{d}t$$

成立，那么式(1-5)中马尔可夫切换系统是严格 $\left(\boldsymbol{\mathcal{X}},\boldsymbol{\mathcal{Y}},\boldsymbol{\mathcal{Z}}\right)$-耗散的，参数 ρ 称为系统耗散性能界；特殊地，当 $\rho=0$ 时，式(1-5)将称为 $\left(\boldsymbol{\mathcal{X}},\boldsymbol{\mathcal{Y}},\boldsymbol{\mathcal{Z}}\right)$-耗散的。

值得提出的是，由上述耗散性定义可知当 $\boldsymbol{\mathcal{X}}=-I$，$\boldsymbol{\mathcal{Y}}=0$ 和 $\boldsymbol{\mathcal{Z}}=\gamma^2 I$ 时，系统的耗散性性能变为系统的 $\mathcal{H}_\infty$ 性能[78,79]；当选择 $\boldsymbol{\mathcal{X}}=0$，$\boldsymbol{\mathcal{Y}}=I$ 和 $\boldsymbol{\mathcal{Z}}=\gamma I$ 时，系统的耗散性性能为系统的无源性性能[80,81]；当选择 $\boldsymbol{\mathcal{X}}=-\gamma^{-1}\theta$，$\boldsymbol{\mathcal{Y}}=1-\theta$ 和 $\boldsymbol{\mathcal{Z}}=\gamma\theta$ 时，系统的耗散性性能变为无源性和 $\mathcal{H}_\infty$ 性能的混合[82]。也就是说，系统的耗散性包含了无源性和 $\mathcal{H}_\infty$ 性能，更具有一般性和应用的广泛性。

基于上述威廉斯（Willems）提出的耗散性概念，近年来越来越多的控制理论的学者对系统的耗散性能进行研究，并且基于耗散性理论对系统的控制问题提出了新的结论。例如，Wu 等[83]针对连续时间的切换随机系统，提出了基于耗散性的滑模控制器设计方法，闭环系统指数稳定且是严格耗散的。Shi 等[84]将上述耗散性理论进一步应用到连续时间的带随机扰动的 T-S 模糊切换系统的滤波器设计问题中，得到保守性较低的滤波器且保证了闭环系统指数是稳定且严格耗散的。类似地，Wu 等[85]解决了离散时间的 T-S 模糊马尔可夫切换系统的异步控制问题。同时，Ishizaki 等[86]将耗散性理论应用到大规模分布式控制系统的模型降阶问题中，得到的低阶系统能够保持原系统的耗散性。Shen 等[87]解决了一类周期马尔可夫切换系统的异步滤波器设计问题，其中设计的滤波器系统相对原系统是异步跳

变的(也称隐马尔可夫过程)且假设滤波器增益是 s 周期矩阵序列的，使得闭环系统是指数稳定且严格耗散的。可见，耗散性理论作为控制理论的热门领域之一，引起了控制理论学者的广泛讨论并且取得了一系列先进的成果。然而，马尔可夫切换系统的随机性和复杂性，尤其是连续时间的马尔可夫切换系统的转移概率矩阵并不都是正数，为降阶控制器或者滤波器设计带来了极大的困难，有待进一步研究。

1.2.3　半马尔可夫切换系统的研究现状

上面讨论的均为马尔可夫切换系统和时滞马尔可夫切换系统的稳定性分析。从控制论角度分析，马尔可夫切换系统由有限个子系统和决定不同模态间相互切换的马尔可夫过程组成。马尔可夫切换系统的逗留时间服从指数分布进而转移概率矩阵为时不变矩阵，即具有无记忆性，这样理想的假设条件使得马尔可夫切换系统相关的控制理论在实际应用中具有较大的局限性。为了放松马尔可夫切换系统中对逗留时间的约束条件，即不具有无记忆性，我们假设逗留时间服从一般的概率分布，如韦布尔(Weibull)分布、拉普拉斯(Laplace)分布、高斯(Gaussian)分布等。此时，半马尔可夫切换系统的系统状态受时间、模态和逗留时间的影响，转移概率矩阵为时变矩阵。也就是说，马尔可夫切换系统为一类特殊的半马尔可夫切换系统。鉴于半马尔可夫切换系统的特殊性，在多个领域(如航空航天领域、直升机垂直起飞模型、网络化系统等)都能得到很好的应用。虽然马尔可夫切换系统的分析与综合问题已经有了很好的发展，但是由于半马尔可夫切换系统中增加了时变的逗留时间，给系统的分析与综合带来极大的困难，尤其是连续时间的半马尔可夫切换系统，转移概率矩阵的每个元素并不能保证都是正数。由于半马尔可夫切换系统的逗留时间服从不同的分布，具有不同的分析方法，下面将分别针对特定的概率分布进行总结。下面以连续时间的半马尔可夫切换系统为例进行说明。

考虑式(1-2)中的连续时间的半马尔可夫切换系统，转移概率矩阵 $\boldsymbol{\Lambda}\triangleq\left[\alpha_{ij}\right]_{N\times N}$ 满足

$$P_r\left(\eta_{t+h}=j\mid\eta_t=i\right)=\begin{cases}\alpha_{ij}(h)h+o\left(h\right), & 若 i\neq j\\ 1+\alpha_{ij}(h)h+o\left(h\right), & 若 i=j\end{cases}\tag{1-6}$$

式中，$\alpha_{ij}(h)$ 为依赖于驻留时间 h 的从 t 时刻模态 i 转移到 $t+h$ 时刻模态 j 的转移速率，满足 $\alpha_{ij}\left(h\right)\geqslant 0\left(i,\ j\in\mathcal{N},\ i\neq j\right)$ 和 $\alpha_{ii}(h)=-\sum\limits_{j=1,j\neq i}^{N}\alpha_{ij}(h)$。

为了更好地说明半马尔可夫切换系统与马尔可夫切换系统的不同之处，先给出马尔可夫切换系统的时不变转移概率的求解方法：马尔可夫切换系统的逗留时间 $h(h>0)$ 在连续时间域内服从指数分布，也就是说不同模态间的转移概率在时间区域内是时不变的，即

$$\alpha_{ij}(h)=\frac{f_{ij}(h)}{1-F_{ij}(h)}=\frac{\alpha_{ij}\mathrm{e}^{-\alpha_{ij}h}}{1-\left(1-\mathrm{e}^{-\alpha_{ij}h}\right)}=\alpha_{ij}$$

其中，$f_{ij}(h)$ 和 $F_{ij}(h)$ 分别为驻留时间的概率密度函数和累积分布函数。

可见，当逗留时间服从指数分布时，转移概率速率 α_{ij} 是不依赖逗留时间 h 的。接下来以逗留时间服从韦布尔分布和相位型分布为例进行说明。

1.2.3.1 韦布尔(Weibull)分布[88-90]

与指数分布相比，假设逗留时间的概率分布服从韦布尔分布，也就是说转移概率 $\alpha_{ij}(h)$ 是时变的，即

$$\alpha_{ij}(h)=\frac{f_{ij}(h)}{1-F_{ij}(h)}=\frac{\frac{b}{a^b}h^{b-1}\mathrm{e}^{-\left(\frac{h}{a}\right)^b}}{1-\left(1-\mathrm{e}^{-\left(\frac{h}{a}\right)^b}\right)}=\frac{b}{a^b}h^{b-1},\ h>0$$

其中，$f_{ij}(h)$ 和 $F_{ij}(h)$ 分别为驻留时间的概率密度函数和累积分布函数；正实数 a 和 b 分别为韦布尔分布的比例参数和形态参数。

可见，当 $b=1$，即驻留时间服从指数分布时，转移概率 $\alpha_{ij}(h)=\frac{1}{a}$ 不依赖于驻留时间 h。在实际应用中，我们一般假设转移概率具有上、下界，即满足

$$\underline{\alpha}_{ij}\leqslant\alpha_{ij}(h)\leqslant\overline{\alpha}_{ij}$$

其中，$\overline{\alpha}_{ij}$ 和 $\underline{\alpha}_{ij}$ 分别为时变转移概率的上、下界，且为实常标量。

通常这种情形下的时变转移概率 $\alpha_{ij}(h)$ 可以描述为

$$
\begin{cases}
\text{范数有界情形：} \alpha_{ij}(h)=\alpha_{ij}+\Delta\alpha_{ij},\ \alpha_{ij}=0.5\left(\underline{\alpha}_{ij}+\overline{\alpha}_{ij}\right),\ \left|\Delta\alpha_{ij}\right|\leqslant 0.5\left(\overline{\alpha}_{ij}-\underline{\alpha}_{ij}\right) \\
\text{多胞型情形：假设转移概率包含在顶点为}\varLambda^r\left(r=1,2,\cdots,M\right)\text{的多胞型}P\text{内，即} \\
\qquad\text{满足} \\
\qquad P_{\varLambda}\triangleq\left\{\varLambda\,|\,\varLambda=\sum_{k=1}^{M}\alpha_{ij}^{r}\varLambda^{r},\ \sum_{j=1}^{M}\alpha_{ij}^{r}=1,\ \alpha_{ij}^{r}\geqslant 0\right\}\text{或} \\
\qquad P_{\varLambda}\triangleq\left\{\begin{array}{c}\varLambda\,|\,\varLambda=\sum_{k=1}^{M}\alpha_{ij}^{r}(t)\varLambda^{r},\ \sum_{j=1}^{M}\alpha_{ij}^{r}(t)=1,\ \alpha_{ij}^{r}(t)\geqslant 0 \\ \underline{\alpha}_{ij}^{r}\leqslant\alpha_{ij}^{r}(t)\leqslant\overline{\alpha}_{ij}^{r},\ \overline{\alpha}_{ij}^{r}\geqslant 0\end{array}\right\}
\end{cases}
$$

Huang 和 Shi[91]考虑了连续时间的半马尔可夫切换系统的随机稳定性分析和鲁棒镇定问题，文中的半马尔可夫的逗留时间服从韦布尔分布且假设转移概率具有上下界。同时，Li 等[92]给出了具有时变时滞和逗留时间依赖的连续时间的半马尔可夫切换系统的随机稳定的条件，文中采用参数依赖和模态依赖的李雅普诺夫-克拉索夫斯基函数法和时滞分割相结合的方法，得到保守性较低的结论且能更好地扩展到时滞半马尔可夫切换系统的控制器/滤波器设计等问题中。进一步，Shi 等[36]将上述结论进一步扩展，考虑转移概率同时存在不确定、完全不可知的情形下连续时间中立型时滞半马尔可夫切换系统的无源滤波器的设计问题。值得提出的是，书中考虑到的转移概率矩阵假设可以描述为凸胞型，然而其中参数是时不变的常量，因而仍然具有一定的保守性，有待进一步改进。Ding 和 Liu[93]针对上述转移概率矩阵的不足，提出了针对描述为时变多胞型的连续时间的半马尔可夫切换系统稳定性分析。文中采用参数依赖和模态依赖的李雅普诺夫-克拉索夫斯基函数法和模型变换相结合的方法来处理时变时滞问题。Wei 等[72]提出利用输入-输出方法和小增益定理来处理半马尔可夫切换系统中的时变时滞问题，解决了逗留时间服从韦布尔分布的半马尔可夫切换系统的动态输出反馈控制器设计问题。Shen 等[82]考虑逗留时间服从韦布尔分布的连续时间时滞半马尔可夫切换系统的滤波器设计问题。值得提出的是，本书考虑的半马尔可夫切换系统具有随机发生的不确定和传感器故障，在设计的滤波器作用下，闭环系统随机均方稳定且满足混合耗散性和 $\mathcal{H}_\infty$ 性能指标。也正是受该文章的启发，本书第 6 章将降阶方法应用到具有随机发生的不确定性和转移概率部分可知的半马尔可夫切换系统的控制器设计问题中；第 7 章研究具有随机发生的不确定性、传输时延、对数量化器以及事件驱动的连续半马尔可夫切换系统的降阶滤波器设计问题。

1.2.3.2 相位型分布[94-96]

Hou 等[94,95]首先提出了相位型分布的半马尔可夫切换系统的概念，详细定义了相位型马尔可夫过程的定义。该文提出相位型半马尔可夫切换系统的处理方法：

可以经过模型变换和增补变量的方法将原半马尔可夫切换系统转换为其伴随马尔可夫切换系统(即将半马尔可夫切换系统转化为其伴随马尔可夫切换系统)，然后用现有的马尔可夫切换系统相关的系统分析与综合的结论进行处理。值得提出的是，由于相位型分布可以无限地逼近任意一个概率分布，尤其是，当不同模态服从不同的概率分布时，相位型分布的半马尔可夫切换系统具有更强的建模能力。例如，Li 等[97]考虑了连续时间的服从相位型分布的半马尔可夫切换系统的状态估计和滑模控制问题，该文的结论可以推广到任意概率分布的半马尔可夫切换系统且通过两个数值算例验证了结论的有效性。同时李繁飙[98]详细描述了相位型半马尔可夫切换系统在认知无线电网络建模中的应用，提出传感器到观测器之间通过一个通道相连，每个通信信道都被建模为半马尔可夫切换系统。由此可见，半马尔可夫切换系统在实际中具有广泛的应用，然而相关的系统分析与综合仍存在不足和有待解决的问题。

1.2.4 马尔可夫切换系统的控制和滤波

系统的控制和滤波问题一直以来都是控制领域的热门课题，并且线性系统的滤波和控制理论已经趋于成熟并且形成了以鲁棒控制、控制器设计、滤波器设计、模型降阶、优化控制、变结构控制、滑模控制、预测控制及故障诊断等中心的控制理论体系，并且广泛应用于航空航天、智能交通、磁悬浮列车、经济系统及化工生产过程等[99,100]。系统控制和滤波问题的本质都是通过设计一个反馈控制器或者滤波器，使得系统满足某种性能，原理图如图 1-2 和图 1-3 所示。

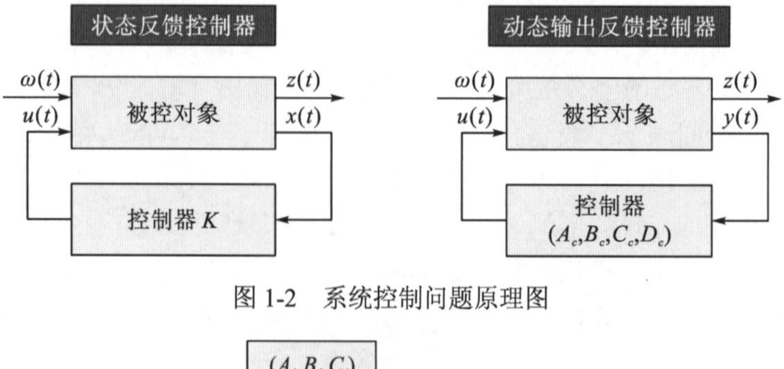

图 1-2　系统控制问题原理图

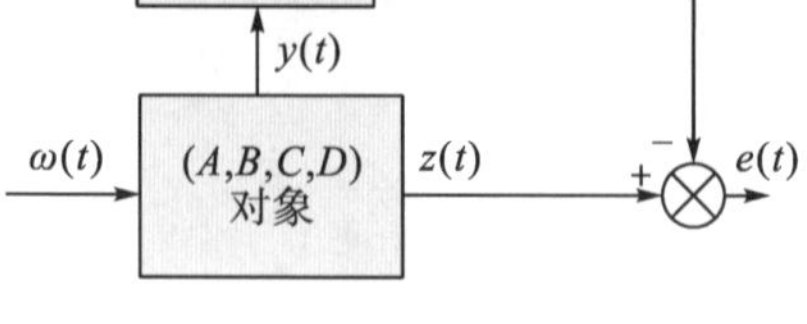

图 1-3　滤波原理图

到目前，评估系统性能的指标大致有$\mathcal{H}_\infty$[101,102]、$\mathcal{H}_2$[103]、$\mathcal{L}_2$[104]、$\mathcal{L}_2-\mathcal{L}_\infty$[105]（或称能量峰值性能）、无源性[81]、耗散性[85]、实有界性等[106]。然而，由于随机切换系统的随机性和复杂性，并不能将线性定常系统控制和滤波问题的结论直接推广到马尔可夫切换系统。因此，马尔可夫切换系统的控制和滤波问题仍然存在很多不足和亟待解决的问题。在此首先总结马尔可夫切换系统控制和滤波的研究现状，为后面的章节提供基本信息和研究的必要性陈述。

1.2.4.1 马尔可夫切换系统的控制问题

马尔可夫切换系统的控制问题大致可描述为通过设计反馈控制器，使得闭环系统在随机切换的前提下仍然保持随机稳定或者满足某种性能指标。解决马尔可夫切换系统控制问题的基本方法是构造模态独立/模态依赖的李雅普诺夫函数，结合 LMI 或者凸优化算法来得到模态独立或者模态依赖的控制器参数。其中，模态独立控制器设计方法不用考虑复杂的随机切换系统的精准切换信息而易于执行、操作简单、易于实现[107]，然而完全忽略所有模态的信息必然导致保守性增大，甚至无法得到满足需求的控制器。因此为了降低系统的保守性，越来越多的学者关注于模态依赖的反馈控制器设计方法。

针对转移概率包含不确定性的马尔可夫切换系统，El Ghaoui 和 Rami[108]提出用凸胞型来描述系统中转移概率未知但是存在上下界的情形，分别针对连续时间和离散时间马尔可夫切换系统设计模态依赖的状态反馈控制器；Xiong 等[109]提出将不确定的转移概率分为时不变常量和时变的不确定部分，构造合适的、模态依赖的李雅普诺夫函数，且结合 LMI 得到系统二次均方稳定的条件，然后采用凸优化算法得到对所有转移概率均成立的状态反馈鲁棒控制器。针对转移概率部分可知情形的马尔可夫切换系统，Zhang 和 Boukas[38]针对连续时间和离散时间两种情形下的马尔可夫切换系统分别设计模态依赖的状态反馈控制器，并且闭环系统能在转移概率部分不可知的情形下随机稳定。针对转移概率同时包含不确定性、完全不可知、可知 3 种情形的连续时间的马尔可夫切换系统，Qiu 等[41]提出利用输入-输出方法来处理系统中具有的时变时滞，将原系统转换为两个子系统互联的关联矩阵，再利用模态依赖的李雅普诺夫函数和鲁棒控制的思路设计一个模态依赖的具有记忆性的状态反馈控制器；Shen 等[42]解决了带有非线性的马尔可夫切换系统的模态依赖的状态反馈同步切换的控制器设计问题；进一步，Chen 等[110]着手解决马尔可夫切换系统的异步控制器设计问题，即状态反馈控制器不同模态之间的切换遵循另一个转移概率矩阵，使得闭环系统更加复杂，尤其是连续时间的马尔可夫切换系统的转移概率矩阵并不全是正数，在用 Schur（舒尔）补引理求解控制器参数和李雅普诺夫函数参数的过程中带来极大的困难。因此目前反馈控制器的设计问题仍存在不足和亟待解决的问题。

值得提出的是，上述针对转移概率矩阵在存在不确定性、完全可知、不可知3种情形下马尔可夫切换系统的模态独立、依赖的同步、异步反馈控制器设计问题，均考虑的是状态反馈控制器。然而实际应用中，并不是所有的状态均为可测量的，因此，输出反馈控制器是马尔可夫切换系统控制问题的另一个热门子问题。Boukas[111]解决了连续时间奇异马尔可夫切换系统的模态依赖的静态输出反馈鲁棒控制器设计问题。Shu 等[112]针对离散时间的马尔可夫切换系统提出了模态独立和模态依赖的静态输出反馈控制器存在的充分必要条件，并且通过迭代算法和初值优化算法得到低保守性的控制器。基于上述结论，Cheng 等[113]将静态输出反馈控制器的设计方法推广到测量输出具有异步时滞的非齐次马尔可夫切换系统中，并且通过改进的脉冲调制驱动的升压斩波器系统，证实闭环系统在所有转移概率情形下均能保持随机稳定且满足$\mathcal{H}_\infty$性能。Wu 等[104]提出了带有非线性的离散时间马尔可夫切换系统的动态输出反馈控制器设计方法，文中采用投影定理的方法对李雅普诺夫参数和控制器参数进行解耦、采用凸优化算法优化得到李雅普诺夫参数，从而保证闭环系统指数稳定且满足诱发$\mathcal{L}_2$干扰衰减性能。Kwon 等[114]针对连续时间的奇异马尔可夫切换系统提出了使得闭环系统随机稳定的动态输出反馈控制器存在的充分必要条件，利用 LMI 的方法得到控制器增益，避免了控制器参数和李雅普诺夫参数解耦过程，降低了保守性。值得提出的是，由于马尔可夫切换系统的复杂性和转移概率的多样性，在解决动态输出反馈控制器设计问题的过程中，控制器参数和李雅普诺夫参数解耦非常困难，尤其是连续时间的半马尔可夫切换系统的异步动态输出反馈控制器设计方法目前研究成果非常少。

1.2.4.2 马尔可夫切换系统的滤波问题

马尔可夫切换系统的滤波问题可以描述为以测量输出为基础，在模态随机切换的前提下采用特定的方式估计出系统中不可测量的信号或者受外部干扰的真实信号。滤波控制的目的是基于系统的测量输出，设计一个模态独立/依赖的稳定系统，使得对应的滤波误差系统具有一定的性能。早在 20 世纪 60 年代，Kalman[115]针对随机系统提出最优滤波理论，得到了控制领域学者的广泛讨论并且广泛应用于航空航天、工业生产过程及网络通信过程中[116-118]。值得提出的是，卡尔曼(Kalman)滤波理论仅适用于基于模型的系统综合中且仅能适用于外部噪声为高斯序列的系统，然而实际应用过程中的噪声是不可测的，或者说是未知的，系统模型未必精确可知，因此 Kalman 滤波理论理想的约束条件具有较高的保守性，或者说适用范围具有局限性。近年来，越来越多的学者致力于改善 Kalman 滤波理论的性能[27,119]，尤其是 LMI 和$\mathcal{H}_\infty$控制理论的发展，滤波器设计问题得到很大程度的发展。并且针对不同的系统，如不确定性系统、时滞系统、随机系统、模糊系统等形成了一系列滤波器设计理论。以连续系统为例：①$\mathcal{H}_\infty$滤波，假定系统的噪声输入为能量有界的信号，使得噪声信号到滤波器误差信号的传递函数的 $\mathcal{H}_\infty$ 范数小于给定值；② $\mathcal{L}_2-\mathcal{L}_\infty$ 滤波（能量-峰值滤波），假定系统的噪声输入为能量有界的信号，使得滤波误差系统有一定的 $\mathcal{L}_2-\mathcal{L}_\infty$ 扰动衰减能力；③ $\mathcal{L}_1$ 滤波（峰值-峰值滤波），假定系统的噪声输入为峰值有界的函数，在使得所有峰值有界的噪声信号下，最恶劣的滤波误差系统的峰值小于给定值。

举例说明，Carlos 等[120]针对连续时间马尔可夫切换系统，基于 LMI 方法给出了模态独立的鲁棒滤波器存在的条件和求解方法，并且将得到的结果推广到转移概率不确定的情形。Wu 等[121]针对连续时间的二维马尔可夫切换系统，解决了模态依赖的滤波器设计问题，采用矩阵变换方法得到滤波器参数且使得滤波误差系统均方渐进稳定且满足 $\mathcal{H}_\infty$ 性能。针对马尔可夫切换系统的转移概率矩阵存在不确定性或者部分可知的情形，Zhang 等[122]提出由于离散时间的马尔可夫切换系统转移概率矩阵的元素全部都是正数，可以采用 Schur 补引理将系统稳定的线性矩阵不等式根据转移概率可知和不可知分别进行讨论，进而可以利用矩阵变换方法得到滤波器的参数；Li 等[123]将上述结论推广到 T-S 模糊非齐次马尔可夫切换系统的滤波器设计问题中，针对系统中转移概率同时存在不确定性和不可知的情形，提出采用投影定理和凸优化相结合的方法得到模态依赖的滤波器参数，并且通过倒立摆系统模型验证结论的有效性。进一步，Wu 等[124]针对连续时间的非线性马尔可夫切换系统，采用 T-S 模糊系统对非线性进行建模并且通过引入一个疏松矩阵的方法得到模态依赖异步滤波器，得到的滤波误差系统随机稳定且具有无源性。值得提出的是，在证实误差系统的无源性性能时发现，需要假设原系统的测量输出和外部输入的维数是相同的，而实际应用过程中若不是特意要求系统具有无源性，则这样的假设条件过于理想。另外，关于马尔可夫切换系统的降阶控制器或者滤波器研究成果甚少，是由于连续时间的马尔可夫切换系统模态依赖的李雅普诺夫参数和异步控制器参数耦合严重，为降阶控制器或者滤波器设计带来极大的困难，如何降低滤波器或者滤波器维数是今后作者的研究方向。

1.2.5　模型降阶的研究现状

伴随着智能制造时代的到来和智能控制理论的发展，为了准确描述复杂的物理对象，系统的数学模型往往复杂且具有较高阶数。然而，高阶的复杂系统往往由于其复杂性，会覆盖系统的主要结构和主要性质，为系统的分析与综合带来更大的挑战。因此，模型降阶或模型逼近研究一直都是控制理论领域热门的研究方向之一。模型降阶的目的是寻找一个低阶的系统模型来逼近原高阶系统，同时尽可能地保持原系统的主要结构和主要性能，且原系统与该低阶系统的降阶误差尽量小[125,126]。得到的降阶模型代替原高阶系统，进行后续的系统分析或者综合从而使闭环系统满足需要的性能。

模型降阶问题的研究已经经历了近 40 年，得到的模型降阶方法大致分为聚合法[127,128]、Hankel 范数逼近法[129,130]、最优 $\mathcal{H}_2$ 模型降阶[131-133]、基于格拉姆矩阵法(平衡截断法[134-136]、奇异摄动法[137])、基于 LMI 法($\mathcal{H}_\infty$ 模型降阶[138,139]、$\mathcal{L}_2-\mathcal{L}_\infty$ 模型降阶[23])等。其中，聚合法是经典模型降阶方法，很难扩展到随机切换系统，在此仅讨论基于 LMI 和格拉姆矩阵法的研究现状。

1.2.5.1 基于 LMI 的模型降阶方法

将LMI技术应用到复杂系统的模型降阶问题中，解决了很多系统简化的问题，如时滞系统模型降阶[140]、时变系统模型降阶[141]、切换系统模型降阶[142]、模糊系统模型降阶[143]及马尔可夫切换系统模型降阶[144-146]等。具体说明：Zhang 等[145]分别针对连续和离散马尔可夫切换系统，提出了利用投影定理和锥补线性化相结合的方法，解决了马尔可夫切换系统的 $\mathcal{H}_\infty$ 模型降阶问题。Zhang 等[146]和 Wei 等[147]分别将上述结论推广到转移概率部分可知情形下离散和连续时间马尔可夫切换系统的模型降阶问题中。值得提出的是，离散时间的马尔可夫模型降阶过程中，由于转移概率均为正数，可以将降阶系统的参数存在条件写成 LMI 的形式或者利用投影定理与锥补线性化相结合的方法得到降阶系统；而连续马尔可夫切换系统由于转移概率并非都是正数，需要将对角线部分分开处理，进而借助矩阵变换得到降阶后的系统。Li 等[148]进一步拓展了上述结论，分别用 LMI 和迭代两种方法解决了转移概率部分可知的离散马尔可夫切换系统的模型降阶问题，其中第一种方法通过疏松矩阵的引入和芬斯勒(Finsler)引理相结合将降阶模型存在的条件转化为 LMI 形式，从而减少了决策变量的个数，降低了降阶误差。到目前，马尔可夫切换系统的模型降阶研究取得了一定的成果，然而半马尔可夫切换系统的模型降阶仍是一片空白。

另外，不可否认 LMI 工具箱将模型降阶理论研究带上了新的台阶，解决了很多以前不能解决的问题。根据以上分析可得，$\mathcal{H}_\infty$ 模型降阶方法实现思想大致描述为，寻找一个与原系统类似的低阶系统模型且与之组成误差系统，利用 LMI 工具箱使得误差系统稳定且满足 $\mathcal{H}_\infty$ 性能得到降阶模型存在的条件，然后选用投影定理和锥补线性化方法、矩阵变换等算法得到降阶后的系统参数。值得提出的是，$\mathcal{H}_\infty$ 模型降阶方法由于不能保持原系统的主要结构和主要性质，降阶后的系统并不能很好地代替原系统进行后续的系统综合，并且该方法不能用于非稳定系统。

1.2.5.2 基于格拉姆矩阵的模型降阶方法

基于格拉姆矩阵的平衡降阶法的实现思想大致描述为，利用系统的能控性和能观性，格拉姆矩阵得到一个平衡转换矩阵 $\mathcal{T}$；然后根据系统的能控性和能观性能力将原系统转化为一种平衡形式，即不太能控也不太能观的状态；然后截断最不太能控也最不太能观的部分得到降阶后的系统。该模型降阶方法具有明显的优势：①可以很好地保持原系统的主要结构和输入输出性能；②计算简单，易于实现和扩展；③具有很好的降阶误差，且存在一个误差界；④可以应用于不稳定或者非最小相系统[149,150]。

因此，越来越多的学者开始关注平衡降阶研究。近年来，Antoulas[125]针对线性定常系统从模型降阶问题的由来、基本概念和常用方法等方面做了详细的说明，为今后将模型降阶理论推广到复杂系统提供了良好的基础知识。文中提出，针对不同的降阶性能指标，平衡降阶方法分为李雅普诺夫平衡法、随机平衡法、实有界平衡法、频率加权平衡法等。值得提出的是，这几种方法没有本质的区别，只是根据降阶后的系统能保持何种性能选择何种平衡降阶方法，如李雅普诺夫平衡法中采用能控性和能观性矩阵相关的李雅普诺夫方程来求得平衡转换矩阵，而选择的李雅普诺夫方程是系统稳定的充要条件，也就是说李雅普诺夫平衡法得到的降阶系统能保持原系统的稳定性；实有界平衡法得到的降阶系统能保持原系统的实有界性能。Monshizadeh 等[151]将平衡截断的方法应用到切换系统的模型降阶问题中，根据切换系统的随机性分别就子系统的一系列能控性格拉姆矩阵 $\boldsymbol{P}$ 和能观性格拉姆矩阵 $\boldsymbol{Q}$ 进行讨论，提出了求解平衡转移矩阵的优化算法。Kotsalis 等[152]、Kotsalis 和 Rantzer[153]首次提出利用输入-输出耗散不等式代替李雅普诺夫方程的方法求解马尔可夫切换系统的广义能控性和能观性格拉姆矩阵，并且证实了降阶后的系统与原系统的降阶误差存在一个上界，从而验证了平衡截断法在解决马尔可夫切换系统模型降阶问题中的有效性。

1.3　亟待解决的问题及有待改进的地方

根据上述关于随机切换系统的研究背景、模型介绍、模型降阶、系统的控制理论研究现状的讨论，随机切换系统的分析与综合作为智能控制重要的分支之一，仍存在以下不足或有待进一步讨论和解决的问题。

(1) 研究半马尔可夫切换系统更低保守性的稳定性(随机稳定或者指数稳定)及多种性能指标(如严格耗散性、无源性、实有界、Hankel 范数有界等)。由于半马尔可夫切换系统的随机特性，系统状态不仅依赖于初始状态，还受时间和逗留时间依赖的转移概率矩阵约束，而构造参数依赖和模态依赖的李雅普诺夫函数具有一定的困难，尤其是连续系统实际应用中的时滞、不确定性、外部干扰以及非线性均不能消除且往往会引起系统性能的恶化，如何构造合适的李雅普诺夫函数可以得到更低保守性的稳定性充要条件的问题亟待解决。

(2)转移概率部分可知的半马尔可夫切换系统的建模有待完善。目前考虑的半马尔可夫切换系统的转移概率部分可知包含 3 种类型：完全不可知、已知的、不确定的。其中不确定性转移概率大部分结论均假设满足范数有界或者凸胞型，忽略了不确定性的、变化的信息而具有较高的保守性。另外，当利用 LMI 工具箱处理转移概率部分可知的马尔可夫切换系统的控制问题时，充分利用转移概率矩阵本身的条件可以将 LMI 根据转移概率已知和未知分离分开处理。然而当系统为连续时间半马尔可夫切换系统时，需要对转移概率未知部分所在位置分别进行讨论而更加复杂。因此，连续时间的转移概率部分可知的半马尔可夫切换系统的研究需要进一步完善。

(3)基于时间加权格拉姆矩阵的随机切换系统的模型降阶有待研究。能控性和能观性格拉姆矩阵能更好地体现系统的输入-输出性能，因此众多模型降阶方法中，基于格拉姆矩阵的平衡截断法能更好地保持原系统的结构和输入-输出性质。然而，针对随机切换系统的平衡截断研究仍然存在很多困难亟待解决，如时滞系统平衡降阶的误差界问题、时变系统的格拉姆矩阵定义问题、子系统不稳定的随机切换系统等。作者在研究基于时间加权格拉姆矩阵的模型降阶方法时发现，当系统矩阵中含有时变参数时，时间加权格拉姆矩阵的定义不再成立，进而说明基于时间加权的格拉姆矩阵不能应用于半马尔可夫切换系统的模型降阶研究中，因此相关部分研究有待进一步扩展。

(4)现有研究结论中，可以通过求解带时变时滞的李雅普诺夫方程获取线性时变系统的能控性和能观性格拉姆矩阵，但是求解过程非常复杂。然而，作者通过倒推的方法发现通过带时变时滞的李雅普诺夫方程获得的能控性和能观性格拉姆矩阵与格拉姆矩阵的定义是矛盾的，也就是说，不能通过该方法来求解带时变时滞系统的平衡截断问题。

(5)现有关于模型降阶的研究结论，大部分成果均在无限时间域内，也就是说，降阶以后的系统在时间段 $[0,+\infty)$ 内近似逼近原系统。然而，在实际应用过程中，如有限时间优化控制问题，往往需要在有限时间 $[t_1,t_2]$ 内解决近似逼近问题。因此，如何在有限时间区间内解决半马尔可夫切换系统的模型降阶问题，确保降阶模型与原系统同步跳变且尽可能保持原系统的主要结构和主要的输入-输出性能的问题亟待解决。

(6)由于半马尔可夫切换系统的随机性和复杂性，目前关于半马尔可夫切换系统的输出反馈控制器设计均为全阶动态输出反馈控制器设计方法。全阶动态输出反馈控制器设计方法中，锥补线性化和凸优化方法均会出现控制器增益与李雅普诺夫参数互相耦合的情形。解决耦合的问题就会增加新的矩阵，并且控制器增益的阶数都与李雅普诺夫参数相关。因此，如何得到更小保守性的控制器增益以及低阶控制器设计的问题亟待解决。

(7)在针对半马尔可夫切换系统的鲁棒降阶滤波器设计问题中，鉴于系统的随机性和复杂性，尤其是针对连续时间的半马尔可夫切换系统和时变凸胞型转移概率矩阵情形，目前降阶滤波器的研究仍然是空白。可以借鉴离散时间半马尔可夫切换系统全阶滤波器设计方法，引入疏松矩阵来得到滤波器参数，尝试解决连续时间半马尔可夫切换系统的降阶滤波器设计问题。

1.4　本书的主要研究内容

本书基于上述随机切换系统的研究现状及当前研究成果中存在的不足，提出了随机切换系统模型降阶研究的新思路、新方法。旨在研究在模型降阶、降阶控制器、降阶滤波器设计过程中，几类复杂的切换系统中转移概率矩阵及参数对模型降阶研究的影响，从而填补混杂系统模型降阶领域的空白。图 1-4 以图表的形式给出了本书的研究框架，即基于 LMI、参数依赖李雅普诺夫函数、时滞分割、凸线性化、平衡截断、奇异摄动等方法，以时滞系统、不确定性系统、切换 LPV 系统、半马尔可夫切换系统等为研究对象，解决了其稳定性分析(随机稳定、指数稳定)、耗散性分析、动态输出反馈控制器设计、滤波器设计等分析与综合问题，同时将所得到的结论在 RCL 电路系统、弹簧-物块系统以及单链机器人手臂系统中应用，验证本书提出的模型降阶、降阶控制器及滤波器设计的可行性和有效性。

图 1-4　本书的研究框架

(1)第 1 章首先介绍随机切换系统，尤其是马尔可夫切换系统和半马尔可夫切换系统的研究背景和意义，旨在阐述随机切换系统的模型降阶及降阶综合研究的必要性和重要性；其次总结系统模型、时变时滞、模型降阶等相关的现有研究结论，旨在分析半马尔可夫切换系统与马尔可夫切换系统研究方法的不同之处、基于耗散性方法的优势、本书亟待解决的问题等。

(2) 第 2 章考虑带时变时滞的不确定半马尔可夫切换系统，提出了基于参数依赖的李雅普诺夫-克拉索夫斯基泛函和分割技术的系统稳定且满足严格耗散性的新方法。值得提出的是，本章中假设时变不确定性服从互相独立的伯努利分布白序列且转移概率矩阵是范数有界的。通过选取适当的参数依赖李雅普诺夫-克拉索夫斯基泛函结合分割分析技术，可以获得确保系统均方指数稳定且严格耗散的充分条件。本书得到的结论比现有研究结论中的研究方法具有更低的保守性。最后，通过 RCL 电路系统实验验证获得的结论的有效性。

(3) 第 3 章考虑连续切换 LPV 系统，提出一种新的基于时间加权能控性和能观性格拉姆矩阵的模型降阶方法。首先，定义新的切换 LPV 系统的能控性和能观性格拉姆矩阵，并通过构造参数独立多李雅普诺夫-克拉索夫斯基泛函，结合时间加权能量函数获得该时间加权格拉姆矩阵；其次，通过求解最小值优化问题得到广义平衡转换矩阵；最后，截断或者剩余最不能控也最不能观的状态，根据不同的加权值可以得到不同的低阶模型。通过两个例子(包括一个 3 组弹簧-物块系统)验证本章给出的模型降阶方法的可行性和有效性。

(4) 第 4 章考虑带时变时滞和范数有界不确定性的连续马尔可夫切换系统，提出一种新的基于平衡截断的模型降阶算法。作者首次尝试利用输入和输出耗散不等式的方法求解次优的广义格拉姆矩阵，进一步通过平衡变换得到马尔可夫切换时滞系统的降阶模型。值得提出的是，本书选择广义的输入-输出耗散不等式得到的是广义的格拉姆矩阵，虽然不是最优解，但避免了成本函数最优算法的引进，带时变时滞的连续马尔可夫切换系统的平衡截断问题可解。

(5) 第 5 章针对转移概率部分可知的半马尔可夫切换系统，提出一种新的基于有限时间格拉姆矩阵的平衡降阶算法。首先定义新的半马尔可夫切换系统的广义有限时间能控性和能观性格拉姆矩阵，并通过能量有界和优化算法求解系统的广义能控性和能观性格拉姆矩阵；然后利用平衡转换矩阵(通过同时平衡这对广义能控性和能观性格拉姆矩阵求解平衡转移矩阵，同时也能将原系统转换为一种平衡形式)将原系统按照能控性和能观性能力转换为一种平衡形式；根据要求的性能指标截断后面的状态得到降阶模型；通过与平衡截断算法的对比实验验证基于有限时间格拉姆矩阵算法的有效性。

(6) 第 6 章研究部分可知且多胞型转移概率不确定半马尔可夫切换系统的低阶耗散性动态输出反馈控制器设计问题。首先，基于前两章的结论，通过采用基于耗散性方法可以得到半马尔可夫切换系统存在一个确保系统满足要求的性能指标的动态输出反馈控制器的充分条件；其次，提出了该动态输出反馈控制器的增益可以通过锥补线性化算法求解，同时相应的低阶控制器模型可以通过截断弱能控能观的状态得到；最后，通过仿真结果来验证本章提出的降阶耗散动态输出反馈控制器设计方法的有效性和潜力。

(7) 第7章研究具有事件驱动序列和输出量化器的不确定半马尔可夫切换系统的耗散性滤波器设计问题。本章考虑的半马尔可夫切换系统的转移概率是时变的，测量输出信号传输过程中充分考虑了噪声干扰、时变时滞和带宽的问题。首先，通过构造参数依赖李雅普诺夫-克拉索夫斯基泛函和 Wirtinger 不等式相结合的方法来获得系统满足要求的鲁棒耗散性的充分条件；其次，通过引入疏松矩阵和矩阵变换的方法求得该混合阶滤波器的参数。值得提出的是，得到的降阶滤波器是事件驱动序列，减少了不必要的信号的传输，同时降阶滤波器降低了计算的复杂性和设计成本。进一步，本章得到的系统的性能指标包含 $\mathcal{H}_\infty$ 性能、无源性及混合性能，因而更具有一般性；最后，通过一个数值算例和单链路机器人臂系统验证设计的降阶滤波器可以有效地平衡测量输出信号。

第2章 具有时变时滞的不确定半马尔可夫切换系统的耗散性分析

随着智能制造时代的到来和信息技术的高速发展，海量约束条件下的以复杂随机切换系统为研究对象的智能控制问题亟待解决。实际应用中，经济系统、智能电网、智能交通、航天航空领域、太阳能发电站等往往由于环境突变干扰、随机产生的故障或者内部部件故障，甚至正常操作过程中的人为因素等引起突变现象。作为一类特殊的随机切换系统，马尔可夫切换系统由于其对上述突变现象具有强大的建模能力，引起了广泛的关注。从控制论角度分析，马尔可夫切换系统由有限个子系统和决定不同模态间相互切换的马尔可夫过程组成。马尔可夫切换系统的逗留时间服从指数分布进而转移概率矩阵为时不变矩阵，即具有无记忆性，这样理想的假设条件使得马尔可夫切换系统相关的控制理论在实际应用中具有较大的局限性。为了放松马尔可夫切换系统中对逗留时间的约束条件，即不具有无记忆性，我们假设逗留时间服从一般的概率分布。此时半马尔可夫切换系统的系统状态受时间、模态和逗留时间的影响，转移概率矩阵为时变矩阵。也就是说，马尔可夫切换系统为一类特殊的半马尔可夫切换系统[154]。本章中，假设逗留时间服从韦布尔分布且满足范数有界条件。

另外，鉴于随机切换系统的特殊性，系统的稳定性具有其特殊的特性：每个模态均稳定，系统不一定稳定；每个模态均不稳定，系统不一定不稳定[155]。为了研究随机切换系统的稳定性(随机稳定[156]、指数稳定[157])及不同的性能指标($\mathcal{H}_\infty$性能、无源性、实有界性等)，本章进行连续半马尔可夫切换系统的耗散性分析。值得提出的是，时变时滞现象普遍存在于实际应用过程中且可能会造成系统不稳定，不论多先进的控制理论都不能消除时变时滞对系统的影响[158]，因此如何削弱时变时滞对系统的影响一直都是系统分析与综合中不可忽略的问题。

本章将介绍有随机发生的不确定性和时变时滞的半马尔可夫切换系统的耗散性分析的新方法。其中，假设时变不确定性服从互相独立的伯努利分布的白序列且转移概率矩阵是范数有界的。通过选取适当的参数依赖李雅普诺夫-克拉索夫斯基泛函结合分割分析技术，可以获得确保系统均方指数稳定且严格耗散的充分条件。本书得到的结论比现有研究结论的研究方法具有更低的保守性。最后通过数值算例来验证获得的结论的有效性。

2.1　问 题 描 述

2.1.1　具有时变时滞的不确定半马尔可夫切换系统描述

本章考虑概率空间$(\mho,\mathcal{F},P_r)$下的连续时间的具有时变时滞和不确定性的半马尔可夫切换系统：

$$\begin{cases}\dot{\boldsymbol{x}}(t)=\boldsymbol{A}(\eta_t,t)\boldsymbol{x}(t)+\boldsymbol{A}_{\boldsymbol{\tau}}(\eta_t,t)\boldsymbol{x}(t-\tau_{\eta_t}(t))+\boldsymbol{B}(\eta_t,t)\boldsymbol{\omega}(t)\\ \boldsymbol{y}(t)=\boldsymbol{C}(\eta_t,t)\boldsymbol{x}(t)+\boldsymbol{C}_{\boldsymbol{\tau}}(\eta_t,t)\boldsymbol{x}(t-\tau_{\eta_t}(t))+\boldsymbol{D}(\eta_t,t)\boldsymbol{\omega}(t)\\ \boldsymbol{x}(t)=\boldsymbol{x}_0,\ t\in[-\bar{\tau},0],\ \eta_0=i\end{cases}\tag{2-1}$$

式中，$\boldsymbol{x}(t)\in\mathbb{R}^n$为$n$维状态向量；$\boldsymbol{y}(t)\in\mathbb{R}^p$为$p$维系统测量输出向量；$\boldsymbol{\omega}(t)\in\mathbb{R}^m$为定义在$\mathcal{L}_2[0,\infty)$上的$m$维外部扰动信号；$\boldsymbol{x}_0$为定义在区间$[-\bar{\tau},0]$上的初始向量函数。$\{\eta_t,t\geqslant 0\}$是连续的半马尔可夫过程，在具有右连续轨迹并且有限集$\mathcal{N}\triangleq\{1,2,\cdots,N\}$中取值。半马尔可夫随机过程的转移概率满足

$$P_r(\eta_{t+h}=j\mid\eta_t=i)=\begin{cases}\alpha_{ij}(h)h+o(h), & i\neq j\\ 1+\alpha_{ij}(h)h+o(h), & i=j\end{cases}$$

其中，$\alpha_{ij}(h)$为从t时刻模态i转移到$t+h$时刻模态j的转移速率且满足$\alpha_{ij}(h)\geqslant 0(i,j\in\mathcal{N},i\neq j)$和$\alpha_{ii}(h)=-\sum\limits_{j=1,j\neq i}^{N}\alpha_{ij}(h)$；$o(h)$为无穷小变量且满足$h>0$同时$\lim\limits_{h\to 0}\dfrac{o(h)}{h}=0$。

注释 2.1：值得提出的是，我们假设逗留时间的概率分布服从韦布尔分布，也就是说转移概率$\alpha_{ij}(h)$是时变的，即

$$\alpha_{ij}(h)=\frac{f_{ij}(h)}{1-F_{ij}(h)}=\frac{\dfrac{b}{a^b}h^{b-1}\mathrm{e}^{-\left(\frac{h}{a}\right)^b}}{1-\left[1-\mathrm{e}^{-\left(\frac{h}{a}\right)^b}\right]}=\frac{b}{a^b}h^{b-1},\quad h>0$$

其中，$f_{ij}(h)$和$F_{ij}(h)$分别为驻留时间的概率密度函数和累积分布函数；正实数a和b分别为韦布尔分布的比例参数和形态参数。

可见，当b=1(即驻留时间服从指数分布)时，转移概率$\alpha_{ij}(h)=1/a$不依赖于驻留时间h。在实际应用中，我们一般假设转移概率具有上、下界，即满足

$$\underline{\alpha}_{ij}\leqslant\alpha_{ij}(h)\leqslant\bar{\alpha}_{ij}$$

其中，$\bar{\alpha}_{ij}$ 和 $\underline{\alpha}_{ij}$ 分别为时变转移概率的上、下界，且为实常标量。

另外，$\tau_{\eta_t}(t)$ 为模态相关的时变时滞(简记为 $\tau_i(t), i\in\mathcal{N}$)，且满足

$$0\leqslant\underline{\tau}_i\leqslant\tau_i(t)\leqslant\bar{\tau}_i,\quad \dot{\tau}_i(t)\leqslant\mu\leqslant 1$$

其中，$\bar{\tau}_i$ 和 $\underline{\tau}_i$ 分别表示该时变时滞的已知上、下界；μ 表示时变时滞变化率的已知上界，且假设该变化率小于 1。

针对 N 个模态的半马尔可夫切换系统，令 $\tau_M\triangleq\max\{\bar{\tau}_i\}$ 和 $\tau_m\triangleq\min\{\underline{\tau}_i\}$ 分别为系统时变时滞的已知上、下界。

本章采用时滞分割方法，即将时滞区间 $[\tau_m,\tau_M]$ 划分为 q 个等长的部分，也就是区间表示为 $[\tau_m,\tau_M]=\bigcup_{l=0}^{q-1}[\tau_l,\tau_{l+1}]$ 中每个区间的长度表示为 $\delta=\tau_{l+1}-\tau_l(l=0,1,2,\cdots,q-1)$。此时，我们可以将任意区间的时滞表示为 $\tau_l=\tau_m+l(\tau_M-\tau_m)/q$。

为简化符号，当 $\eta_t=i,\ i\in\mathcal{N}$ 时，用 $\boldsymbol{A}_i(t)$ 代替系统矩阵 $\boldsymbol{A}(\eta_t,t)$，其余矩阵类似。已知矩阵 $\boldsymbol{A}_i(t)$、$\boldsymbol{A}_{\tau i}(t)$、$\boldsymbol{B}_i(t)$、$\boldsymbol{C}_i(t)$、$\boldsymbol{C}_{\tau i}(t)$ 和 $\boldsymbol{D}_i(t)$ 包含随机发生的时变不确定性，也就是

$$\begin{bmatrix}\boldsymbol{A}_i(t) & \boldsymbol{A}_{\tau i}(t) & \boldsymbol{B}_i(t)\\ \boldsymbol{C}_i(t) & \boldsymbol{C}_{\tau i}(t) & \boldsymbol{D}_i(t)\end{bmatrix}$$

$$=\begin{bmatrix}\boldsymbol{A}_i & \boldsymbol{A}_{\tau i} & \boldsymbol{B}_i\\ \boldsymbol{C}_i & \boldsymbol{C}_{\tau i} & \boldsymbol{D}_i\end{bmatrix}+\begin{bmatrix}\beta_1(t)\Delta\boldsymbol{A}_i(t) & \beta_2(t)\Delta\boldsymbol{A}_{\tau i}(t) & \beta_3(t)\Delta\boldsymbol{B}_i(t)\\ \beta_4(t)\Delta\boldsymbol{C}_i(t) & \beta_5(t)\Delta\boldsymbol{C}_{\tau i}(t) & \beta_6(t)\Delta\boldsymbol{D}_i(t)\end{bmatrix}$$

其中，矩阵 $\boldsymbol{A}_i$、$\boldsymbol{A}_{\tau i}$、$\boldsymbol{B}_i$、$\boldsymbol{C}_i$、$\boldsymbol{C}_{\tau i}$ 和 $\boldsymbol{D}_i$ 是具有适当维数的描述系统式(2-1)的标称系统的已知常矩阵；矩阵 $\Delta\boldsymbol{A}_i(t)$、$\Delta\boldsymbol{A}_{\tau i}(t)$、$\Delta\boldsymbol{B}_i(t)$、$\Delta\boldsymbol{C}_i(t)$、$\Delta\boldsymbol{C}_{\tau i}(t)$ 和 $\Delta\boldsymbol{D}_i(t)$ 表示系统式(2-1)相应的时变不确定性部分。

为了更好地处理系统状态矩阵中的随机不确定性，可以将该不确定性用已知矩阵和未知但是有界的矩阵分离，即

$$\begin{bmatrix}\Delta\boldsymbol{A}_i(t) & \Delta\boldsymbol{A}_{\tau i}(t) & \Delta\boldsymbol{B}_i(t)\\ \Delta\boldsymbol{C}_i(t) & \Delta\boldsymbol{C}_{\tau i}(t) & \Delta\boldsymbol{D}_i(t)\end{bmatrix}=\begin{bmatrix}\boldsymbol{M}_{1i}\\ \boldsymbol{M}_{2i}\end{bmatrix}\boldsymbol{F}_i(t)\begin{bmatrix}\boldsymbol{N}_{1i} & \boldsymbol{N}_{2i} & \boldsymbol{N}_{3i}\end{bmatrix}$$

其中，矩阵 $\boldsymbol{M}_{1i}$、$\boldsymbol{M}_{2i}$、$\boldsymbol{N}_{1i}$、$\boldsymbol{N}_{2i}$、$\boldsymbol{N}_{3i}$ 表示该时变不确定性部分的已知常矩阵；矩阵 $\boldsymbol{F}_i(t)$ 表示该时变不确定性的未知时变矩阵，并且满足

$$\boldsymbol{F}_i^{\mathrm{T}}(t)\boldsymbol{F}_i(t)\leqslant\boldsymbol{I},\quad \forall t\geqslant 0 \tag{2-2}$$

此时引进随机变量 $\beta_{\varpi}(t)(\varpi=1,2,3,4,5,6)$ 来表示系统矩阵中不确定性随机发生的现象。本章假设该随机变量是互相独立的服从伯努利分布的白序列，并且遵从以下概率分布率：

$$P_r(\beta_{\varpi}(t)=1)=\beta_{\varpi},\quad P_r(\beta_{\varpi}(t)=0)=1-\beta_{\varpi} \tag{2-3}$$

其中，$\beta_{\bar{\varpi}} \in [0,1]$，为已知常数，并且假设各数值之间互相独立。

2.1.2 基于分割技术的系统分析问题描述

首先给出半马尔可夫切换系统式(2-1)的随机稳定和耗散性的定义。

定义 2.1：式(2-1)中半马尔可夫切换系统是随机稳定的，如果系统的解 $\boldsymbol{x}(t)$ 满足

$$\mathrm{E}\left\{\int_{t=0}^{+\infty}\|\boldsymbol{x}(t)\|^2 \mathrm{d}t \,\middle|\, x_0,\eta_0\right\} < +\infty$$

其中，x_0 是定义在 $[-\bar{\tau},0]$ 上的任意函数；η_0 是初始模态，$\eta_0 \in \mathcal{N}$。

给定系统耗散性定义之前，首先回顾文献[75]中介绍的系统供给率。我们假设式(2-1)中半马尔可夫切换系统的供给率为

$$\boldsymbol{s}(\boldsymbol{\omega}(t),\boldsymbol{y}(t)) = \boldsymbol{y}^{\mathrm{T}}(t)\boldsymbol{\mathcal{X}}\boldsymbol{y}(t) + 2\boldsymbol{y}^{\mathrm{T}}(t)\boldsymbol{\mathcal{Y}}\boldsymbol{\omega}(t) + \boldsymbol{\omega}^{\mathrm{T}}(t)\boldsymbol{\mathcal{Z}}\boldsymbol{\omega}(t) \tag{2-4}$$

式中，矩阵 $\boldsymbol{\mathcal{X}} \in \mathbb{R}^{p\times p}$、$\boldsymbol{\mathcal{Y}} \in \mathbb{R}^{p\times m}$ 和 $\boldsymbol{\mathcal{Z}} \in \mathbb{R}^{m\times m}$ 是已知的，并且满足 $\boldsymbol{\mathcal{X}} = \boldsymbol{\mathcal{X}}^{\mathrm{T}} < 0$，$\boldsymbol{\mathcal{Z}} = \boldsymbol{\mathcal{Z}}^{\mathrm{T}}$。

定义 2.2：考虑系统供给率 $\boldsymbol{s}(\boldsymbol{\omega}(t),\boldsymbol{y}(t))$ 满足式(2-4)的半马尔可夫切换系统式(2-1)，若存在一个标量 $\vartheta > 0$ 使得

$$\mathrm{E}\left\{\int_0^{t^*} \boldsymbol{s}(\boldsymbol{\omega}(t),\boldsymbol{y}(t))\mathrm{d}t\right\} > \vartheta\mathrm{E}\left\{\int_0^{t^*} \boldsymbol{\omega}^{\mathrm{T}}(t)\boldsymbol{\omega}(t)\,\mathrm{d}t\right\} \tag{2-5}$$

对任意的 $t^* \geqslant 0$ 和零初始条件均成立，那么该系统是严格 $(\boldsymbol{\mathcal{X}},\boldsymbol{\mathcal{Y}},\boldsymbol{\mathcal{Z}})$-$\vartheta$-耗散的。并且若式(2-5)当且仅当 $\vartheta = 0$ 时成立，则该系统是 $(\boldsymbol{\mathcal{X}},\boldsymbol{\mathcal{Y}},\boldsymbol{\mathcal{Z}})$-耗散的。

针对半马尔可夫切换系统中的时变时滞和不确定性，定理证明过程中会用到以下引理。

引理 2.1：给定具有适当维数的矩阵 $\boldsymbol{\Sigma}_1 = \boldsymbol{\Sigma}_1^{\mathrm{T}}$，$\boldsymbol{\Sigma}_2$ 和 $\boldsymbol{\Sigma}_3$，则

$$\boldsymbol{\Sigma}_1 + \boldsymbol{\Sigma}_2\boldsymbol{F}(t)\boldsymbol{\Sigma}_3 + (\boldsymbol{\Sigma}_2\boldsymbol{F}(t)\boldsymbol{\Sigma}_3)^{\mathrm{T}} < 0$$

对所有的满足 $\boldsymbol{F}^{\mathrm{T}}(t)\boldsymbol{F}(t) \leqslant \boldsymbol{I}$ 的 $\boldsymbol{F}(t)$ 均成立的充要条件是存在正数 $\epsilon > 0$ 使得下式成立：

$$\boldsymbol{\Sigma}_1 + \epsilon\boldsymbol{\Sigma}_3^{\mathrm{T}}\boldsymbol{\Sigma}_3 + \epsilon^{-1}\boldsymbol{\Sigma}_2\boldsymbol{\Sigma}_2^{\mathrm{T}} < 0$$

引理 2.2[29]：对给定任意标量 ε 和矩阵 $\boldsymbol{X} \in \mathbb{R}^{n\times n}$，以下不等式成立：

$$\varepsilon(\boldsymbol{X} + \boldsymbol{X}^{\mathrm{T}}) \leqslant \varepsilon^2\boldsymbol{Y} + \boldsymbol{X}\boldsymbol{Y}^{-1}\boldsymbol{X}^{\mathrm{T}}$$

其中，矩阵 $\boldsymbol{Y} \in \mathbb{R}^{n\times n}$ 为任意对称正定矩阵。

引理 2.3（Jensen 不等式[53]）：对任意标量$b>a$，具有适当维数的对称矩阵$\boldsymbol{R}\in\mathbb{R}^{n\times n}$和向量函数$\boldsymbol{x}(t):[a,b]\to\mathbb{R}^n$，下列不等式成立：

$$-\int_a^b \dot{\boldsymbol{x}}^{\mathrm{T}}(s)\boldsymbol{R}\dot{\boldsymbol{x}}(s)\mathrm{d}s\leqslant-\frac{1}{b-a}\left(\int_a^b \dot{\boldsymbol{x}}(s)\mathrm{d}s\right)^{\mathrm{T}}\boldsymbol{R}\left(\int_a^b \dot{\boldsymbol{x}}(s)\mathrm{d}s\right)$$

2.2 主要结论

2.2.1 随机稳定性及严格耗散性能分析

本章将利用参数依赖多重积分李雅普诺夫函数法、时滞分割方法和 Jensen 不等式相结合的方法对式(2-1)中的半马尔可夫切换系统的稳定性和满足的性能指标进行分析，得到保守性低的结果。

定理 2.1：对于给定的参数$\epsilon_{1i}>0$，$\epsilon_{2i}>0$，$\underline{\tau}_i$，$\overline{\tau}$，μ和满足式(2-4)的矩阵$\mathcal{X},\mathcal{Y},\mathcal{Z}$，若存在一个标量$\vartheta>0$和正定对称矩阵$\boldsymbol{P}_i>0,\mathcal{Q}_i>0,\boldsymbol{S}_0>0,\boldsymbol{S}_l>0,\boldsymbol{R}_l>0\left(i\in\mathcal{N},l=1,2,\cdots,q+1\right)$使得下列不等式成立：

$$\begin{bmatrix}\boldsymbol{\Pi}_{1i}(k,h) & \boldsymbol{\Pi}_{2i} & \boldsymbol{\Pi}_{3i}\\ * & -\epsilon_{1i}\boldsymbol{I} & 0\\ * & * & -\epsilon_{2i}\boldsymbol{I}\end{bmatrix}<0,\ k=0,1,2,\cdots,q-1 \tag{2-6}$$

$$\sum_{j=1}^{N}\alpha_{ij}(h)\mathcal{Q}_j-\boldsymbol{S}_0\leqslant 0 \tag{2-7}$$

其中，

$$\boldsymbol{\Pi}_{1i}(k,h)\triangleq\begin{bmatrix}\overline{\boldsymbol{\Upsilon}}_i(k)+\boldsymbol{H}_1^{\mathrm{T}}\sum_{j=1}^{N}\alpha_{ij}(h)\boldsymbol{P}_j\boldsymbol{H}_1 & \mathcal{A}_{0i}^{\mathrm{T}}\overline{\boldsymbol{S}} & \mathcal{C}_{0i}^{\mathrm{T}}\mathcal{X}\\ * & -\overline{\boldsymbol{S}} & 0\\ * & * & \mathcal{X}\end{bmatrix}$$

$$\boldsymbol{\Pi}_{2i}\triangleq\begin{bmatrix}\epsilon_{1i}\mathcal{N}_{1i}^{\mathrm{T}} & \boldsymbol{H}_1^{\mathrm{T}}\boldsymbol{P}_i\boldsymbol{M}_{1i}\\ 0 & \overline{\boldsymbol{S}}^{\mathrm{T}}\boldsymbol{M}_{1i}\\ 0 & 0\end{bmatrix},\quad \boldsymbol{\Pi}_{3i}\triangleq\begin{bmatrix}\epsilon_{2i}\mathcal{N}_{2i}^{\mathrm{T}} & -\boldsymbol{H}_8^{\mathrm{T}}\mathcal{Y}^{\mathrm{T}}\boldsymbol{M}_{2i}\\ 0 & 0\\ 0 & \mathcal{X}\boldsymbol{M}_{2i}\end{bmatrix}$$

$$\begin{aligned}\overline{\boldsymbol{\Upsilon}}_i(k)\triangleq{}&2\mathcal{A}_{0i}^{\mathrm{T}}\boldsymbol{P}_i\boldsymbol{H}_1+\boldsymbol{H}_1^{\mathrm{T}}\left(\mathcal{Q}_i+\sum_{l=0}^{q}\boldsymbol{S}_{l+1}+\tau_M\boldsymbol{S}_0\right)\boldsymbol{H}_1-(1-\mu)\boldsymbol{H}_2^{\mathrm{T}}\mathcal{Q}_i\boldsymbol{H}_2+\boldsymbol{\Theta}_k\\ &-\sum_{l=0}^{q}\boldsymbol{H}_{3l}^{\mathrm{T}}\boldsymbol{S}_{l+1}\boldsymbol{H}_{3l}-\boldsymbol{H}_7^{\mathrm{T}}\boldsymbol{R}_1\boldsymbol{H}_7+\boldsymbol{H}_8^{\mathrm{T}}(\vartheta\boldsymbol{I}-\mathcal{Z})\boldsymbol{H}_8-2\mathcal{C}_{0i}^{\mathrm{T}}\mathcal{Y}\boldsymbol{H}_8\end{aligned}$$

$$\boldsymbol{\Theta}_k \triangleq -\frac{1}{\delta}\boldsymbol{H}_{5k}^{\mathrm{T}}\boldsymbol{R}_{k+2}\boldsymbol{H}_{5k} - \frac{1}{\delta}\boldsymbol{H}_{6k}^{\mathrm{T}}\boldsymbol{R}_{k+2}\boldsymbol{H}_{6k} - \frac{1}{\delta}\sum_{l=1,l\neq k+1}^{q}\boldsymbol{H}_{4l}^{\mathrm{T}}\boldsymbol{R}_{l+1}\boldsymbol{H}_{4l}$$

$$\mathcal{A}_{0i} \triangleq \begin{bmatrix}\boldsymbol{A}_i & \boldsymbol{A}_{\tau i} & \boldsymbol{0}_{n\times(q+1)n} & \boldsymbol{B}_i\end{bmatrix},\ \mathcal{C}_{0i} \triangleq \begin{bmatrix}\boldsymbol{C}_i & \boldsymbol{C}_{\tau i} & \boldsymbol{0}_{p\times(q+1)n} & \boldsymbol{D}_i\end{bmatrix}$$

$$\mathcal{N}_{1i} \triangleq \begin{bmatrix}\beta_1\boldsymbol{N}_{1i} & \beta_2\boldsymbol{N}_{2i} & \boldsymbol{0}_{n_F\times(q+1)n} & \beta_3\boldsymbol{N}_{3i}\end{bmatrix}$$

$$\mathcal{N}_{2i} \triangleq \begin{bmatrix}\beta_4\boldsymbol{N}_{1i} & \beta_5\boldsymbol{N}_{2i} & \boldsymbol{0}_{n_F\times(q+1)n} & \beta_6\boldsymbol{N}_{3i}\end{bmatrix}$$

$$\boldsymbol{H}_1 \triangleq \begin{bmatrix}\boldsymbol{I}_n & \boldsymbol{0}_{n\times((q+2)n+m)}\end{bmatrix},\ \boldsymbol{H}_2 \triangleq \begin{bmatrix}\boldsymbol{0}_n & \boldsymbol{I}_n & \boldsymbol{0}_{n\times((q+1)n+m)}\end{bmatrix},\ \boldsymbol{H}_8 \triangleq \begin{bmatrix}\boldsymbol{0}_{m\times(q+3)n} & \boldsymbol{I}_m\end{bmatrix}$$

$$\boldsymbol{H}_{3l} \triangleq \begin{bmatrix}\boldsymbol{0}_{n\times(l+2)n} & \boldsymbol{I}_n & \boldsymbol{0}_{n\times((q-1)n+m)}\end{bmatrix},\ l=0,1,2,\cdots,q$$

$$\boldsymbol{H}_{4l} \triangleq \begin{bmatrix}\boldsymbol{0}_{n\times(l+1)n} & -\boldsymbol{I}_n & \boldsymbol{I}_n & \boldsymbol{0}_{n\times((q-1)n+m)}\end{bmatrix},\ l=1,2,\cdots,q$$

$$\boldsymbol{H}_{5k} \triangleq \begin{bmatrix}\boldsymbol{0}_n & -\boldsymbol{I}_n & \boldsymbol{0}_{n\times kn} & \boldsymbol{I}_n & \boldsymbol{0}_{n\times((q-k)n+m)}\end{bmatrix},\ k=0,1,2,\cdots,q-1$$

$$\boldsymbol{H}_{6k} \triangleq \begin{bmatrix}\boldsymbol{0}_n & \boldsymbol{I}_n & \boldsymbol{0}_{n\times(k+1)n} & -\boldsymbol{I}_n & \boldsymbol{0}_{n\times((q-k-1)n+m)}\end{bmatrix},\ k=0,1,2,\cdots,q-1$$

$$\boldsymbol{H}_7 \triangleq [\boldsymbol{I}_n \quad \boldsymbol{0}_n \quad -\boldsymbol{I}_n \quad \boldsymbol{0}_{n\times(qn+m)},\ \bar{\boldsymbol{S}} \triangleq \tau_m^2\boldsymbol{R}_1 + \sum_{l=1}^{q}\delta\boldsymbol{R}_{l+1}$$

则式(2-1)中的半马尔可夫切换系统是随机稳定且严格$(\mathcal{X},\mathcal{Y},\mathcal{Z})$-耗散的。

证明：选择以下李雅普诺夫-克拉索夫斯基泛函：

$$V(\boldsymbol{x}(t),\eta_t) \triangleq \sum_{i=1}^{4}V_i(\boldsymbol{x}(t),\eta_t)$$

其中，

$$V_1\left(\boldsymbol{x}(t),\eta_t\right) \triangleq \boldsymbol{x}^{\mathrm{T}}(t)\boldsymbol{P}(\eta_t)\boldsymbol{x}(t)$$

$$V_2\left(\boldsymbol{x}(t),\eta_t\right) \triangleq \int_{t-\tau_i(t)}^{t}\boldsymbol{x}^{\mathrm{T}}(s)\boldsymbol{Q}(\eta_t)\boldsymbol{x}(s)\mathrm{d}s$$

$$V_3\left(\boldsymbol{x}(t),\eta_t\right) \triangleq \int_{-\tau_i(t)}^{0}\int_{t+\theta}^{t}\boldsymbol{x}^{\mathrm{T}}(s)\boldsymbol{S}_0\boldsymbol{x}(s)\mathrm{d}s\mathrm{d}\theta + \sum_{l=0}^{q}\int_{t-\tau_l}^{t}\boldsymbol{x}^{\mathrm{T}}(s)\boldsymbol{S}_{l+1}\boldsymbol{x}(s)\mathrm{d}s$$

$$V_4\left(\boldsymbol{x}(t),\eta_t\right) \triangleq \tau_m\int_{-\tau_m}^{0}\int_{t+\theta}^{t}\dot{\boldsymbol{x}}^{\mathrm{T}}(s)\boldsymbol{R}_1\dot{\boldsymbol{x}}(s)\mathrm{d}s\mathrm{d}\theta + \sum_{l=1}^{q}\int_{-\tau_l}^{-\tau_{l-1}}\int_{t+\theta}^{t}\dot{\boldsymbol{x}}^{\mathrm{T}}(s)\boldsymbol{R}_{l+1}\dot{\boldsymbol{x}}(s)\mathrm{d}s\mathrm{d}\theta$$

且矩阵 $\boldsymbol{P}(\eta_t)>0$，$\boldsymbol{Q}(\eta_t)>0$，$\boldsymbol{S}_l>0$，$\boldsymbol{R}_l>0$ 为待求解矩阵。令 $\mathcal{L}$ 为随机过程 $\{\boldsymbol{x}(t),\eta_t,t\geqslant 0\}$ 的无穷小算子，并且可以由以上李雅普诺夫函数沿着半马尔可夫过程 $\{\eta_t,t>0\}$ 在状态 $\{\boldsymbol{x}(t),\eta_t\}$ 时间 t 上的微分获得，即

$$\mathcal{L}V(\boldsymbol{x}(t),\eta_t) = \lim_{\Delta\to 0}\frac{\mathrm{E}\{V(\boldsymbol{x}(t+\Delta),\eta_{t+\Delta})\,|\,\boldsymbol{x}(t),\eta_t\} - V(\boldsymbol{x}(t),\eta_t)}{\Delta}$$

其中，Δ 为任意小正常数。受 Li 等[10]的方法启发，利用全概率公式和条件期望给出当 $\eta_t=i$ 时详细的推导过程：

$$\begin{aligned}\mathcal{L}V_1(\boldsymbol{x}(t),\eta_t)=&\lim_{\Delta\to 0}\frac{1}{\Delta}\left[\sum_{j=1,j\neq i}^{N}P_r(\eta_{t+\Delta}=j|\eta_t=i)\boldsymbol{x}^{\mathrm{T}}(t+\Delta)\boldsymbol{P}_j\boldsymbol{x}(t+\Delta)-\boldsymbol{x}^{\mathrm{T}}(t)\boldsymbol{P}_i\boldsymbol{x}(t)\right.\\&\left.+P_r(\eta_{t+\Delta}=i\,|\,\eta_t=i)\boldsymbol{x}^{\mathrm{T}}(t+\Delta)\boldsymbol{P}_i\boldsymbol{x}(t+\Delta)\right]\\=&\lim_{\Delta\to 0}\frac{1}{\Delta}\left[\sum_{j=1,j\neq i}^{N}\frac{q_{ij}(G_i(h+\Delta)-G_i(h))}{1-G_i(h)}\boldsymbol{x}^{\mathrm{T}}(t+\Delta)\boldsymbol{P}_j\boldsymbol{x}(t+\Delta)-\boldsymbol{x}^{\mathrm{T}}(t)\boldsymbol{P}_i\boldsymbol{x}(t)\right.\\&\left.+\frac{1-G_i(h+\Delta)}{1-G_i(h)}\boldsymbol{x}^{\mathrm{T}}(t+\Delta)\boldsymbol{P}_i\boldsymbol{x}(t+\Delta)\right]\end{aligned}$$

其中，q_{ij} 表示该半马尔可夫切换系统从模态 i 到模态 j 的转移概率密度；h 表示系统自从上次切换在模态 i 的驻留时间；$G_i(h)$ 表示该系统停留在模态 i 的驻留时间 h 的累积分布函数。另外，$\boldsymbol{x}(t+\Delta)$ 的一阶近似表示为

$$\boldsymbol{x}(t+\Delta)=\boldsymbol{x}(t)+\Delta\dot{\boldsymbol{x}}(t)+o(\Delta)=\left[\boldsymbol{I}+\Delta\boldsymbol{A}_i(t)\ \ \Delta\boldsymbol{A}_{\tau i}(t)\ \ \Delta\boldsymbol{B}_i(t)\right]\boldsymbol{\zeta}_1(t)+o(\Delta)$$

其中，Δ 为充分小的正数且定义 $\boldsymbol{\zeta}_1(t)\triangleq\left[\boldsymbol{x}^{\mathrm{T}}(t)\ \ \boldsymbol{x}^{\mathrm{T}}(t-\tau_i(t))\ \ \boldsymbol{\omega}^{\mathrm{T}}(t)\right]^{\mathrm{T}}$。那么

$$\begin{aligned}&\mathcal{L}V_1(\boldsymbol{x}(t),\eta_t)\\&=\lim_{\Delta\to 0}\frac{1}{\Delta}\left\{\sum_{j=1,j\neq i}^{N}\frac{q_{ij}\left(G_i(h+\Delta)-G_i(h)\right)}{1-G_i(h)}\boldsymbol{\zeta}_1^{\mathrm{T}}(t)\begin{bmatrix}\boldsymbol{I}+\Delta\boldsymbol{A}_i^{\mathrm{T}}(t)\\\Delta\boldsymbol{A}_{\tau i}^{\mathrm{T}}(t)\\\Delta\boldsymbol{B}_i^{\mathrm{T}}(t)\end{bmatrix}\boldsymbol{P}_j\begin{bmatrix}\boldsymbol{I}+\Delta\boldsymbol{A}_i^{\mathrm{T}}(t)\\\Delta\boldsymbol{A}_{\tau i}^{\mathrm{T}}(t)\\\Delta\boldsymbol{B}_i^{\mathrm{T}}(t)\end{bmatrix}^{\mathrm{T}}\boldsymbol{\zeta}_1(t)\right.\\&\left.+\frac{1-G_i(h+\Delta)}{1-G_i(h)}\boldsymbol{\zeta}_1^{\mathrm{T}}(t)\begin{bmatrix}\boldsymbol{I}+\Delta\boldsymbol{A}_i^{\mathrm{T}}(t)\\\Delta\boldsymbol{A}_{\tau i}^{\mathrm{T}}(t)\\\Delta\boldsymbol{B}_i^{\mathrm{T}}(t)\end{bmatrix}\boldsymbol{P}_i\begin{bmatrix}\boldsymbol{I}+\Delta\boldsymbol{A}_i^{\mathrm{T}}(t)\\\Delta\boldsymbol{A}_{\tau i}^{\mathrm{T}}(t)\\\Delta\boldsymbol{B}_i^{\mathrm{T}}(t)\end{bmatrix}^{\mathrm{T}}\boldsymbol{\zeta}_1(t)-\boldsymbol{x}^{\mathrm{T}}(t)\boldsymbol{P}_i\boldsymbol{x}(t)\right\}\end{aligned}$$

已知条件 $\lim\limits_{\Delta\to 0}\dfrac{G_i(h+\Delta)-G_i(h)}{1-G_i(h)}=0$，可得

$$\begin{aligned}&\mathcal{L}V_1\left(\boldsymbol{x}(t),\eta_t\right)\\&=\lim_{\Delta\to 0}\left\{\boldsymbol{x}^{\mathrm{T}}(t)\left[\sum_{j=1,j\neq i}^{N}\frac{q_{ij}(G_i(h+\Delta)-G_i(h))}{\Delta(1-G_i(h))}\boldsymbol{P}_j+\frac{G_i(h)-G_i(h+\Delta)}{\Delta(1-G_i(h))}\boldsymbol{P}_i\right]\boldsymbol{x}(t)\right.\\&\left.+\frac{1-G_i(h+\Delta)}{1-G_i(h)}\boldsymbol{\zeta}_1^{\mathrm{T}}(t)\begin{bmatrix}\mathrm{sym}\{\boldsymbol{P}_i\boldsymbol{A}_i(t)\}&\boldsymbol{P}_i\boldsymbol{A}_{\tau i}(t)&\boldsymbol{P}_i\boldsymbol{B}_i(t)\\ *&0&0\\ *&*&0\end{bmatrix}\boldsymbol{\zeta}_1(t)\right\}\end{aligned}$$

参考 Li 等[10]提出的方法：

$$\lim_{\Delta\to 0}\frac{1-G_i\left(h+\Delta\right)}{1-G_i\left(h\right)}=1,\ \lim_{\Delta\to 0}\frac{G_i(h+\Delta)-G_i(h)}{\Delta(1-G_i(h))}=\boldsymbol{\alpha}_i(h)$$

其中，$\boldsymbol{\alpha}_i(h)$ 定义为半马尔可夫切换系统从模态 i 切换的转移概率矩阵。进一步，可得

$$\alpha_{ij}(h) \triangleq \boldsymbol{\alpha}_i(h) q_{ij},\ j \neq i$$

$$\alpha_{ii}(h) \triangleq -\sum_{j=1, j\neq i}^{N} \alpha_{ij}(h)$$

也就是说，李雅普诺夫-克拉索夫斯基泛函沿着半马尔可夫链 $\{\eta_t, t>0\}$ 的无穷小 $\mathcal{L}$ 算子为

$$\begin{aligned}
&\mathcal{L}\boldsymbol{V}_1(\boldsymbol{x}(t),\eta_t)\\
&=2\boldsymbol{x}^{\mathrm{T}}(t)\boldsymbol{P}_i\left[\boldsymbol{A}_i(t)\boldsymbol{x}(t)+\boldsymbol{A}_{\tau i}(t)\boldsymbol{x}(t-\tau_i(t))+\boldsymbol{B}_i(t)\boldsymbol{\omega}(t)\right]+\boldsymbol{x}^{\mathrm{T}}(t)\left(\sum_{j=1}^{N}\alpha_{ij}(h)\boldsymbol{P}_j\right)\boldsymbol{x}(t)\\
&=2\boldsymbol{\zeta}^{\mathrm{T}}(t)\boldsymbol{\mathcal{A}}_i^{\mathrm{T}}(t)\boldsymbol{P}_i\boldsymbol{H}_1\boldsymbol{\zeta}(t)+\boldsymbol{\zeta}^{\mathrm{T}}(t)\boldsymbol{H}_1^{\mathrm{T}}\left(\sum_{j=1}^{N}\alpha_{ij}(h)\boldsymbol{P}_j\right)\boldsymbol{H}_1\boldsymbol{\zeta}(t)
\end{aligned}\tag{2-8}$$

其中，

$$\boldsymbol{\mathcal{A}}_i(t) \triangleq [\boldsymbol{A}_i(t)\ \ \boldsymbol{A}_{\tau i}(t)\ \ \boldsymbol{0}_{n\times(q+1)n}\ \ \boldsymbol{B}_i(t)]$$

$$\boldsymbol{\zeta}(t) \triangleq [\boldsymbol{x}^{\mathrm{T}}(t)\ \ \boldsymbol{x}^{\mathrm{T}}(t-\tau_i(t))\ \ \boldsymbol{x}^{\mathrm{T}}(t-\tau_m)\ \ \boldsymbol{x}^{\mathrm{T}}(t-\tau_1)\ \cdots\ \boldsymbol{x}^{\mathrm{T}}(t-\tau_{q-1})\ \ \boldsymbol{x}^{\mathrm{T}}(t-\tau_M)\ \ \boldsymbol{\omega}(t)]^{\mathrm{T}}$$

考虑到系统矩阵中具有随机产生的不确定性，取矩阵 $\boldsymbol{A}_i(t)$、$\boldsymbol{A}_{\tau i}(t)$、$\boldsymbol{B}_i(t)$、$\boldsymbol{C}_i(t)$、$\boldsymbol{C}_{\tau i}(t)$ 和$\boldsymbol{D}_i(t)$ 期望，根据式(2-3)可得

$$\begin{aligned}
&\mathrm{E}\left\{\begin{bmatrix}\boldsymbol{A}_i(t) & \boldsymbol{A}_{\tau i}(t) & \boldsymbol{B}_i(t)\\ \boldsymbol{C}_i(t) & \boldsymbol{C}_{\tau i}(t) & \boldsymbol{D}_i(t)\end{bmatrix}\right\}\\
&=\mathrm{E}\left\{\begin{bmatrix}\boldsymbol{A}_{0i}(t) & \boldsymbol{A}_{\tau 0i}(t) & \boldsymbol{B}_{0i}(t)\\ \boldsymbol{C}_{0i}(t) & \boldsymbol{C}_{\tau 0i}(t) & \boldsymbol{D}_{0i}(t)\end{bmatrix}\right.\\
&\quad\left.+\begin{bmatrix}(\beta_1(t)-\beta_1)\Delta\boldsymbol{A}_i(t) & (\beta_2(t)-\beta_2)\Delta\boldsymbol{A}_{\tau i}(t) & (\beta_3(t)-\beta_3)\Delta\boldsymbol{B}_i(t)\\ (\beta_4(t)-\beta_4)\Delta\boldsymbol{C}_i(t) & (\beta_5(t)-\beta_5)\Delta\boldsymbol{C}_{\tau i}(t) & (\beta_6(t)-\beta_6)\Delta\boldsymbol{D}_i(t)\end{bmatrix}\right\}\\
&=\mathrm{E}\left\{\begin{bmatrix}\boldsymbol{A}_{0i}(t) & \boldsymbol{A}_{\tau 0i}(t) & \boldsymbol{B}_{0i}(t)\\ \boldsymbol{C}_{0i}(t) & \boldsymbol{C}_{\tau 0i}(t) & \boldsymbol{D}_{0i}(t)\end{bmatrix}\right\}
\end{aligned}\tag{2-9}$$

其中，

$$\begin{aligned}
&\begin{bmatrix}\boldsymbol{A}_{0i}(t) & \boldsymbol{A}_{\tau 0i}(t) & \boldsymbol{B}_{0i}(t)\\ \boldsymbol{C}_{0i}(t) & \boldsymbol{C}_{\tau 0i}(t) & \boldsymbol{D}_{0i}(t)\end{bmatrix}\\
&\triangleq\begin{bmatrix}\boldsymbol{A}_i+\beta_1\Delta\boldsymbol{A}_i(t) & \boldsymbol{A}_{\tau i}+\beta_2\Delta\boldsymbol{A}_{\tau i}(t) & \boldsymbol{B}_i+\beta_3\Delta\boldsymbol{B}_i(t)\\ \boldsymbol{C}_i+\beta_4\Delta\boldsymbol{C}_i(t) & \boldsymbol{C}_{\tau i}+\beta_5\Delta\boldsymbol{C}_{\tau i}(t) & \boldsymbol{D}_i+\beta_6\Delta\boldsymbol{D}_i(t)\end{bmatrix}
\end{aligned}$$

那么式(2-8)可以改写为

$$\mathcal{L}V_1(\boldsymbol{x}(t),\eta_t)=2\boldsymbol{\zeta}^{\mathrm{T}}(t)\boldsymbol{\mathcal{A}}_{0i}^{\mathrm{T}}(t)\boldsymbol{P}_i\boldsymbol{H}_1\boldsymbol{\zeta}(t)+\boldsymbol{\zeta}^{\mathrm{T}}(t)\boldsymbol{H}_1^{\mathrm{T}}\left(\sum_{j=1}^{N}\alpha_{ij}(h)\boldsymbol{P}_j\right)\boldsymbol{H}_1\boldsymbol{\zeta}(t) \quad (2\text{-}10)$$

其中，$\boldsymbol{\mathcal{A}}_{0i}$ 同定理 2.1。

类似地，可知

$$\begin{aligned}\sum_{i=2}^{4}\mathcal{L}V_i(\boldsymbol{x}(t),i)&=\boldsymbol{x}^{\mathrm{T}}(t)\boldsymbol{Q}_i\boldsymbol{x}(t)-(1-\dot{\tau}_i(t))\boldsymbol{x}^{\mathrm{T}}(t-\tau_i(t))\boldsymbol{Q}_i\boldsymbol{x}(t-\tau_i(t))\\&\quad+\int_{t-\tau_i(t)}^{t}\boldsymbol{x}^{\mathrm{T}}(s)\left(\sum_{j=1}^{N}\alpha_{ij}(h)\boldsymbol{Q}_j\right)\boldsymbol{x}(s)\mathrm{d}s-\int_{t-\tau_i(t)}^{t}\boldsymbol{x}^{\mathrm{T}}(s)\boldsymbol{S}_0\boldsymbol{x}(s)\mathrm{d}s\\&\quad+\boldsymbol{x}^{\mathrm{T}}(t)\left(\sum_{l=0}^{q}\boldsymbol{S}_{l+1}+\tau_i(t)\boldsymbol{S}_0\right)\boldsymbol{x}(t)-\sum_{l=0}^{q}\boldsymbol{x}^{\mathrm{T}}(t-\tau_l)\boldsymbol{S}_{l+1}\boldsymbol{x}(t-\tau_l)\\&\quad+\dot{\boldsymbol{x}}^{\mathrm{T}}(t)(\tau_m^2\boldsymbol{R}_1+\sum_{l=0}^{q}\delta\boldsymbol{R}_{l+1})\dot{\boldsymbol{x}}(t)-\tau_m\int_{t-\tau_m}^{t}\dot{\boldsymbol{x}}^{\mathrm{T}}(s)\boldsymbol{R}_1\dot{\boldsymbol{x}}(s)\mathrm{d}s\\&\quad-\sum_{l=1}^{q}\int_{t-\tau_l}^{t-\tau_{l-1}}\dot{\boldsymbol{x}}^{\mathrm{T}}(s)\boldsymbol{R}_{l+1}\dot{\boldsymbol{x}}(s)\mathrm{d}s\end{aligned}$$

同时 $\tau_i(t)$ 和 $\dot{\tau}_i(t)$ 满足 $\tau_i(t)\leqslant\tau_M$ 和 $\dot{\tau}_i(t)\leqslant\mu$，那么

$$\begin{aligned}&\sum_{i=2}^{4}\mathcal{L}V_i(\boldsymbol{x}(t),i)\\&\leqslant\boldsymbol{\zeta}^{\mathrm{T}}(t)\left[\boldsymbol{H}_1^{\mathrm{T}}\boldsymbol{Q}_i\boldsymbol{H}_1-(1-\mu)\boldsymbol{H}_2^{\mathrm{T}}\boldsymbol{Q}_i\boldsymbol{H}_2+\boldsymbol{H}_1^{\mathrm{T}}\left(\sum_{l=0}^{q}\boldsymbol{S}_{l+1}+\tau_M\boldsymbol{S}_0\right)\boldsymbol{H}_1\right]\boldsymbol{\zeta}(t)\\&\quad+\boldsymbol{\zeta}^{\mathrm{T}}(t)\boldsymbol{\mathcal{A}}_i^{\mathrm{T}}(t)\left(\tau_m^2\boldsymbol{R}_1+\sum_{l=1}^{q}\delta\boldsymbol{R}_{l+1}\right)\boldsymbol{\mathcal{A}}_{0i}(t)\boldsymbol{\zeta}(t)-\sum_{l=0}^{q}\boldsymbol{\zeta}^{\mathrm{T}}(t)\boldsymbol{H}_{3l}^{\mathrm{T}}\boldsymbol{S}_{l+1}\boldsymbol{H}_{3l}\boldsymbol{\zeta}(t)\\&\quad+\int_{t-\tau_i(t)}^{t}\boldsymbol{x}^{\mathrm{T}}(s)\left(\sum_{j=1}^{N}\alpha_{ij}(h)\boldsymbol{Q}_j\right)\boldsymbol{x}(s)\mathrm{d}s-\int_{t-\tau_M}^{t}\boldsymbol{x}^{\mathrm{T}}(s)\boldsymbol{S}_0\boldsymbol{x}(s)\mathrm{d}s\\&\quad-\tau_m\int_{t-\tau_m}^{t}\dot{\boldsymbol{x}}^{\mathrm{T}}(s)\boldsymbol{R}_1\dot{\boldsymbol{x}}(s)\mathrm{d}s-\sum_{l=1}^{q}\int_{t-\tau_l}^{t-\tau_{l-1}}\dot{\boldsymbol{x}}^{\mathrm{T}}(s)\boldsymbol{R}_{l+1}\dot{\boldsymbol{x}}(s)\mathrm{d}s\end{aligned} \quad (2\text{-}11)$$

对给定正整数 k，满足 $0\leqslant k\leqslant q-1$，假设时变时滞位于区间 $\tau_i(t)\in[\tau_k,\tau_{k+1}]$ 上，针对每个子区间有

$$\int_{t-\tau_{k+1}}^{t-\tau_k}\dot{\boldsymbol{x}}^{\mathrm{T}}(s)\boldsymbol{R}_{k+2}\dot{\boldsymbol{x}}(s)\mathrm{d}s=\int_{t-\tau_i(t)}^{t-\tau_k}\dot{\boldsymbol{x}}^{\mathrm{T}}(s)\boldsymbol{R}_{k+2}\dot{\boldsymbol{x}}(s)\mathrm{d}s+\int_{t-\tau_{k+1}}^{t-\tau_i(t)}\dot{\boldsymbol{x}}^{\mathrm{T}}(s)\boldsymbol{R}_{k+2}\dot{\boldsymbol{x}}(s)\mathrm{d}s$$

利用引理 2.3 中的 Jensen 不等式，进一步可得

$$-\int_{t-\tau_i(t)}^{t-\tau_k}\dot{\boldsymbol{x}}^{\mathrm{T}}(s)\boldsymbol{R}_{k+2}\dot{\boldsymbol{x}}(s)\mathrm{d}s\leqslant-\frac{1}{\delta}\boldsymbol{\zeta}^{\mathrm{T}}(t)\boldsymbol{H}_{5k}^{\mathrm{T}}\boldsymbol{R}_{k+2}\boldsymbol{H}_{5k}\boldsymbol{\zeta}(t) \quad (2\text{-}12)$$

$$-\int_{t-\tau_{k+1}}^{t-\tau_i(t)}\dot{\boldsymbol{x}}^{\mathrm{T}}(s)\boldsymbol{R}_{k+2}\dot{\boldsymbol{x}}(s)\mathrm{d}s\leqslant-\frac{1}{\delta}\boldsymbol{\zeta}^{\mathrm{T}}(t)\boldsymbol{H}_{6k}^{\mathrm{T}}\boldsymbol{R}_{k+2}\boldsymbol{H}_{6k}\boldsymbol{\zeta}(t) \tag{2-13}$$

$$-\tau_m\int_{t-\tau_m}^{t}\dot{\boldsymbol{x}}^{\mathrm{T}}(s)\boldsymbol{R}_1\dot{\boldsymbol{x}}(s)\mathrm{d}s\leqslant-\boldsymbol{\zeta}^{\mathrm{T}}(t)\boldsymbol{H}_7^{\mathrm{T}}\boldsymbol{R}_1\boldsymbol{H}_7\boldsymbol{\zeta}(t) \tag{2-14}$$

$$-\sum_{l=1,l\neq k+1}^{q}\int_{t-\tau_l}^{t-\tau_{l-1}}\dot{\boldsymbol{x}}^{\mathrm{T}}(s)\boldsymbol{R}_{l+1}\dot{\boldsymbol{x}}(s)\mathrm{d}s\leqslant-\frac{1}{\delta}\sum_{l=1,l\neq k+1}^{q}\boldsymbol{\zeta}^{\mathrm{T}}(t)\boldsymbol{H}_{4l}^{\mathrm{T}}\boldsymbol{R}_{l+1}\boldsymbol{H}_{4l}\boldsymbol{\zeta}(t) \tag{2-15}$$

综合式(2-10)～式(2-15)可得

$$\begin{aligned}\mathcal{L}\boldsymbol{V}_i(\boldsymbol{x}(t),i)=&\ \boldsymbol{\zeta}^{\mathrm{T}}(t)(\boldsymbol{Y}_i(t)+\boldsymbol{\Theta}_k)\boldsymbol{\zeta}(t)+\int_{t-\tau_i(t)}^{t}\boldsymbol{x}^{\mathrm{T}}(s)\left(\sum_{j=1}^{N}\alpha_{ij}(h)\boldsymbol{Q}_j\right)\boldsymbol{x}(s)\mathrm{d}s\\&+\boldsymbol{\zeta}^{\mathrm{T}}(t)\boldsymbol{\mathcal{A}}_i^{\mathrm{T}}(t)\left(\tau_m^2\boldsymbol{R}_1+\sum_{l=1}^{q}\delta\boldsymbol{R}_{l+1}\right)\boldsymbol{\mathcal{A}}_{0i}(t)\boldsymbol{\zeta}(t)\\&-\int_{t-\tau_M}^{t}\boldsymbol{x}^{\mathrm{T}}(s)\boldsymbol{S}_0\boldsymbol{x}(s)\mathrm{d}s\end{aligned} \tag{2-16}$$

其中，

$$\begin{aligned}\boldsymbol{Y}_i(t)\triangleq&\ 2\boldsymbol{\mathcal{A}}_{0i}^{\mathrm{T}}(t)\boldsymbol{P}_i\boldsymbol{H}_1+\boldsymbol{H}_1^{\mathrm{T}}\left(\boldsymbol{Q}_i+\sum_{l=0}^{q}\boldsymbol{S}_{l+1}+\tau_M\boldsymbol{S}_0+\sum_{j=1}^{N}\alpha_{ij}(h)\boldsymbol{P}_j\right)\boldsymbol{H}_1\\&-(1-\mu)\boldsymbol{H}_2^{\mathrm{T}}\boldsymbol{Q}_i\boldsymbol{H}_2-\sum_{l=0}^{q}\boldsymbol{H}_{3l}^{\mathrm{T}}\boldsymbol{S}_{l+1}\boldsymbol{H}_{3l}-\boldsymbol{H}_7^{\mathrm{T}}\boldsymbol{R}_1\boldsymbol{H}_7\end{aligned}$$

$$\boldsymbol{\Theta}_k\triangleq-\frac{1}{\delta}\boldsymbol{H}_{5k}^{\mathrm{T}}\boldsymbol{R}_{k+2}\boldsymbol{H}_{5k}-\frac{1}{\delta}\boldsymbol{H}_{6k}^{\mathrm{T}}\boldsymbol{R}_{k+2}\boldsymbol{H}_{6k}-\frac{1}{\delta}\sum_{l=1,l\neq k+1}^{q}\boldsymbol{H}_{4l}^{\mathrm{T}}\boldsymbol{S}_{l+1}\boldsymbol{H}_{4l}$$

为了评估系统式(2-1)的严格$(\boldsymbol{\mathcal{X}},\boldsymbol{\mathcal{Y}},\boldsymbol{\mathcal{Z}})$-耗散性性能指标，在$\boldsymbol{\omega}(t)\in\mathbb{R}^p\neq0$条件下引入以下指标：

$$\begin{aligned}\boldsymbol{J}(\boldsymbol{x}(t),\eta_t)\triangleq&\ \mathrm{E}\left\{\int_0^{\infty}\left[\vartheta\boldsymbol{\omega}^{\mathrm{T}}(t)\boldsymbol{\omega}(t)-\boldsymbol{s}(\boldsymbol{\omega}(t),\boldsymbol{z}(t))\right]\mathrm{d}t\right\}\\=&\ \mathrm{E}\left\{\int_0^{\infty}\left[\vartheta\boldsymbol{\omega}^{\mathrm{T}}(t)\boldsymbol{\omega}(t)-\boldsymbol{s}(\boldsymbol{\omega}(t),\boldsymbol{z}(t))+\mathcal{L}\boldsymbol{V}(\boldsymbol{x}(t),\eta_t)\right]\mathrm{d}t\right\}-\mathrm{E}\{\boldsymbol{V}(\boldsymbol{x}(t),\eta_t)\}\\\leqslant&\ \mathrm{E}\left\{\int_0^{\infty}\left[\vartheta\boldsymbol{\omega}^{\mathrm{T}}(t)\boldsymbol{\omega}(t)-\boldsymbol{s}(\boldsymbol{\omega}(t),\boldsymbol{z}(t))+\mathcal{L}\boldsymbol{V}(\boldsymbol{x}(t),\eta_t)\right]\mathrm{d}t\right\}\end{aligned}$$

考虑到

$$\begin{aligned}&\boldsymbol{y}(t)=\boldsymbol{C}_i(t)\boldsymbol{x}(t)+\boldsymbol{C}_{\tau i}(t)\boldsymbol{x}(t-\tau_{\eta t}(t))+\boldsymbol{D}_i(t)\boldsymbol{\omega}(t)=\boldsymbol{\mathcal{C}}_i(t)\boldsymbol{\zeta}(t)\\&\boldsymbol{\omega}(t)=\boldsymbol{H}_8\boldsymbol{\zeta}(t)\\&\boldsymbol{\mathcal{C}}_i(t)\triangleq\left[\boldsymbol{C}_i(t)\ \ \boldsymbol{C}_{\tau i}(t)\ \ \boldsymbol{0}_{l\times(q+1)n}\ \ \boldsymbol{D}_i(t)\right]\end{aligned}$$

则有

$$
\begin{aligned}
\boldsymbol{J}(\boldsymbol{x}(t),\eta_t) \leqslant \mathrm{E}\Bigg\{ \int_0^{\infty} \Bigg\{ & \boldsymbol{\zeta}^{\mathrm{T}}(t)\Big[\boldsymbol{Y}_i(t)+\boldsymbol{\Theta}_k+\boldsymbol{H}_8^{\mathrm{T}}(\vartheta\boldsymbol{I}-\boldsymbol{\mathcal{Z}})\boldsymbol{H}_8-2\boldsymbol{\mathcal{C}}_{0i}^{\mathrm{T}}(t)\boldsymbol{\mathcal{Y}}\boldsymbol{H}_8 \\
& +\boldsymbol{\mathcal{A}}_{0i}^{\mathrm{T}}(t)\bar{\boldsymbol{S}}\boldsymbol{\mathcal{A}}_{0i}(t)-\boldsymbol{\mathcal{C}}_{0i}^{\mathrm{T}}(t)\boldsymbol{\mathcal{X}}\boldsymbol{\mathcal{C}}_{0i}(t)\Big]\zeta(t)-\int_{t-\tau_M}^{t}\boldsymbol{x}^{\mathrm{T}}(s)\boldsymbol{S}_0\boldsymbol{x}(s)\,\mathrm{d}s \\
& +\int_{t-\tau_i(t)}^{t}\boldsymbol{x}^{\mathrm{T}}(s)\left(\sum_{j=1}^{N}\alpha_{ij}(h)\boldsymbol{Q}_j\right)\boldsymbol{x}(s)\,\mathrm{d}s\Bigg\}\mathrm{d}t\Bigg\}
\end{aligned}
\tag{2-17}
$$

其中，$\bar{\boldsymbol{S}}$如前面的定义。

从式(2-17)可得，若对任意的$i\in\mathcal{N}$同时满足

$$
\boldsymbol{Y}_i(t)+\boldsymbol{\Theta}_k+\boldsymbol{H}_8^{\mathrm{T}}(\vartheta\boldsymbol{I}-\boldsymbol{\mathcal{Z}})\boldsymbol{H}_8-2\boldsymbol{\mathcal{C}}_{0i}^{\mathrm{T}}(t)\boldsymbol{\mathcal{Y}}\boldsymbol{H}_8+\boldsymbol{\mathcal{A}}_{0i}^{\mathrm{T}}(t)\bar{\boldsymbol{S}}\boldsymbol{\mathcal{A}}_{0i}(t)-\boldsymbol{\mathcal{C}}_{0i}^{\mathrm{T}}(t)\boldsymbol{\mathcal{X}}\boldsymbol{\mathcal{C}}_{0i}(t)<0
\tag{2-18}
$$

$$
\sum_{j=1}^{N}\alpha_{ij}(h)\boldsymbol{Q}_j-\boldsymbol{S}_0<0
\tag{2-19}
$$

则可得$\boldsymbol{J}(\boldsymbol{x}(t),\eta_t)<0$。考虑到式(2-18)包含随机发生的不确定性，先用 Schur 补引理，再分离出不确定性部分，即

$$
\begin{aligned}
&\begin{bmatrix}
\boldsymbol{Y}_i(t)+\boldsymbol{\Theta}_k+\boldsymbol{H}_8^{\mathrm{T}}(\vartheta\boldsymbol{I}-\boldsymbol{\mathcal{Z}})\boldsymbol{H}_8-2\boldsymbol{\mathcal{C}}_{0i}^{\mathrm{T}}(t)\boldsymbol{\mathcal{Y}}\boldsymbol{H}_8 & \boldsymbol{\mathcal{A}}_{0i}^{\mathrm{T}}(t)\bar{\boldsymbol{S}} & \boldsymbol{\mathcal{C}}_{0i}^{\mathrm{T}}(t)\boldsymbol{\mathcal{X}} \\
* & -\bar{\boldsymbol{S}} & \boldsymbol{0} \\
* & * & \boldsymbol{\mathcal{X}}
\end{bmatrix} \\
&=\boldsymbol{\Gamma}_i(h)+\begin{bmatrix}\boldsymbol{H}_1^{\mathrm{T}}\boldsymbol{P}_i\boldsymbol{M}_{1i}\\ \bar{\boldsymbol{S}}^{\mathrm{T}}\boldsymbol{M}_{1i}\\ \boldsymbol{0}\end{bmatrix}\boldsymbol{F}_i(t)\begin{bmatrix}\boldsymbol{\mathcal{N}}_{1i} & \boldsymbol{0} & \boldsymbol{0}\end{bmatrix}+\begin{bmatrix}\boldsymbol{\mathcal{N}}_{1i}^{\mathrm{T}}\\ \boldsymbol{0}\\ \boldsymbol{0}\end{bmatrix}\boldsymbol{F}_i^{\mathrm{T}}(t)\begin{bmatrix}\boldsymbol{M}_{1i}^{\mathrm{T}}\boldsymbol{P}_i\boldsymbol{H}_1 & \boldsymbol{M}_{1i}^{\mathrm{T}}\bar{\boldsymbol{S}} & \boldsymbol{0}\end{bmatrix} \\
&\quad+\begin{bmatrix}-\boldsymbol{H}_8^{\mathrm{T}}\boldsymbol{\mathcal{Y}}^{\mathrm{T}}\boldsymbol{M}_{2i}\\ \boldsymbol{0}\\ \boldsymbol{\mathcal{X}}\boldsymbol{M}_{2i}\end{bmatrix}\boldsymbol{F}_i(t)\begin{bmatrix}\boldsymbol{\mathcal{N}}_{2i} & \boldsymbol{0} & \boldsymbol{0}\end{bmatrix}+\begin{bmatrix}\boldsymbol{\mathcal{N}}_{2i}^{\mathrm{T}}\\ \boldsymbol{0}\\ \boldsymbol{0}\end{bmatrix}\boldsymbol{F}_i^{\mathrm{T}}(t)\begin{bmatrix}-\boldsymbol{M}_{2i}^{\mathrm{T}}\boldsymbol{\mathcal{Y}}\boldsymbol{H}_8 & \boldsymbol{M}_{2i}^{\mathrm{T}}\boldsymbol{\mathcal{X}} & \boldsymbol{0}\end{bmatrix}
\end{aligned}
$$

其中，矩阵$\boldsymbol{\mathcal{N}}_{1i}$和$\boldsymbol{\mathcal{N}}_{2i}$如前面定理中定义，且

$$
\boldsymbol{\Gamma}_i(h)\triangleq\begin{bmatrix}
\boldsymbol{Y}_i+\boldsymbol{\Theta}_k+\boldsymbol{H}_8^{\mathrm{T}}(\vartheta\boldsymbol{I}-\boldsymbol{\mathcal{Z}})\boldsymbol{H}_8-2\boldsymbol{\mathcal{C}}_{0i}^{\mathrm{T}}(t)\boldsymbol{\mathcal{Y}}\boldsymbol{H}_8 & \boldsymbol{\mathcal{A}}_{0i}^{\mathrm{T}}(t)\bar{\boldsymbol{S}} & \boldsymbol{\mathcal{C}}_{0i}^{\mathrm{T}}(t)\boldsymbol{\mathcal{X}} \\
* & -\bar{\boldsymbol{S}} & \boldsymbol{0} \\
* & * & \boldsymbol{\mathcal{X}}
\end{bmatrix}
$$

应用 Schur 补引理和引理 2.1，可以从式(2-6)得到$\boldsymbol{J}(\boldsymbol{x}(t),\eta_t)<0$对所有非零$\boldsymbol{\omega}(t)\in\mathbb{R}^p$均成立，进而

$$
\mathrm{E}\left\{\int_0^{t^*}(s(\omega(t),z(t))-\vartheta\boldsymbol{\omega}^{\mathrm{T}}(t)\boldsymbol{\omega}(t))\,\mathrm{d}t\right\}>0
$$

也就是式(2-5)成立。因此，系统式(2-1)的严格($\boldsymbol{\mathcal{X}},\boldsymbol{\mathcal{Y}},\boldsymbol{\mathcal{Z}}$)-耗散性能得到保证。

至此定理得证。

注释 2.2：值得提出的是，本章采用参数依赖的多重积分李雅普诺夫函数、时滞分割和 Jensen 不等式相结合的方法来判断半马尔可夫切换系统的随机稳定性性能指标。将时滞区间均分为 q 个区间，并且对每个区间都进行验证，得到的稳定性条件具有较低的保守性。时滞分割越细小，即 q 取值较大时，得到的保守性越小。

注释 2.3：本书得到的系统稳定且满足的耗散性性能指标条件同时包含现有研究结论而更加具有一般性。取不同的 $\mathcal{X},\mathcal{Y}$ 和 $\mathcal{Z}$ 值时可以得到系统不同的性能指标，即定理 2.1 中得到的结论同时包含 $\mathcal{H}_\infty$ 性能、无源性和 $\mathcal{H}_\infty$ 混合性能等结论，更具有实际应用价值，详细结果分析见 2.3 节。

2.2.2　严格耗散性能分析的扩展结论

本章讨论的是逗留时间服从韦布尔分布的半马尔可夫切换系统，即转移概率矩阵是时变的。经观察，定理 2.1 中的结论由于转移概率中包含逗留时间时变参数，意味着不等式中包含无穷的不等式群需要验证，为式(2-6)和式(2-7)的求解带来困难。为此，本章假设转移概率矩阵中的元素均存在上下界，即满足

$$\underline{\alpha}_{ij}\leqslant\alpha_{ij}(h)\leqslant\overline{\alpha}_{ij}$$

其中，$\underline{\alpha}_{ij}$ 和 $\overline{\alpha}_{ij}$ 分别为转移概率已知的下界和上界。

此时，时变的转移概率进一步表示为

$$\alpha_{ij}(h)=\alpha_{ij}+\Delta\alpha_{ij}$$

其中，$\alpha_{ij}=0.5(\overline{\alpha}_{ij}+\underline{\alpha}_{ij})$且$|\Delta\alpha_{ij}|\leqslant\sigma_{ij}=0.5(\overline{\alpha}_{ij}-\underline{\alpha}_{ij})$。以下以定理的形式给出相应的求解方法。

定理 2.2：对于给定的参数 $\epsilon_{1i}>0$，$\epsilon_{2i}>0$，$\underline{\tau}_i$，$\overline{\tau}_i$，μ 和满足式(2-4)的矩阵 $\mathcal{X},\mathcal{Y},\mathcal{Z}$ 若存在一个标量 $\vartheta>0$ 和正定对称矩阵 $\boldsymbol{P}_i, \boldsymbol{Q}_i, \boldsymbol{S}_0, \boldsymbol{S}_l, \boldsymbol{R}_l, \boldsymbol{X}_{ij}, \boldsymbol{Y}_{ij}$ $\left(i,j\in\mathcal{N},\ l=1,2,\cdots,q+1\right)$ 使得下列不等式成立：

$$\begin{bmatrix}\Xi_{1i}(k) & \Xi_{2i} & \Xi_{3i}\\ * & -\epsilon_{1i}\boldsymbol{I} & \boldsymbol{0}\\ * & * & -\epsilon_{2i}\boldsymbol{I}\end{bmatrix}<0,\quad k=0,1,2,\cdots,q-1 \tag{2-20}$$

$$\begin{bmatrix}\sum_{j=1}^{N}\alpha_{ij}\boldsymbol{Q}_j-\boldsymbol{S}_0+\sum_{j=1,j\neq i}^{N}\dfrac{\sigma_{ij}^2}{4}\boldsymbol{Y}_{ij} & \boldsymbol{Q}_i\\ * & -\hat{\boldsymbol{Y}}_i\end{bmatrix}\leqslant 0 \tag{2-21}$$

其中，

$$\boldsymbol{\Xi}_{1i}(k) \triangleq \begin{bmatrix} \bar{\boldsymbol{\Upsilon}}_i(k)+\boldsymbol{H}_1^{\mathrm{T}}\left(\sum_{j=1}^{N}\alpha_{ij}\boldsymbol{P}_j+\sum_{j=1,j\neq i}^{N}\frac{\sigma_{ij}^2}{4}\boldsymbol{X}_{ij}\right)\boldsymbol{H}_1 & \mathcal{A}_{0i}^{\mathrm{T}}\bar{\boldsymbol{S}} & \mathcal{C}_{0i}^{\mathrm{T}}\mathcal{X} & \mathcal{P}_i \\ * & -\bar{\boldsymbol{S}} & \boldsymbol{0} & \boldsymbol{0} \\ * & * & \mathcal{X} & \boldsymbol{0} \\ * & * & * & -\hat{\boldsymbol{X}}_i \end{bmatrix}$$

$$\boldsymbol{\Xi}_{2i} \triangleq \begin{bmatrix} \epsilon_{1i}\mathcal{N}_{1i}^{\mathrm{T}} & \boldsymbol{H}_1^{\mathrm{T}}\boldsymbol{P}_i\boldsymbol{M}_{1i} \\ \boldsymbol{0} & \bar{\boldsymbol{S}}^{\mathrm{T}}\boldsymbol{M}_{1i} \\ \boldsymbol{0} & \boldsymbol{0} \\ \boldsymbol{0} & \boldsymbol{0} \end{bmatrix}, \quad \boldsymbol{\Xi}_{3i} \triangleq \begin{bmatrix} \epsilon_{2i}\mathcal{N}_{2i}^{\mathrm{T}} & -\boldsymbol{H}_8^{\mathrm{T}}\mathcal{Y}^{\mathrm{T}}\boldsymbol{M}_{2i} \\ \boldsymbol{0} & \boldsymbol{0} \\ \boldsymbol{0} & \mathcal{X}\boldsymbol{M}_{2i} \\ \boldsymbol{0} & \boldsymbol{0} \end{bmatrix}$$

$$\mathcal{P}_i \triangleq \boldsymbol{H}_1^{\mathrm{T}}[\boldsymbol{P}_i-\boldsymbol{P}_1 \;\; \boldsymbol{P}_i-\boldsymbol{P}_2 \;\; \cdots \;\; \boldsymbol{P}_i-\boldsymbol{P}_{i-1} \;\; \boldsymbol{P}_i-\boldsymbol{P}_{i+1} \;\; \cdots \;\; \boldsymbol{P}_i-\boldsymbol{P}_N]$$

$$\mathcal{Q}_i \triangleq [\boldsymbol{Q}_i-\boldsymbol{Q}_1 \;\; \boldsymbol{Q}_i-\boldsymbol{Q}_2 \;\; \cdots \;\; \boldsymbol{Q}_i-\boldsymbol{Q}_{i-1} \;\; \boldsymbol{Q}_i-\boldsymbol{Q}_{i+1} \;\; \cdots \;\; \boldsymbol{Q}_i-\boldsymbol{Q}_N]$$

$$\hat{\boldsymbol{X}}_i \triangleq \mathrm{diag}\left\{\boldsymbol{X}_{i1},\boldsymbol{X}_{i2},\cdots,\boldsymbol{X}_{i(i-1)},\boldsymbol{X}_{i(i+1)},\cdots,\boldsymbol{X}_{iN}\right\}$$

$$\hat{\boldsymbol{Y}}_i \triangleq \mathrm{diag}\left\{\boldsymbol{Y}_{i1},\boldsymbol{Y}_{i2},\cdots,\boldsymbol{Y}_{i(i-1)},\boldsymbol{Y}_{i(i+1)},\cdots,\boldsymbol{Y}_{iN}\right\}$$

且$\bar{\boldsymbol{\Upsilon}}_i(k)$、$\mathcal{A}_{0i}$、$\mathcal{C}_{0i}$、$\mathcal{N}_{1i}$、$\mathcal{N}_{2i}$定义在定理 2.1 中，则式(2-1)中的半马尔可夫切换系统是随机稳定且严格($\mathcal{X},\mathcal{Y},\mathcal{Z}$)-耗散的。

证明：由定理 2.2 可知，仅当以下不等式成立时，式(2-1)中的半马尔可夫切换系统随机稳定且具有严格的耗散性：

$$\begin{bmatrix} \boldsymbol{\Pi}_{1i}(k,h) & \boldsymbol{\Pi}_{2i} & \boldsymbol{\Pi}_{3i} \\ * & -\epsilon_{1i}\boldsymbol{I} & \boldsymbol{0} \\ * & * & -\epsilon_{2i}\boldsymbol{I} \end{bmatrix}<0,\quad k=0,1,2,\cdots,q-1$$

$$\sum_{j=1}^{N}\alpha_{ij}(h)\boldsymbol{Q}_j-\boldsymbol{S}_0\leqslant 0$$

其中，

$$\boldsymbol{\Pi}_{1i}(k,h) \triangleq \begin{bmatrix} \bar{\boldsymbol{\Upsilon}}_i(k)+\boldsymbol{H}_1^{\mathrm{T}}\sum_{j=1}^{N}(\alpha_{ij}+\Delta\alpha_{ij})\boldsymbol{P}_j\boldsymbol{H}_1 & \mathcal{A}_{0i}^{\mathrm{T}}\bar{\boldsymbol{S}} & \mathcal{C}_{0i}^{\mathrm{T}}\mathcal{X} \\ * & -\bar{\boldsymbol{S}} & \boldsymbol{0} \\ * & * & \mathcal{X} \end{bmatrix}$$

利用假设条件$\alpha_{ij}(h)=\alpha_{ij}+\Delta\alpha_{ij}$和连续时间转移概率特性$\sum_{j=1}^{N}\Delta\alpha_{ij}=0$，进一步改写为

$$\begin{aligned}
\boldsymbol{H}_1^{\mathrm{T}}\sum_{j=1}^{N}\alpha_{ij}(h)\boldsymbol{P}_j\boldsymbol{H}_1 &= \boldsymbol{H}_1^{\mathrm{T}}\sum_{j=1}^{N}(\alpha_{ij}+\Delta\alpha_{ij})\boldsymbol{P}_j\boldsymbol{H}_1 - \sum_{j=1}^{N}\Delta\alpha_{ij}\boldsymbol{H}_1^{\mathrm{T}}\boldsymbol{P}_i\boldsymbol{H}_1 \\
&= \boldsymbol{H}_1^{\mathrm{T}}\left\{\sum_{j=1}^{N}\alpha_{ij}\boldsymbol{P}_j + \sum_{j=1,j\neq i}^{N}\Delta\alpha_{ij}(\boldsymbol{P}_j-\boldsymbol{P}_i)\right\}\boldsymbol{H}_1 \\
&= \boldsymbol{H}_1^{\mathrm{T}}\left\{\sum_{j=1}^{N}\alpha_{ij}\boldsymbol{P}_j + \sum_{j=1,j\neq i}^{N}\left[\frac{1}{2}\Delta\alpha_{ij}(\boldsymbol{P}_j-\boldsymbol{P}_i)+\frac{1}{2}\Delta\alpha_{ij}(\boldsymbol{P}_j-\boldsymbol{P}_i)\right]\right\}\boldsymbol{H}_1
\end{aligned}$$

$$\begin{aligned}
\sum_{j=1}^{N}\alpha_{ij}(h)\boldsymbol{Q}_j - \boldsymbol{S}_0 &= \sum_{j=1}^{N}(\alpha_{ij}+\Delta\alpha_{ij})\boldsymbol{Q}_j - \sum_{j=1}^{N}\Delta\alpha_{ij}\boldsymbol{Q}_i - \boldsymbol{S}_0 \\
&= \sum_{j=1}^{N}\alpha_{ij}\boldsymbol{Q}_j + \sum_{j=1,j\neq i}^{N}\Delta\alpha_{ij}(\boldsymbol{Q}_j-\boldsymbol{Q}_i) - \boldsymbol{S}_0 \\
&= \sum_{j=1}^{N}\alpha_{ij}\boldsymbol{Q}_j + \sum_{j=1,j\neq i}^{N}\left[\frac{1}{2}\Delta\alpha_{ij}(\boldsymbol{Q}_j-\boldsymbol{Q}_i)+\frac{1}{2}\Delta\alpha_{ij}(\boldsymbol{Q}_j-\boldsymbol{Q}_i)\right] - \boldsymbol{S}_0
\end{aligned}$$

已知$|\Delta\alpha_{ij}|\leqslant\sigma_{ij}$且矩阵$\boldsymbol{P}_i$和$\boldsymbol{Q}_i$均为正定对称矩阵，利用引理 2.2 可得

$$\begin{aligned}
\boldsymbol{H}_1^{\mathrm{T}}\sum_{j=1}^{N}\alpha_{ij}(h)\boldsymbol{P}_j\boldsymbol{H}_1 &\leqslant \boldsymbol{H}_1^{\mathrm{T}}\left\{\sum_{j=1}^{N}\alpha_{ij}\boldsymbol{P}_j + \sum_{j=1,j\neq i}^{N}\left[\frac{1}{2}\sigma_{ij}(\boldsymbol{P}_j-\boldsymbol{P}_i)+\frac{1}{2}\sigma_{ij}(\boldsymbol{P}_j-\boldsymbol{P}_i)\right]\right\}\boldsymbol{H}_1 \\
&\leqslant \boldsymbol{H}_1^{\mathrm{T}}\left\{\sum_{j=1}^{N}\alpha_{ij}\boldsymbol{P}_j + \sum_{j=1,j\neq i}^{N}\left[\frac{\sigma_{ij}^2}{4}\boldsymbol{X}_{ij}+(\boldsymbol{P}_j-\boldsymbol{P}_i)\boldsymbol{X}_{ij}^{-1}(\boldsymbol{P}_j-\boldsymbol{P}_i)^{\mathrm{T}}\right]\right\}\boldsymbol{H}_1
\end{aligned}$$

$$\begin{aligned}
\sum_{j=1}^{N}\alpha_{ij}(h)\boldsymbol{Q}_j - \boldsymbol{S}_0 &\leqslant \sum_{j=1}^{N}\alpha_{ij}\boldsymbol{Q}_j + \sum_{j=1,j\neq i}^{N}\left[\frac{1}{2}\sigma_{ij}(\boldsymbol{Q}_j-\boldsymbol{Q}_i)+\frac{1}{2}\sigma_{ij}(\boldsymbol{Q}_j-\boldsymbol{Q}_i)\right] - \boldsymbol{S}_0 \\
&\leqslant \sum_{j=1}^{N}\alpha_{ij}\boldsymbol{Q}_j + \sum_{j=1,j\neq i}^{N}\left[\frac{\sigma_{ij}^2}{4}\boldsymbol{Y}_{ij}+(\boldsymbol{Q}_j-\boldsymbol{Q}_i)\boldsymbol{Y}_{ij}^{-1}(\boldsymbol{Q}_j-\boldsymbol{Q}_i)^{\mathrm{T}}\right] - \boldsymbol{S}_0
\end{aligned}$$

利用 Schur 补引理可以得到式(2-20)和式(2-21)成立。

值得提出的是，本章针对一类转移概率矩阵时变且部分未知情形下的连续半马尔可夫切换系统，提出了利用参数依赖的李雅普诺夫方程和时滞分割相结合的方法，给出了系统随机稳定且严格耗散的判定条件，为后续章节控制器设计以及滤波器设计做准备。下面将利用一个 RCL 电路系统来验证本章结论的有效性。

2.3　数值算例

本节考虑图 1-1 所示的具有两个切换位置的 RCL 电路系统[11]。$i(t)$表示电路中当前的电流，R为电阻，$u_C(t)$和$u_L(t)$分别表示通过电容和电感的电压，$L(\eta_t)$和$C(\eta_t)$分别表示每个位置的电感和电容系数。利用基尔霍夫定律得

$$\frac{\mathrm{d}i(t)}{\mathrm{d}t}=\frac{u_L(t)}{L(\eta_t)}=\frac{u-u_C(t)-i(t)R}{L(\eta_t)}$$

$$\frac{\mathrm{d}u_C(t)}{\mathrm{d}t}=\frac{i(t)}{C(\eta_t)}$$

随机变量η_t描述系统中的两个模态，并且假设为连续时间半马尔可夫过程。令$x_1(t)=u_C(t)$，$x_2(t)=i(t)$及$\omega(t)=u$且满足能量有界，那么此时RCL电路可以描述为

$$\dot{\boldsymbol{x}}(t)=\begin{bmatrix}0 & \dfrac{1}{C(\eta_t)}\\ -\dfrac{1}{L(\eta_t)} & -\dfrac{R}{L(\eta_t)}\end{bmatrix}\boldsymbol{x}(t)+\begin{bmatrix}0\\ \dfrac{1}{L(\eta_t)}\end{bmatrix}\boldsymbol{\omega}(t)$$

选取$R=0.1\Omega$，$C_1=0.5F$，$C_2=0.8F$，$L_1=4H$和$L_2=8H$。不失一般性，我们假设系统矩阵中具有如下时变时滞和不确定性参数：

$$\begin{bmatrix}\boldsymbol{A}_1 & \boldsymbol{A}_{\tau1} & \boldsymbol{B}_1\\ \boldsymbol{C}_1 & \boldsymbol{C}_{\tau1} & \boldsymbol{D}_1\end{bmatrix}=\begin{bmatrix}0 & 2 & -0.1 & 0 & 0\\ -0.8444 & -3.8143 & -0.1 & -0.1 & 0.8\\ 2 & 1 & 0 & 0.1 & 0.5\end{bmatrix},\ \boldsymbol{M}_{11}=\begin{bmatrix}0.1\\0.0\end{bmatrix}$$

$$\begin{bmatrix}\boldsymbol{A}_2 & \boldsymbol{A}_{\tau2} & \boldsymbol{B}_2\\ \boldsymbol{C}_2 & \boldsymbol{C}_{\tau2} & \boldsymbol{D}_2\end{bmatrix}=\begin{bmatrix}0 & 2 & -0.1 & 0.5 & 0\\ -0.4222 & -1.9071 & 0 & -0.1 & 0.5\\ 1 & 2 & 0.1 & 0 & 0.2\end{bmatrix},\ \boldsymbol{M}_{12}=\begin{bmatrix}0.0\\0.1\end{bmatrix}$$

$$\boldsymbol{N}_{11}=\boldsymbol{N}_{21}=\begin{bmatrix}0.1 & 0.0\end{bmatrix},\ \boldsymbol{N}_{12}=\boldsymbol{N}_{22}=\begin{bmatrix}0.0 & 0.1\end{bmatrix},\ \boldsymbol{N}_{13}=\boldsymbol{N}_{23}=0.1$$

$$\epsilon_{11}=\epsilon_{12}=\epsilon_{21}=\epsilon_{22}=1,\ \tau_m=0.6,\ F(t)=0.1\sin(t)$$

假设该系统的逗留时间服从韦布尔分布且转移概率矩阵是时变的，即

$$\lambda_{11}(h)\in(-2.2,-1.8),\lambda_{12}(h)\in(1.8,2.2),\lambda_{21}(h)\in(2.6,3.4),\lambda_{22}(h)\in(-3.4,-2.6)$$

因此可得

$$\boldsymbol{\lambda}=\begin{bmatrix}-2 & 2\\ 3 & -3\end{bmatrix},\ \boldsymbol{\sigma}=\begin{bmatrix}0.2 & 0.4\\ 0.2 & 0.4\end{bmatrix}$$

本节研究的目的是利用定理2.2和上述给定的RCL电路系统参数，得到上述半马尔可夫切换系统能保持随机稳定最大时滞的上界及不同时滞划分份数对最大时滞的影响；讨论随机发生的不确定性变化对系统稳定性的影响及系统满足的耗散性性能指标的具体含义。

当选取随机参数$\beta_{\bar{\varpi}}=\begin{bmatrix}0.4 & 0.2 & 0.6\end{bmatrix}$且$\mathcal{X}=-1$，$\mathcal{Y}=2$，$\mathcal{Z}=2$时，我们进行了大量的MATLAB仿真实验，针对不同的时滞变化率和划分份数，得到不同的时滞上界(表2-1)。从中可以得到结论，当时变时滞的变化率变小或者时滞划分份数增大都是增大系统能包容最大时滞上界的方法，即系统对时变时滞的保守性增大。

表 2-1　对于不同 μ 和 q 求得的 τ_M

定理 2.2	$\mu=0.1$	$\mu=0.3$	$\mu=0.6$	$\mu=0.9$
$q=2$	10.61	9.52	8.08	6.32
$q=3$	15.63	13.98	11.83	9.19
$q=4$	20.63	18.44	15.57	12.05
$q=5$	25.64	22.90	19.31	14.92

进一步，由于参数 $\beta_{\varpi}(\varpi=1,2,3)$ 为随机参数，我们实验了大量的仿真且得到了不同的耗散性性能指标 ϑ^*。因此，当选取 $\mu=0.3,\tau_M=1.2$ 划分为 $q=3$ 份且 $\mathcal{X}=-1,\mathcal{Y}=2,\mathcal{Z}=2$ 时，我们用表 2-2 给出了针对不同随机参数得到的相应的优化性能指标。值得提出的是，针对相同的 β_1 和 β_2 值，β_3 取值越大，系统具有越小的优化耗散性性能指标 ϑ^*。也就是说，当随机产生的不确定性趋近于 1 时，优化值 $\vartheta_{\min}$ 降低(也就是耗散性性能变弱)。

表 2-2　对应不同 β_{ϖ} 的耗散性性能指标 ϑ^*

(β_1,β_2)	β_3				
	0.2	0.4	0.6	0.8	1.0
(0.2,0.3)	0.1366	0.1365	0.1363	0.1360	0.1357
(0.2,0.6)	0.1365	0.1364	0.1362	0.1360	0.1357
(0.6,0.6)	0.1363	0.1361	0.1359	0.1357	0.1353
(0.8,0.6)	0.1361	0.1359	0.1357	0.1354	0.1351
(0.8,0.9)	0.1360	0.1359	0.1356	0.1354	0.1350

注释 2.3 中提到，本章提到的性能指标包含现有研究结论作为特殊情况。为了证实这点，选取 $\mu=0.3,\tau_M=1.2$ 划分为 $q=3$ 份和随机变量 $\beta_{\varpi}=\begin{bmatrix}0.4 & 0.2 & 0.6\end{bmatrix}$，做了大量的仿真并且将得到的相关结论总结在表 2-3 中，从而可以证实本章给出的系统随机稳定且严格耗散的判定条件具有更广泛的应用范围。

表 2-3　对应不同性能指标得到的优化值 $\vartheta_{\min}$(当 $\beta_{\varpi}=\begin{bmatrix}0.4 & 0.2 & 0.6\end{bmatrix}$时)

$\mathcal{X}$	$\mathcal{Y}$	$\mathcal{Z}$	ϑ^*	性能指标
−1	2	10	0.6465	严格耗散性
0	1	0	0.0084	无源性
−1	0	γ^2	0.2685	$\mathcal{H}_\infty$ 性能($\gamma_{\min}=9.5275$)
$-\gamma^{-1}\theta$	$1-\theta$	$\gamma\theta$	0.1130	混合 $\mathcal{H}_\infty$ 和无源性性能(令 $\gamma=4,\theta=0.8$)

根据上述描述，选取初始条件 $\boldsymbol{x}_0=\begin{bmatrix}0 & 0\end{bmatrix}$ 和外部干扰 $\boldsymbol{\omega}(t)=\mathrm{e}^{-t}\sin(t)$ 对上述给出的 RCL 电路进行仿真验证。令 $\mu=0.3$，$\tau_M=1.2$ 划分为 $q=3$ 份和随机变量 $\beta_{\bar{\varpi}}=\begin{bmatrix}0.4 & 0.2 & 0.6\end{bmatrix}$ 及 $\mathcal{X}=-1$，$\mathcal{Y}=2$，$\mathcal{Z}=2$，$\beta_{\bar{\varpi}}=\begin{bmatrix}0.4 & 0.2 & 0.6\end{bmatrix}$ 时，利用定理 2.2 中的结论得到以下解：

$$\boldsymbol{P}_1=\begin{bmatrix}7.6260 & 6.8529\\ 6.8529 & 18.9794\end{bmatrix},\ \boldsymbol{P}_2=\begin{bmatrix}7.4225 & 7.6111\\ 7.6111 & 24.1109\end{bmatrix},\ \boldsymbol{S}_0=\begin{bmatrix}0.8925 & 1.4007\\ 1.4007 & 7.4527\end{bmatrix}$$

$$\boldsymbol{Q}_1=\begin{bmatrix}0.7366 & 1.5556\\ 1.5556 & 7.7325\end{bmatrix},\ \boldsymbol{Q}_2=\begin{bmatrix}0.7521 & 1.5923\\ 1.5923 & 7.8458\end{bmatrix},\ \boldsymbol{S}_4=\begin{bmatrix}0.5680 & 1.4491\\ 1.4491 & 7.3149\end{bmatrix}$$

$$\boldsymbol{S}_1=\begin{bmatrix}0.6703 & 1.5458\\ 1.5458 & 6.7125\end{bmatrix},\ \boldsymbol{S}_2=\begin{bmatrix}0.5213 & 1.1641\\ 1.1641 & 5.6652\end{bmatrix},\ \boldsymbol{S}_3=\begin{bmatrix}0.5007 & 1.1331\\ 1.1331 & 5.6773\end{bmatrix}$$

和优化值 $\vartheta^*=0.1352$ 且此时系统能包容的时滞上界为 $\tau_M=13.98$。图 2-1 给出了半马尔可夫切换系统两个子系统间切换的切换信号；图 2-2 给出了概率为 $\beta_{\bar{\varpi}}=\begin{bmatrix}0.4 & 0.2 & 0.6\end{bmatrix}$ 的系统状态矩阵中随机变量情形；图 2-3 描述了在转移概率矩阵时变的情形下半马尔可夫切换系统各模态的状态轨迹。由仿真曲线可知，即使状态矩阵带有随机产生的不确定性和时变转移概率，在存在一定时滞的条件下系统仍可以保持随机稳定和严格耗散性。

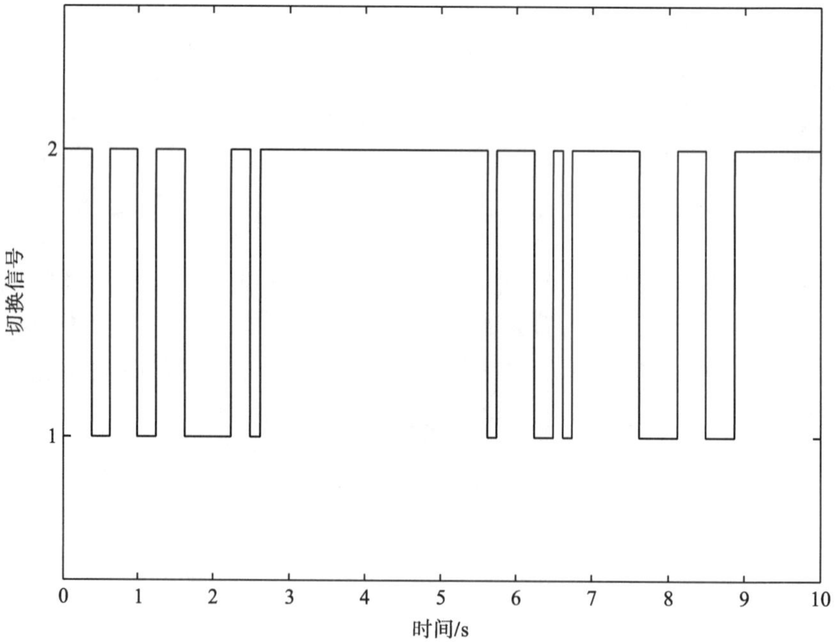

图 2-1 切换信号

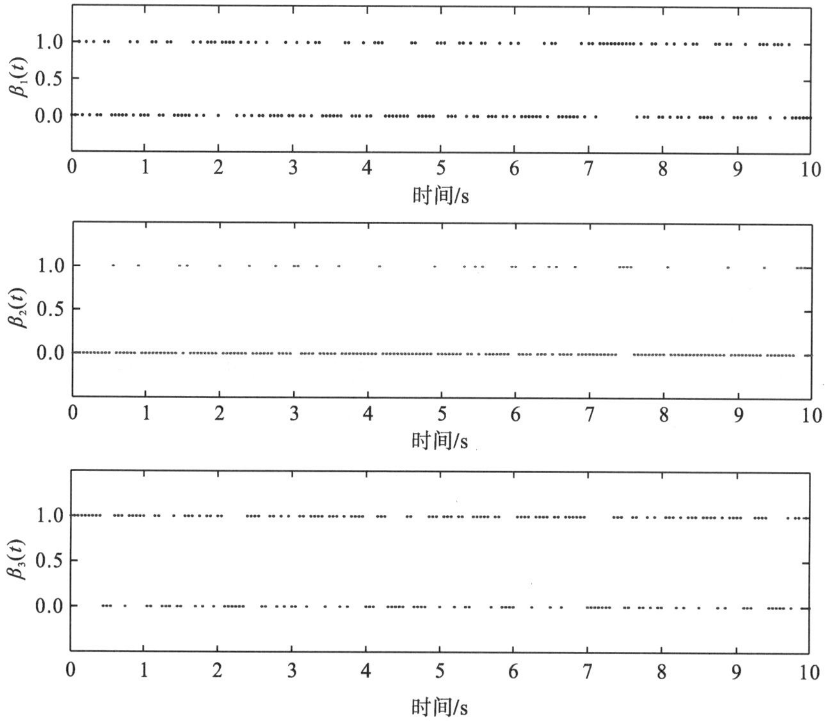

图 2-2　概率为 $\beta_{\varpi}=[0.4\quad 0.2\quad 0.6]$ 的随机变量情形

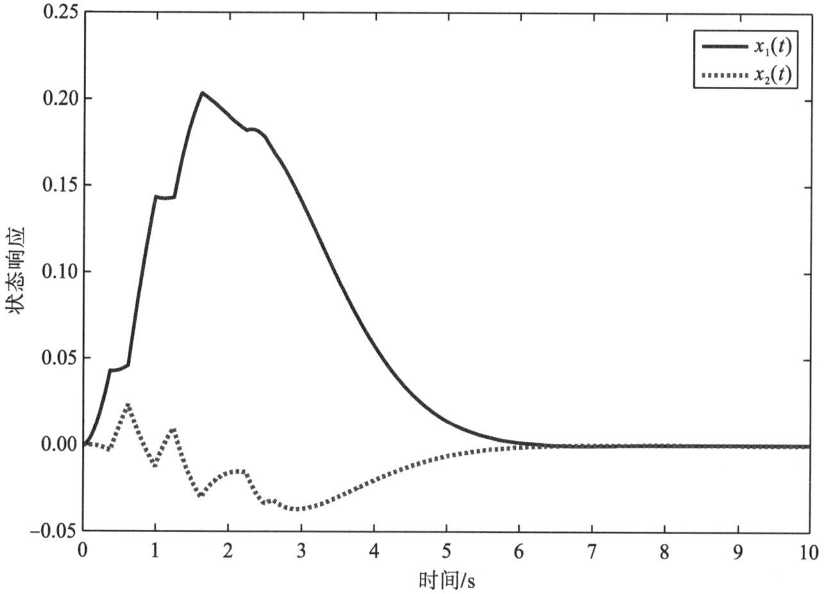

图 2-3　半马尔可夫切换系统各个模态的状态轨迹

2.4 本章小结

本章研究了连续时间的具有随机发生的不确定性和时变时滞半马尔可夫切换系统的耗散性分析问题。本章中考虑的马尔可夫切换系统的逗留时间服从韦布尔分布且转移概率矩阵范数有界。首先，利用新型的李雅普诺夫函数(函数中包含了系统模态、时变时滞信息、逗留时间及系统当前状态等信息)，来保证系统鲁棒随机稳定，同时满足严格耗散性的性能指标。同时，采用时滞分割和 Park 不等式相结合的方法来处理系统中的时变时滞，进而降低得到的结论的保守性。此外，利用 MATLAB 工具箱以及线性矩阵不等式方法等工具，给出随机切换系统耗散性的条件。最后，通过仿真算例验证本章得到的耗散性条件的可行性和有效性。

第二篇　随机切换系统的模型降阶研究

第 3 章　基于平衡实现的切换 LPV 系统的时间加权模型降阶研究

伴随着智能制造时代的到来和智能控制理论的发展，为了准确描述复杂的物理对象，系统的数学模型往往复杂且具有较高阶数。然而，高阶的复杂系统往往由于其复杂性，会覆盖系统的主要结构和主要性质，为系统的分析与综合带来更大的挑战。因此，模型降阶(或者称模型逼近)研究一直都是控制理论领域热门的研究方向之一。现有研究结论中出现的模型降阶算法大致分为 $\mathcal{H}_2$ 模型降阶法[159]、聚合法[160]、Hankel 范数优化法[161]、矩匹配法[162,163]、平衡截断法[164,165]及 $\mathcal{H}_\infty$ 模型降阶法[166]等。本章进一步改善了基于随机切换系统的能控性和能观性格拉姆矩阵方法进行切换 LPV 系统模型降阶研究[167]的方法。该方法区别于 $\mathcal{H}_\infty$ 模型降阶[138,139]的优点描述如下：①可以很好地保持原系统的主要结构和输入-输出性能；②计算简单，易于实现和扩展；③具有很好的降阶误差，且存在一个误差界；④可以应用到不稳定系统。

鉴于此，本章的目的在于尝试新的、基于时间加权格拉姆矩阵的平衡截断方法的研究。当平衡降阶方法应用到复杂的切换系统中时，由于存在切换信号的不确定动态特性，给模型降阶研究带来极大的困难。

在研究过程中了解到能控性和能观性格拉姆矩阵的定义之所以重要，是与系统的能控性和能观性息息相关的，且满足输入-输出能量有界的前提条件。本书尝试将现有研究结论中的时间加权惩罚函数[168,169]加入切换 LPV 系统格拉姆矩阵的定义和相应能量函数中，旨在研究在模型降阶过程中改变能控性和能观性性能，同时观察根据实际应用中需求改变系统的性能对模型降阶的影响。经研究发现，当系统矩阵参数变化或者矩阵中包含时变项时，时间加权格拉姆矩阵的定义可能已经不再成立，也就是格拉姆矩阵不能体现系统的输入-输出性能。因此，本章尝试将切换控制的思想应用到参数变化的系统中，尤其是参数变化区间比较大的情形，进而假设单个子系统的参数变化区间微小，可以忽略参数变化率，即将 LPV 系统的参数变换的区间划分为若干个子区间，然后采用切换系统任意切换的切换规则联系这些子系统，我们称这样的系统为切换 LPV 系统[170,171]。从系统论的角度来看，切换 LPV 系统由有限个线性参数变化的子系统和决定其子系统切换的切换规则组成。值得提出的是，在处理切换 LPV 系统的稳定性问题时有两大类方法：公共李雅普诺夫函数方法[172]和多李雅普诺夫函数方法[173]。本章采用参数独立的多李雅普诺夫函数方法来验证系统的稳定性，目的是避免时间加权格拉姆矩阵定义过程中出现时变项，影响格拉姆矩阵的定义。

本章首先根据切换 LPV 系统的特殊性和一般的线性时不变系统的格拉姆矩阵的含义，定义了新的时间加权的能控性和能观性格拉姆矩阵和时间加权能量函数，描述了切换 LPV 系统基于时间加权矩阵进行模型降阶的主要思路。其次，通过两个定理给出了时间加权能控性和能观性格拉姆矩阵的求解方法，并且证实了格拉姆矩阵满足输入-输出能量有界性。利用最小优化问题得到平衡切换 LPV 系统的广义平衡转移矩阵，从而利用该矩阵平衡原高阶系统，使得系统为不太能控也不太能观的状态。然后，根据实际中性能指标要求高频段性能则选择平衡截断法$\left[\tilde{\boldsymbol{x}}_2(t)=0\right]$，要求低频段性能则选择奇异摄动法$\left[\dot{\tilde{\boldsymbol{x}}}_2(t)=0\right]$来得到降阶后的系统模型。进一步，通过定理给出降阶误差存在一个上界，验证了本章中给出的结论的优势，并且通过两个例子(其中一个为 3 组弹簧-物块系统)来验证本章给出的模型降阶方法的可行性和有效性。

3.1 问题描述与预备知识

本节将首先回顾连续时间切换 LPV 系统关于系统模型、时间加权格拉姆矩阵、模型降阶问题的一些基本概念。

3.1.1 切换 LPV 系统的系统描述

本节将考虑一类具有如下状态空间实现的连续时间、子系统为 LPV 系统的切换系统：

$$(\Sigma):\begin{cases}\dot{\boldsymbol{x}}(t)=\boldsymbol{A}_{\beta(t)}(\rho)\boldsymbol{x}(t)+\boldsymbol{B}_{\beta(t)}(\rho)\boldsymbol{u}(t)\\ \boldsymbol{y}(t)=\boldsymbol{C}_{\beta(t)}(\rho)\boldsymbol{x}(t)+\boldsymbol{D}_{\beta(t)}(\rho)\boldsymbol{u}(t)\\ \boldsymbol{x}(0)=\boldsymbol{x}_0\end{cases} \tag{3-1}$$

其中，$\boldsymbol{x}(t)\in\mathbb{R}^n$ 是 n 维状态向量；$\boldsymbol{y}(t)\in\mathbb{R}^p$ 是 p 维输出向量；$\boldsymbol{u}(t)\in\mathbb{R}^m$ 是定义在 $\mathcal{L}_2[0,\infty)$ 上的 m 维外部输出控制向量；$\beta(t)$: $\mathbb{R}\to\mathcal{S}$ 是先验未知但可以取值于有限集 $\mathcal{S}\triangleq\{1,\cdots,N\}$，$N>1$ 的切换信号，且描述为与时间 t 相关的分段常函数。为了简化符号，当 $\beta(t)=i\in\mathcal{S}$，也就是第 i 个子系统的状态矩阵表示为 $\{\boldsymbol{A}_i(\rho),\boldsymbol{B}_i(\rho),\boldsymbol{C}_i(\rho),\boldsymbol{D}_i(\rho)\}$。我们假设该系统状态矩阵是未知实连续函数且仿射依赖于参数向

量 $\boldsymbol{\rho}$。值得提出的是，本章考虑的切换系统子系统之间的切换是任意的，且没有平均驻留时间的假设条件。

值得关注的是，外部输入向量 $\boldsymbol{\rho}\in\bigcap\mathcal{P}_i(i\in\mathcal{S})$ 是先验未知但在线可测的，其中集 $\mathcal{P}_i$ 为 $\mathbb{R}^s$ 的紧凑子集且满足

$$\mathcal{P}_i\triangleq\left\{\boldsymbol{\rho}:\ \mathbb{R}\mapsto\mathbb{R}^s,0<\rho_{\min}\leqslant\rho\leqslant\rho_{\max}\right\}$$

类似于 Benner 等[174]的连续时间线性时变系统，对任意参数轨迹 $\boldsymbol{\rho}$，我们用 $\boldsymbol{x}(t,\boldsymbol{x}_0,\boldsymbol{\rho},\boldsymbol{u},\beta(t))$ 来表示式(3-1)的解；用 $\boldsymbol{y}(t,\boldsymbol{x}_0,\boldsymbol{\rho},\boldsymbol{u},\beta(t))$ 来表示初始向量为 $\boldsymbol{x}_0\in\mathbb{R}^n$ 且外部输入为 $\boldsymbol{u}$ 条件下相应的系统输出。对式(3-1)中的原系统(Σ)我们有以下假设条件。

假设 3.1：假设式(3-1)中的原系统(Σ)是二次稳定且最小实现的。

定义 3.1：式(3-1)中的切换 LPV 系统(Σ)是二次稳定的，如果以下条件

$$\lim_{t\to\infty}\|\boldsymbol{x}(t,\boldsymbol{x}_0,\boldsymbol{\rho},0,\beta)\|=0$$

对任意的初始向量 $\boldsymbol{x}_0\in\mathbb{R}^n$，$\beta=i\in\mathcal{S}$ 和任意参数轨迹 $\boldsymbol{\rho}\in\bigcap\mathcal{P}_i$ 均成立。

引理 3.1[171]：式(3-1)中的切换 LPV 系统(Σ)是二次稳定的，如果存在一系列正定对称矩阵 $\boldsymbol{Q}_i$ 使得以下不等式

$$\boldsymbol{A}_i^{\mathrm{T}}(\boldsymbol{\rho})\boldsymbol{Q}_i+\boldsymbol{Q}_i\boldsymbol{A}_i(\boldsymbol{\rho})<0$$

或者对偶地存在正定对称矩阵 $\boldsymbol{P}_i$，使得以下不等式

$$\boldsymbol{A}_i(\boldsymbol{\rho})\boldsymbol{P}_i+\boldsymbol{P}_i\boldsymbol{A}_i^{\mathrm{T}}(\boldsymbol{\rho})<0$$

对任意的 $i\in\mathcal{S}$ 和任意参数轨迹 $\boldsymbol{\rho}\in\bigcap\mathcal{P}_i$ 均成立。

注释 3.1：本章中采用多李雅普诺夫函数方法，与传统的单一参数独立李雅普诺夫函数方法相比具有较低的保守性，尤其是参数变量比较大的情形。

引理 3.2[175]：式(3-1)中的切换 LPV 系统(Σ)是最小实现当且仅当该系统是能控和能观的。

注释 3.2：本章考虑的基于格拉姆矩阵的模型降阶方法可以应用于任何系统，不论是稳定的系统还是不稳定的系统、最小实现系统还是非最小实现系统[150]。针对不同类型的系统，模型降阶的过程基本类似或者说可以轻易类推，因为本章我们只针对稳定且最小实现的系统。

3.1.2 能控性和能观性格拉姆矩阵

能控性和能观性格拉姆矩阵是评价给定系统输入-输出特性的主要工具。首先，我们给出给定切换 LPV 系统的格拉姆矩阵和输入-输出能量泛函的概念。

定义 3.2：对于式(3-1)给定的连续时间切换 LPV 系统(Σ)，各模态对应的能控性和能观性格拉姆矩阵定义如下：

$$\boldsymbol{P}_i(\boldsymbol{\rho})=\int_{-\infty}^{0}\boldsymbol{\Phi}_i(0,\tau,\boldsymbol{\rho})\boldsymbol{B}_i(\boldsymbol{\rho})\boldsymbol{B}_i^{\mathrm{T}}(\boldsymbol{\rho})\boldsymbol{\Phi}_i^{\mathrm{T}}(0,\tau,\boldsymbol{\rho})\mathrm{d}\tau$$

$$\boldsymbol{\mathcal{Q}}_i(\boldsymbol{\rho})=\int_{0}^{\infty}\boldsymbol{\Phi}_i^{\mathrm{T}}(t,0,\boldsymbol{\rho})\boldsymbol{C}_i^{\mathrm{T}}(\boldsymbol{\rho})\boldsymbol{C}_i(\boldsymbol{\rho})\boldsymbol{\Phi}_i(t,0,\boldsymbol{\rho})\mathrm{d}t$$

对任意的$i\in\mathcal{S}$和任意的参数轨迹$\boldsymbol{\rho}\in\bigcap\mathcal{P}_i$均成立。

定义 3.3：对于式(3-1)给定的连续时间切换 LPV 系统(Σ)，输入-输出能量泛函定义如下：

$$\mathrm{E}_{\mathrm{input}}(\boldsymbol{x}_0,\boldsymbol{\rho},\beta)=\inf_{\substack{\boldsymbol{u}\in\mathcal{L}_2(-\infty,0),\\ \boldsymbol{x}(-\infty,\boldsymbol{x}_0,\boldsymbol{\rho},\boldsymbol{u},\beta)=0}}\int_{-\infty}^{0}\left\|\boldsymbol{u}(t)\right\|^2\mathrm{d}t$$

$$\mathrm{E}_{\mathrm{output}}(\boldsymbol{x}_0,\boldsymbol{\rho},\beta)=\int_{0}^{\infty}\|\boldsymbol{y}(t,\boldsymbol{x}_0,\boldsymbol{\rho},0,\beta)\|^2\mathrm{d}t$$

3.1.3 时间加权能控性和能观性格拉姆矩阵

给定主要结论之前，首先给出式(3-1)中原系统(Σ)的时间加权格拉姆矩阵和时间加权输入-输出能量泛函的定义。

定义 3.4：对给定的非负整数r，式(3-1)中切换 LPV 系统(Σ)的时间加权能控性和能观性格拉姆矩阵定义如下：

$$\boldsymbol{P}_i^{r+1}(\boldsymbol{\rho})=\frac{1}{r!}\int_{-\infty}^{0}\tau^r\boldsymbol{\Phi}_i(0,\tau,\boldsymbol{\rho})\boldsymbol{B}_i(\boldsymbol{\rho})\boldsymbol{B}_i^{\mathrm{T}}(\boldsymbol{\rho})\boldsymbol{\Phi}_i^{\mathrm{T}}(0,\tau,\boldsymbol{\rho})\mathrm{d}\tau$$

$$\boldsymbol{\mathcal{Q}}_i^{r+1}(\boldsymbol{\rho})=\frac{1}{r!}\int_{0}^{\infty}t^r\boldsymbol{\Phi}_i^{\mathrm{T}}(t,0,\boldsymbol{\rho})\boldsymbol{C}_i^{\mathrm{T}}(\boldsymbol{\rho})\boldsymbol{C}_i(\boldsymbol{\rho})\boldsymbol{\Phi}_i(t,0,\boldsymbol{\rho})\mathrm{d}t$$

对任意的$i\in\mathcal{S}$和任意参数轨迹$\boldsymbol{\rho}\in\bigcap\mathcal{P}_i$均成立。

定义 3.5：对给定的非负整数r，式(3-1)中切换 LPV 系统(Σ)的时间加权输入-输出能量泛函定义如下：

$$\mathrm{E}_{\mathrm{input}}^{r+1}(\boldsymbol{x}_0,\boldsymbol{\rho},\beta)=\inf_{\substack{\boldsymbol{u}\in\mathcal{L}_2(-\infty,0),\\ \boldsymbol{x}(-\infty,\boldsymbol{x}_0,\boldsymbol{\rho},\boldsymbol{u},\beta)=0}}\frac{1}{r!}\int_{-\infty}^{0}t^r\left\|\boldsymbol{u}(t)\right\|^2\mathrm{d}t$$

$$\mathrm{E}_{\mathrm{output}}^{r+1}(\boldsymbol{x}_0,\boldsymbol{\rho},\beta)=\frac{1}{r!}\int_{0}^{\infty}t^r\left\|\boldsymbol{y}(t,\boldsymbol{x}_0,\boldsymbol{\rho},0,\beta)\right\|^2\mathrm{d}t$$

注释 3.3：定义 3.4 中给定了连续时间切换 LPV 系统的时间加权能控性和能观性格拉姆矩阵，然而，由于参数的存在，尤其是当参数足够大时很难通过对角化参数依赖格拉姆矩阵来计算全局平衡转移矩阵。本章的主要创新点就是利用定义 3.5 中的时间加权输入-输出能量泛函来获得一个参数独立的格拉姆矩阵。

注释 3.4：当 $r=0$ 时特殊情况下，切换 LPV 系统的时间加权格拉姆矩阵和输入-输出能量泛函与传统的定义相同。也就是说，本章中展示的时间加权格拉姆矩阵和能量泛函定义对传统的定义添加了惩罚函数，而更具有一般性。

3.1.4　基于时间加权格拉姆矩阵的切换 LPV 系统模型降阶的问题描述

给定本章的主要结论之前，首先介绍关于切换 LPV 系统的一些基本概念和引理。

定义 3.6：对给定的标量 $\gamma>0$，式(3-1)中的切换 LPV 系统 (Σ) 是二次稳定的且具有 $\mathcal{H}_\infty$ 性能指标 γ，如果该系统稳定且在零初始条件(i.e. $\boldsymbol{x}(t)=0, t\leqslant 0$)下满足

$$\int_0^\infty \left\|\boldsymbol{y}(t,\boldsymbol{x}_0,\boldsymbol{\rho},\boldsymbol{u},\beta(t))\right\|^2 \mathrm{d}t < \gamma^2 \int_0^\infty \left\|\boldsymbol{u}(t)\right\|^2 \mathrm{d}t$$

对任意参数轨迹 $\boldsymbol{\rho}\in\bigcap\mathcal{P}_i(i\in\mathcal{S})$ 和非零控制输入 $\boldsymbol{u}(t)\in\mathcal{L}_2[0,\infty)$ 均成立。

引理 3.3[152]：对给定的标量 $\gamma>0$，式(3-1)中的切换 LPV 系统 (Σ) 是二次稳定的且具有 $\mathcal{H}_\infty$ 性能指标 γ，如果存在一系列对称矩阵 $\boldsymbol{X}_i>0$ 满足

$$\boldsymbol{A}_i(\boldsymbol{\rho})\boldsymbol{X}_i+\boldsymbol{X}_i\boldsymbol{A}_i^{\mathrm{T}}(\boldsymbol{\rho})+\boldsymbol{B}_i(\boldsymbol{\rho})\boldsymbol{B}_i^{\mathrm{T}}(\boldsymbol{\rho})+\frac{1}{\gamma^2}\boldsymbol{X}_i\boldsymbol{C}_i^{\mathrm{T}}(\boldsymbol{\rho})\boldsymbol{C}_i(\boldsymbol{\rho})\boldsymbol{X}_i<0$$

对任意参数轨迹 $\boldsymbol{\rho}\in\bigcap\mathcal{P}_i(i\in\mathcal{S})$ 均成立。

本章的主要目标为寻找一个具有以下结构的低阶模型来逼近式(3-1)中的稳定且能控、能观的系统 (Σ)：

$$(\hat{\Sigma}):\begin{cases}\dot{\hat{\boldsymbol{x}}}(t)=\hat{\boldsymbol{A}}_i(\boldsymbol{\rho})\hat{\boldsymbol{x}}(t)+\hat{\boldsymbol{B}}_i(\boldsymbol{\rho})\boldsymbol{u}(t)\\ \hat{\boldsymbol{y}}(t)=\hat{\boldsymbol{C}}_i(\boldsymbol{\rho})\hat{\boldsymbol{x}}(t)+\hat{\boldsymbol{D}}_i(\boldsymbol{\rho})\boldsymbol{u}(t)\\ \hat{\boldsymbol{x}}(0)=\hat{\boldsymbol{x}}_0\end{cases}\tag{3-2}$$

式中，$\hat{\boldsymbol{x}}(t)\in\mathbb{R}^k$ 满足 $1\leqslant k<n$ 为状态向量；$\hat{\boldsymbol{y}}(t)$ 为低阶系统 $(\hat{\Sigma})$ 的输出向量；矩阵 $\hat{\boldsymbol{A}}_i(\boldsymbol{\rho})$、$\hat{\boldsymbol{B}}_i(\boldsymbol{\rho})$、$\hat{\boldsymbol{C}}_i(\boldsymbol{\rho})$ 和 $\hat{\boldsymbol{D}}_i(\boldsymbol{\rho})$ 是待求的，具有适当维数且依赖时变参数向量 $\boldsymbol{\rho}$。我们假设降阶后的模型与式(3-1)中原系统 (Σ) 随切换信号 $\boldsymbol{\beta}(t)$ 同步切换。为了评估本章的模型降阶算法的精度，我们引入以下误差系统：

$$(\Sigma_e):\begin{cases}\dot{\boldsymbol{x}}_e(t)=\boldsymbol{A}_{ei}(\boldsymbol{\rho})\boldsymbol{x}_e(t)+\boldsymbol{B}_{ei}(\boldsymbol{\rho})\boldsymbol{u}(t)\\ \boldsymbol{e}(t)=\boldsymbol{C}_{ei}(\boldsymbol{\rho})\boldsymbol{x}_e(t)+\boldsymbol{D}_{ei}(\boldsymbol{\rho})\boldsymbol{u}(t)\end{cases}\tag{3-3}$$

其中，$\boldsymbol{x}_e(t)\triangleq[\boldsymbol{x}^{\mathrm{T}}(t)\quad \hat{\boldsymbol{x}}^{\mathrm{T}}(t)]^{\mathrm{T}}$，$\boldsymbol{e}(t)\triangleq\boldsymbol{y}(t)-\hat{\boldsymbol{y}}(t)$ 且

$$A_{ei}(\rho) \triangleq \begin{bmatrix} A_i(\rho) & 0 \\ 0 & \hat{A}_i(\rho) \end{bmatrix},\ B_{ei}(\rho) \triangleq \begin{bmatrix} B_i(\rho) \\ \hat{B}_i(\rho) \end{bmatrix}$$

$$C_{ei}(\rho) \triangleq \begin{bmatrix} C_i(\rho) & -\hat{C}_i(\rho) \end{bmatrix},\ D_{ei}(\rho) \triangleq D_i(\rho) - \hat{D}_i(\rho)$$

式(3-3)中的误差系统(Σ_e)应该也是二次稳定的且具有$\mathcal{H}_\infty$性能指标γ，如图3-1所示。

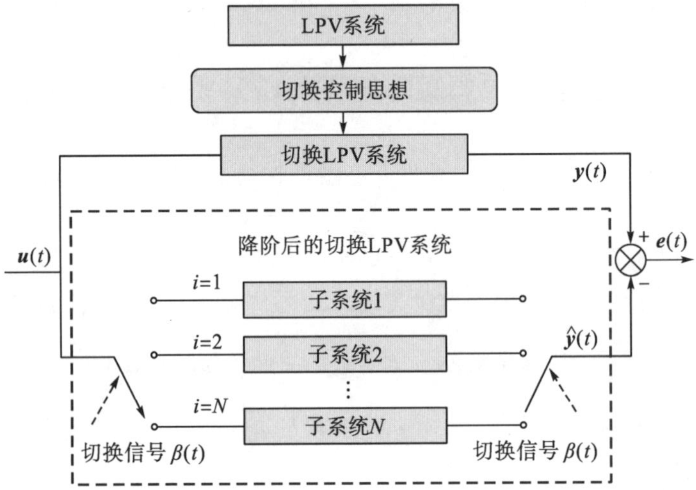

图 3-1 切换 LPV 系统模型降阶的概念框图

3.2 主要结论

本章给出了连续时间切换 LPV 系统的基于平衡实现的模型降阶方法。与 Sandberg 和 Rantzer[176]的多李雅普诺夫函数相比，本章使用单一的李雅普诺夫函数来获得能控性和能观性格拉姆矩阵，且该方法通过添加一个时间加权惩罚函数来进行改进和扩展到时间加权模型降阶方法中。

3.2.1 切换 LPV 系统的时间加权格拉姆矩阵

考虑式(3-1)中的切换 LPV 系统(Σ)，在此首先给出两个基于时间加权输入输出能量泛函的时间加权格拉姆矩阵的求法。

定理 3.1：对于给定的式(3-1)中的切换 LPV 系统(Σ)和非负整数r，如果存在一组非奇异对称矩阵$P_i^{r+1} = (P_i^{r+1})^{\mathrm{T}} > 0$使得

$$\boldsymbol{A}_i(\boldsymbol{\rho})\boldsymbol{P}_i^{r+1}+\boldsymbol{P}_i^{r+1}\boldsymbol{A}_i^{\mathrm{T}}(\boldsymbol{\rho})+\boldsymbol{P}_i^{r}<0 \tag{3-4}$$

对任意参数轨迹 $\boldsymbol{\rho}\in\bigcap\mathcal{P}_i(i\in\mathcal{S})$ 均成立且 $\boldsymbol{P}_i^0=\boldsymbol{B}_i(\boldsymbol{\rho})\boldsymbol{B}_i^{\mathrm{T}}(\boldsymbol{\rho})$。那么我们称该切换 LPV 系统(Σ)是二次稳定的，且其从状态 $\boldsymbol{x}(-\infty,\boldsymbol{x}_0,\boldsymbol{\rho},\boldsymbol{u},\beta)=0$ 到状态 $\boldsymbol{x}(0,\boldsymbol{x}_0,\boldsymbol{\rho},\boldsymbol{u},\beta_0)=\boldsymbol{x}_0$ 的驱动能量和外部输入能量之和是有界的，根据

$$\boldsymbol{x}_0^{\mathrm{T}}(\boldsymbol{P}_i^{r+1})^{-1}\boldsymbol{x}_0<\inf_{\substack{\boldsymbol{u}\in\mathcal{L}_2[-\infty,0],\\ \boldsymbol{x}(-\infty,\boldsymbol{x}_0,\boldsymbol{\rho},\boldsymbol{u},\beta)=0}}\frac{1}{r!}\int_{-\infty}^{0}t^r\left\|\boldsymbol{u}(t)\right\|^2\mathrm{d}t \tag{3-5}$$

对任意初始向量 $\boldsymbol{x}_0\in\mathbb{R}^n$ 和所有非零外部输入 $\boldsymbol{u}(t)\in\mathcal{L}_2\left[0,\infty\right)$ 均成立。

证明：根据式(3-4)和引理 3.1，得到连续时间切换 LPV 系统(Σ)是二次稳定的。为了表述清晰，我们用矩阵 $\boldsymbol{\Pi}_i^{r+1}$ 来表示 $(\boldsymbol{P}_i^{r+1})^{-1}$。类似于传统的格拉姆矩阵方法，定义式(3-1)中的切换 LPV 系统(Σ)的外部输入 $\boldsymbol{u}:(-\infty,0]\to\mathbb{R}^m$ 为

$$\boldsymbol{u}(t)\triangleq\boldsymbol{B}_i^{\mathrm{T}}(\boldsymbol{\rho})\boldsymbol{\Phi}_i^{\mathrm{T}}(0,t,\boldsymbol{\rho})\boldsymbol{\Pi}_i^{r+1}\boldsymbol{x}_0 \tag{3-6}$$

那么针对初始条件 $\boldsymbol{x}(-\infty,\boldsymbol{x}_0,\boldsymbol{\rho},\boldsymbol{u},\beta)=0$ 下的相应状态给定为

$$\boldsymbol{x}(t,\boldsymbol{x}_0,\boldsymbol{\rho},\boldsymbol{u},\beta)=\int_{-\infty}^{t}\boldsymbol{\Phi}_i(t,\tau,\boldsymbol{\rho})\boldsymbol{B}_i(\boldsymbol{\rho})\boldsymbol{u}(\tau)\mathrm{d}\tau$$

且满足边界条件 $\boldsymbol{x}(\infty,\boldsymbol{x}_0,\boldsymbol{\rho},\boldsymbol{u},\beta)=0$ 和 $\boldsymbol{x}(0,\boldsymbol{x}_0,\boldsymbol{\rho},\boldsymbol{u},\beta)=\boldsymbol{x}_0$。相应的时间加权输入能量为

$$\begin{aligned}\frac{1}{r!}\int_{-\infty}^{0}t^r\left\|\boldsymbol{u}(t)\right\|^2\mathrm{d}t&=\frac{1}{r!}\int_{-\infty}^{0}t^r\boldsymbol{u}^{\mathrm{T}}(t)\boldsymbol{u}(t)\mathrm{d}t\\&=\int_{-\infty}^{0}\frac{t^r}{r!}\boldsymbol{x}_0^{\mathrm{T}}\boldsymbol{\Pi}_i^{r+1}\boldsymbol{\Phi}_i(0,t,\boldsymbol{\rho})\boldsymbol{B}_i(\boldsymbol{\rho})\boldsymbol{B}_i^{\mathrm{T}}(\boldsymbol{\rho})\boldsymbol{\Phi}_i^{\mathrm{T}}(0,t,\boldsymbol{\rho})\boldsymbol{\Pi}_i^{r+1}\boldsymbol{x}_0\,\mathrm{d}t\\&=\boldsymbol{x}_0^{\mathrm{T}}\boldsymbol{\Pi}_i^{r+1}\boldsymbol{P}_i^{r+1}\boldsymbol{\Pi}_i^{r+1}\boldsymbol{x}_0=\boldsymbol{x}_0^{\mathrm{T}}\boldsymbol{\Pi}_i^{r+1}\boldsymbol{x}_0\end{aligned}$$

然后得到式(3-5)。

下一步，考虑两种情况：$r=0$ 和 $r>0$。

(1) $r=0$。能控性和能观性格拉姆矩阵为时间加权能控性和能观性格拉姆矩阵的特殊情形，有

$$\begin{aligned}\boldsymbol{A}_i(\boldsymbol{\rho})\boldsymbol{P}_i^1+\boldsymbol{P}_i^1\boldsymbol{A}_i^{\mathrm{T}}(\boldsymbol{\rho})&=\int_{-\infty}^{0}\boldsymbol{A}_i(\boldsymbol{\rho})\boldsymbol{\Phi}_i(0,\tau,\boldsymbol{\rho})\boldsymbol{B}_i(\boldsymbol{\rho})\boldsymbol{B}_i^{\mathrm{T}}(\boldsymbol{\rho})\boldsymbol{\Phi}_i^{\mathrm{T}}(0,\tau,\boldsymbol{\rho})\mathrm{d}\tau\\&\quad+\int_{-\infty}^{0}\boldsymbol{\Phi}_i(0,\tau,\boldsymbol{\rho})\boldsymbol{B}_i(\boldsymbol{\rho})\boldsymbol{B}_i^{\mathrm{T}}(\boldsymbol{\rho})\boldsymbol{\Phi}_i^{\mathrm{T}}(0,\tau,\boldsymbol{\rho})\boldsymbol{A}_i^{\mathrm{T}}(\boldsymbol{\rho})\mathrm{d}\tau\\&=\int_{0}^{\infty}\mathrm{d}(\boldsymbol{\Phi}_i(0,\tau,\boldsymbol{\rho})\boldsymbol{B}_i(\boldsymbol{\rho})\boldsymbol{B}_i^{\mathrm{T}}(\boldsymbol{\rho})\boldsymbol{\Phi}_i^{\mathrm{T}}(0,\tau,\boldsymbol{\rho}))\\&=-\boldsymbol{B}_i(\boldsymbol{\rho})\boldsymbol{B}_i^{\mathrm{T}}(\boldsymbol{\rho})\end{aligned}$$

因此，有 $\boldsymbol{P}_i^0=\boldsymbol{B}_i(\boldsymbol{\rho})\boldsymbol{B}_i^{\mathrm{T}}(\boldsymbol{\rho})$。

(2) $r>0$。切换 LPV 系统的时间加权能控性和能观性格拉姆矩阵正如定义 3.4 中定义，有

$$
\begin{aligned}
&A_i(\rho)P_i^{r+1}+P_i^{r+1}A_i^{\mathrm{T}}(\rho)+P_i^r\\
&\quad=\frac{1}{r!}\int_{-\infty}^{0}t^r A_i(\rho)\boldsymbol{\Phi}_i(0,\tau,\rho)B_i(\rho)B_i^{\mathrm{T}}(\rho)\boldsymbol{\Phi}_i^{\mathrm{T}}(0,\tau,\rho)\mathrm{d}\tau\\
&\quad\quad+\frac{1}{r!}\int_{-\infty}^{0}t^r\boldsymbol{\Phi}_i(0,\tau,\rho)B_i(\rho)B_i^{\mathrm{T}}(\rho)\boldsymbol{\Phi}_i^{\mathrm{T}}(0,\tau,\rho)A_i^{\mathrm{T}}(\rho)\mathrm{d}\tau\\
&\quad\quad+\frac{1}{(r-1)!}\int_{-\infty}^{0}t^{r-1}\boldsymbol{\Phi}_i(0,\tau,\rho)B_i(\rho)B_i^{\mathrm{T}}(\rho)\boldsymbol{\Phi}_i^{\mathrm{T}}(0,\tau,\rho)\mathrm{d}\tau\\
&\quad=\int_{-\infty}^{0}\mathrm{d}\left(\frac{1}{r!}t^r\boldsymbol{\Phi}_i(0,\tau,\rho)B_i(\rho)B_i^{\mathrm{T}}(\rho)\boldsymbol{\Phi}_i^{\mathrm{T}}(0,\tau,\rho)\right)=0
\end{aligned}
$$

因此，综合两种情形，也就是$r=0$和$r>0$，式(3-4)得证。

定理 3.2：对于给定的式(3-1)中的切换 LPV 系统(Σ)和非负整数r，如果存在非奇异对称矩阵$\mathcal{Q}_i^{r+1}>0$使得

$$
A_i^{\mathrm{T}}(\rho)\mathcal{Q}_i^{r+1}+\mathcal{Q}_i^{r+1}A_i(\rho)+\mathcal{Q}_i^{r}(\rho)<0 \tag{3-7}
$$

对任意参数轨迹$\rho\in\bigcap\mathcal{P}_i(i\in\mathcal{S})$均成立且$\mathcal{Q}_i^0=C_i^{\mathrm{T}}(\rho)C_i(\rho)$。那么，我们称切换 LPV 系统$(\Sigma)$是二次稳定的，且该系统在只有初始条件激励下的平均输出能量是有界的，根据

$$
\frac{1}{r!}\int_0^{\infty}t^r\left\|y(t,x_0,\rho,0,\beta)\right\|^2\mathrm{d}t<x_0^{\mathrm{T}}\mathcal{Q}_i^{r+1}x_0 \tag{3-8}
$$

对任意初始向量$x_0\in\mathbb{R}^n$。

证明：根据式(3-7)和引理 3.1，很明显切换 LPV 系统(Σ)是二次稳定的。考虑$u(t)=0$和$x(0,x_0,\rho,0,\beta)=x_0$初始条件下的切换 LPV 系统式(3-1)，相应的输出表示为

$$
y(t,x_0,\rho,0,\beta)=C_i(\rho)\boldsymbol{\Phi}_i(t,0,\rho)x_0
$$

其时间加权输出能量为

$$
\begin{aligned}
&\frac{1}{r!}\int_0^{\infty}t^r\left\|y\left(t,x_0,\rho,0,\beta\right)^2\right\|\mathrm{d}t\\
&\quad=\frac{1}{r!}\int_0^{\infty}t^r y^{\mathrm{T}}\left(t,x_0,\rho,0,\beta\right)y\left(t,x_0,\rho,0,\beta\right)\mathrm{d}t\\
&\quad=\frac{1}{r!}\int_0^{\infty}t^r x_0^{\mathrm{T}}\boldsymbol{\Phi}_i^{\mathrm{T}}\left(t,0,\rho\right)C_i^{\mathrm{T}}\left(\rho\right)C_i\left(\rho\right)\boldsymbol{\Phi}_i\left(t,0,\rho\right)x_0\,\mathrm{d}t\\
&\quad=x_0^{\mathrm{T}}\left[\frac{1}{r!}\int_0^{\infty}t^r\boldsymbol{\Phi}_i^{\mathrm{T}}\left(t,0,\rho\right)C_i^{\mathrm{T}}\left(\rho\right)C_i\left(\rho\right)\boldsymbol{\Phi}_i\left(t,0,\rho\right)\mathrm{d}t\right]x_0\\
&\quad=x_0^{\mathrm{T}}\mathcal{Q}_i^{r+1}x_0
\end{aligned}
$$

然后得到式(3-8)。

下一步，考虑两种情形：$r=0$ 和 $r>0$。

(1) $r=0$。能控性和能观性格拉姆矩阵视为时间加权能控性和能观性格拉姆矩阵的特殊情况，有

$$\begin{aligned}&\boldsymbol{A}_i^{\mathrm{T}}(\boldsymbol{\rho})\boldsymbol{Q}_i^1+\boldsymbol{Q}_i^1\boldsymbol{A}_i(\boldsymbol{\rho})\\&=\int_0^\infty \boldsymbol{A}_i^{\mathrm{T}}(\boldsymbol{\rho})\boldsymbol{\Phi}_i^{\mathrm{T}}(t,0,\boldsymbol{\rho})\boldsymbol{C}_i^{\mathrm{T}}(\boldsymbol{\rho})\boldsymbol{C}_i(\boldsymbol{\rho})\boldsymbol{\Phi}_i(t,0,\boldsymbol{\rho})\mathrm{d}t\\&\quad+\int_0^\infty \boldsymbol{\Phi}_i^{\mathrm{T}}(t,0,\boldsymbol{\rho})\boldsymbol{C}_i^{\mathrm{T}}(\boldsymbol{\rho})\boldsymbol{C}_i(\boldsymbol{\rho})\boldsymbol{\Phi}_i(t,0,\boldsymbol{\rho})\boldsymbol{A}_i(\boldsymbol{\rho})\mathrm{d}t\\&=\int_0^\infty \mathrm{d}\left(\boldsymbol{\Phi}_i^{\mathrm{T}}(t,0,\boldsymbol{\rho})\boldsymbol{C}_i^{\mathrm{T}}(\boldsymbol{\rho})\boldsymbol{C}_i(\boldsymbol{\rho})\boldsymbol{\Phi}_i(t,0,\boldsymbol{\rho})\right)=-\boldsymbol{C}_i^{\mathrm{T}}(\boldsymbol{\rho})\boldsymbol{C}_i(\boldsymbol{\rho})\end{aligned}$$

因此，得到$\boldsymbol{Q}_i^0=\boldsymbol{C}_i^{\mathrm{T}}(\boldsymbol{\rho})\boldsymbol{C}_i(\boldsymbol{\rho})$。

(2) $r>0$。切换 LPV 系统的时间加权能控性和能观性格拉姆矩阵正如定义 3.4 中定义，有

$$\begin{aligned}&\boldsymbol{A}_i^{\mathrm{T}}(\boldsymbol{\rho})\boldsymbol{Q}_i^{r+1}+\boldsymbol{Q}_i^{r+1}\boldsymbol{A}_i(\boldsymbol{\rho})+\boldsymbol{Q}_i^r\\&=\frac{1}{r!}\int_0^\infty t^r\boldsymbol{A}_i^{\mathrm{T}}(\boldsymbol{\rho})\boldsymbol{\Phi}_i^{\mathrm{T}}(t,0,\boldsymbol{\rho})\boldsymbol{C}_i^{\mathrm{T}}(\boldsymbol{\rho})\boldsymbol{C}_i(\boldsymbol{\rho})\boldsymbol{\Phi}_i(t,0,\boldsymbol{\rho})\mathrm{d}t\\&=\frac{1}{r!}\int_0^\infty t^r\boldsymbol{\Phi}_i^{\mathrm{T}}(t,0,\boldsymbol{\rho})\boldsymbol{C}_i^{\mathrm{T}}(\boldsymbol{\rho})\boldsymbol{C}_i(\boldsymbol{\rho})\boldsymbol{\Phi}_i(t,0,\boldsymbol{\rho})\boldsymbol{A}_i(\boldsymbol{\rho})\mathrm{d}t\\&\quad+\frac{1}{(r-1)!}\int_0^\infty t^{r-1}\boldsymbol{\Phi}_i^{\mathrm{T}}(t,0,\boldsymbol{\rho})\boldsymbol{C}_i^{\mathrm{T}}(\boldsymbol{\rho})\boldsymbol{C}_i(\boldsymbol{\rho})\boldsymbol{\Phi}_i(t,0,\boldsymbol{\rho})\mathrm{d}t\\&=\int_0^\infty \mathrm{d}\left(\frac{1}{r!}t^r\boldsymbol{\Phi}_i^{\mathrm{T}}(t,0,\boldsymbol{\rho})\boldsymbol{C}_i^{\mathrm{T}}(\boldsymbol{\rho})\boldsymbol{C}_i(\boldsymbol{\rho})\boldsymbol{\Phi}_i(t,0,\boldsymbol{\rho})\right)=0\end{aligned}$$

因此，综合两种情形，即$r=0$和$r>0$，式(3-7)得证。

综上所述，得到的满足式(3-4)的矩阵$\boldsymbol{P}_i^{r+1}$称为参数独立时间加权能控性格拉姆矩阵；满足式(3-7)的矩阵$\boldsymbol{Q}_i^{r+1}$称为参数独立时间加权能观性格拉姆矩阵。

注释 3.5：如上所述，我们将能控性和能观性格拉姆矩阵添加$t^r/r!$项作为惩罚函数。基于时间加权格拉姆矩阵的模型降阶方法可以很好地保存原系统的主要输入-输出性能，进而求得降阶以后的模型。当然，随着r的增大，模型降阶的计算复杂性和时间成本将会增加，也就是说，降阶后的模型具有好的性能指标是以牺牲计算复杂性和时间成本为前提的。

3.2.2　转换矩阵的算法

本节给出基于式(3-4)和式(3-7)中的时间加权能控性和能观性格拉姆矩阵的平衡转换矩阵$\mathcal{T}$的算法。为了得到单一的状态转移矩阵$\mathcal{T}$来平衡原高阶切换

LPV 系统，我们引入以下最小优化问题[157]：

$$\min \operatorname{trace}\left(\boldsymbol{P}_i^{r+1}\boldsymbol{\mathcal{Q}}_j^{r+1}\right)$$
$$\text{s.t.式}(3\text{-}4)\text{、式}(3\text{-}7),\boldsymbol{\rho}\in\bigcap\mathcal{P}_i(i,j\in\mathcal{S})$$

其中，$\boldsymbol{P}_{\text{opt}}^{r+1}$ 和 $\boldsymbol{\mathcal{Q}}_{\text{opt}}^{r+1}$ 表示上述优化问题的解且被称为式(3-1)中切换 LPV 系统(Σ)的广义的时间加权。

定义 3.7：考虑式(3-1)中连续时间切换 LPV 系统(Σ)，如果存在一个等价转移矩阵 $\mathcal{T}$ 对所有参数 $\boldsymbol{\rho}\in\bigcap\mathcal{P}_i(i\in\mathcal{S})$ 使得

$$\mathcal{T}\boldsymbol{P}_{\text{opt}}^{r+1}\mathcal{T}^{\text{T}}=\mathcal{T}^{-\text{T}}\boldsymbol{\mathcal{Q}}_{\text{opt}}^{r+1}\mathcal{T}^{-1}$$

均成立，且矩阵 $\boldsymbol{P}_{\text{opt}}^{r+1}$ 和 $\boldsymbol{\mathcal{Q}}_{\text{opt}}^{r+1}$ 为上节求得的广义时间加权能控性和能观性格拉姆矩阵，那么，我们称等价转换矩阵 $\mathcal{T}$ 为原切换 LPV 系统的平衡转换矩阵。

本章考虑的连续时间切换 LPV 系统的基于时间加权格拉姆矩阵的模型降阶算法，首先将原系统转换为一种平衡形式，也就是找到一个平衡转换矩阵 $\mathcal{T}$，有 $\tilde{\boldsymbol{x}}(t)=\mathcal{T}\boldsymbol{x}(t)$。正如定义 3.7 中所示，等价于利用该平衡转换矩阵使得时间加权格拉姆矩阵等价且对角化：

$$\begin{aligned}\mathcal{T}\boldsymbol{P}_{\text{opt}}^{r+1}\mathcal{T}^{\text{T}}&=\mathcal{T}^{-\text{T}}\boldsymbol{\mathcal{Q}}_{\text{opt}}^{r+1}\mathcal{T}^{-1}=\boldsymbol{\varSigma}^{r+1}\\&=\operatorname{diag}\left\{\sigma_1^{r+1}\boldsymbol{I}_1,\sigma_2^{r+1}\boldsymbol{I}_2,\cdots,\sigma_n^{r+1}\boldsymbol{I}_n\right\}\end{aligned}\tag{3-9}$$

其中，$\sigma_1^{r+1},\sigma_2^{r+1},\cdots,\sigma_n^{r+1}$ 为系统的非零 Hankel 奇异值且满足 $\sigma_1^{r+1}\geqslant\sigma_2^{r+1}\geqslant\cdots\geqslant\sigma_n^{r+1}>0$。

利用 Schur 补引理和 Cholesky(乔列斯基)因式分解[130]的平衡转换矩阵 $\mathcal{T}$ 的算法，见表 3-1。

表 3-1 平衡转换矩阵 $\mathcal{T}$ 的算法

算法 3.1：平衡转换矩阵 $\mathcal{T}$ 的算法
第一步：利用 Cholesky 因式分解方法对广义时间加权能控性格拉姆矩阵 $\boldsymbol{P}_{\text{opt}}^{r+1}$ 进行分解： $\boldsymbol{P}_{\text{opt}}^{r+1}=(\boldsymbol{R}^{r+1})^{\text{T}}\boldsymbol{R}^{r+1}$
第二步：广义时间加权能观性格拉姆矩阵的左侧和右侧分别乘以矩阵 $\boldsymbol{R}^{r+1}$和$(\boldsymbol{R}^{r+1})^{\text{T}}$。矩阵 $\boldsymbol{R}^{r+1}\boldsymbol{\mathcal{Q}}_{\text{opt}}^{r+1}(\boldsymbol{R}^{r+1})^{\text{T}}$ 是正定矩阵且可以对角化为 $\boldsymbol{R}^{r+1}\boldsymbol{\mathcal{Q}}_{\text{opt}}^{r+1}(\boldsymbol{R}^{r+1})^{\text{T}}=\boldsymbol{U}^{r+1}(\boldsymbol{\varSigma}^{r+1})^2(\boldsymbol{U}^{r+1})^{\text{T}},(\boldsymbol{U}^{r+1})^{\text{T}}\boldsymbol{U}^{r+1}=\boldsymbol{I}$ 其中 $\boldsymbol{\varSigma}^{r+1}=\operatorname{diag}\left\{\sigma_1^{r+1}\boldsymbol{I}_1,\sigma_2^{r+1}\boldsymbol{I}_2,\cdots,\sigma_n^{r+1}\boldsymbol{I}_n\right\}\quad\sigma_1^{r+1}\geqslant\sigma_2^{r+1}\geqslant\cdots\geqslant\sigma_n^{r+1}>0$
第三步：平衡转换矩阵可用下式求得 $\mathcal{T}=(\boldsymbol{\varSigma}^{r+1})^{-1/2}(\boldsymbol{U}^{r+1})^{\text{T}}\boldsymbol{R}^{r+1}$

3.2.3　切换 LPV 系统的降阶

本节将给出基于上节得到的平衡转换矩阵对给定的稳定且最小实现切换 LPV 系统进行模型降阶的总过程。该时间加权模型降阶的过程总结如下：①将原切换 LPV 系统根据子系统的能控性和能观性能力转换为一种平衡形式；②利用截断或者去掉能控性和能观性能力比较弱的状态来得到降阶后的模型。

图 3-2 给出了基于时间加权格拉姆矩阵的模型降阶方法。本章给出的降阶方法中用到了一个新的概念，即平衡转换。为了表述清晰，首先给出等价变换和平衡转换矩阵的基本概念。

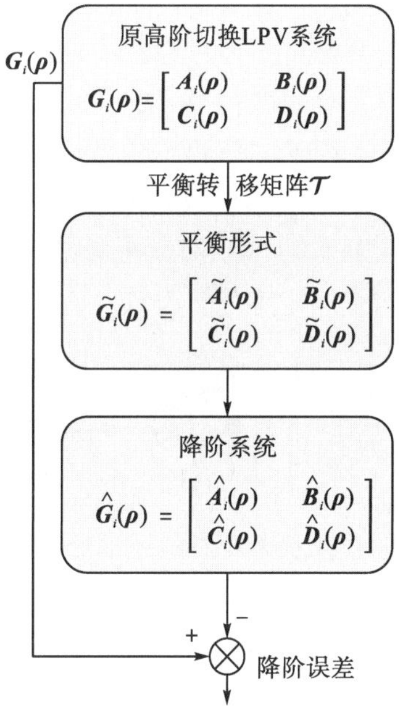

图 3-2　基于时间加权格拉姆矩阵的模型降阶过程

定义 3.8：考虑式(3-1)中切换 LPV 系统(Σ)，如果存在一个非奇异矩阵 $\mathcal{T}$ 使得以下系统

$$(\tilde{\Sigma}):\begin{cases} \dot{\tilde{\boldsymbol{x}}}(t) = \tilde{\boldsymbol{A}}_i(\rho)\tilde{\boldsymbol{x}}(t) + \tilde{\boldsymbol{B}}_i(\rho)\boldsymbol{u}(t) \\ \tilde{\boldsymbol{y}}(t) = \tilde{\boldsymbol{C}}_i(\rho)\tilde{\boldsymbol{x}}(t) + \tilde{\boldsymbol{D}}_i(\rho)\boldsymbol{u}(t) \end{cases} \tag{3-10}$$

是系统(Σ)的等价变换形式，且

$$\tilde{\boldsymbol{G}}_i(\rho) \triangleq \begin{bmatrix} \tilde{\boldsymbol{A}}_i(\rho) & \tilde{\boldsymbol{B}}_i(\rho) \\ \tilde{\boldsymbol{C}}_i(\rho) & \tilde{\boldsymbol{D}}_i(\rho) \end{bmatrix} = \begin{bmatrix} \mathcal{T}\boldsymbol{A}_i(\rho)\mathcal{T}^{-1} & \mathcal{T}\boldsymbol{B}_i(\rho) \\ \boldsymbol{C}_i(\rho)\mathcal{T}^{-1} & \boldsymbol{D}_i(\rho) \end{bmatrix} \tag{3-11}$$

对任意$i\in\mathcal{S}$和任意参数轨迹$\boldsymbol{\rho}\in\bigcap\mathcal{P}_i$均成立，那么我们称该转换矩阵$\mathcal{T}$为等价变换矩阵。

值得提出的是，本章考虑的变换矩阵为参数独立的。假设该变换矩阵参数$\boldsymbol{\rho}$依赖，也就是说转移概率矩阵是时变的，那么系统的等价变换形式中将会引入变换矩阵的导数。因此，式(3-11)将会表示为

$$\tilde{\boldsymbol{G}}_i(\boldsymbol{\rho})=\begin{bmatrix}\tilde{\boldsymbol{A}}_i(\boldsymbol{\rho}) & \tilde{\boldsymbol{B}}_i(\boldsymbol{\rho})\\ \tilde{\boldsymbol{C}}_i(\boldsymbol{\rho}) & \tilde{\boldsymbol{D}}_i(\boldsymbol{\rho})\end{bmatrix}=\begin{bmatrix}\left[\mathcal{T}(\boldsymbol{\rho})\boldsymbol{A}_i(\boldsymbol{\rho})+\dot{\mathcal{T}}(\boldsymbol{\rho})\right]\mathcal{T}^{-1} & \mathcal{T}(\boldsymbol{\rho})\boldsymbol{B}_i(\boldsymbol{\rho})\\ \boldsymbol{C}_i(\boldsymbol{\rho})\mathcal{T}^{-1}(\boldsymbol{\rho}) & \boldsymbol{D}_i(\boldsymbol{\rho})\end{bmatrix}$$

注释 3.6：根据上面的描述，时变参数依赖变换矩阵$\mathcal{T}(\boldsymbol{\rho})$的导数的引用，将提高本章提出的模型降阶的精度，然而必然增加降阶模型的复杂性和降阶算法的适用范围局限性[137]。更重要的是，定义 3.4 中关于时间加权格拉姆矩阵的定义因为包含了时变参数而不再适用，也就是说，本章原系统如果考虑时变参数或者时滞，那么时间加权模型降阶算法将不再适用。

众所周知，等价变换不会改变输入-输出性能，但是可以改变状态矩阵和格拉姆矩阵。那么原连续时间切换 LPV 系统可以根据能控性和能观性能力转换为一种平衡形式，也就是不太能控也不太能观的状态。此时新的状态向量$\tilde{\boldsymbol{x}}(t)$可以分解为$\tilde{\boldsymbol{x}}(t)=[\tilde{\boldsymbol{x}}_1^{\mathrm{T}}(t)\quad \tilde{\boldsymbol{x}}_2^{\mathrm{T}}(t)]^{\mathrm{T}}$，其中$\tilde{\boldsymbol{x}}_1(t)\in\mathbb{R}^k$对应将保留的状态，$\tilde{\boldsymbol{x}}_2(t)\in\mathbb{R}^{n-k}$对应要去掉的状态。那么相应的状态空间矩阵分解为

$$\begin{bmatrix}\tilde{\boldsymbol{A}}_i(\boldsymbol{\rho}) & \tilde{\boldsymbol{B}}_i(\boldsymbol{\rho})\\ \tilde{\boldsymbol{C}}_i(\boldsymbol{\rho}) & \tilde{\boldsymbol{D}}_i(\boldsymbol{\rho})\end{bmatrix}=\begin{bmatrix}\tilde{\boldsymbol{A}}_{i11}(\boldsymbol{\rho}) & \tilde{\boldsymbol{A}}_{i12}(\boldsymbol{\rho}) & \tilde{\boldsymbol{B}}_{i1}(\boldsymbol{\rho})\\ \tilde{\boldsymbol{A}}_{i21}(\boldsymbol{\rho}) & \tilde{\boldsymbol{A}}_{i22}(\boldsymbol{\rho}) & \tilde{\boldsymbol{B}}_{i2}(\boldsymbol{\rho})\\ \tilde{\boldsymbol{C}}_{i1}(\boldsymbol{\rho}) & \tilde{\boldsymbol{C}}_{i2}(\boldsymbol{\rho}) & \tilde{\boldsymbol{D}}_i(\boldsymbol{\rho})\end{bmatrix}$$

模型降阶的下一步就是去掉状态$\tilde{\boldsymbol{x}}_2(t)$。值得提出的是，模型降阶问题的基本要求就是降阶系统可以保存原系统的主要性能且与原系统的逼近误差不能太大。现有结论中用各种各样的性能指标来评估逼近的精度，如 Hankel 奇异值、稳定性、能控性和能观性程度、最小误差界$\|\boldsymbol{y}-\hat{\boldsymbol{y}}\|$。本章采用的逼近精度指标为使得$\|\boldsymbol{G}_i(\boldsymbol{\rho})-\hat{\boldsymbol{G}}_i(\boldsymbol{\rho})\|_\infty$尽量小。正如 Moreno 等[137]提到的，当要求高频段的误差精度时采用状态截断降阶法，当要求低频段的误差精度时采用奇异摄动降阶法。

(1) 状态截断降阶法。降阶后的系统可以截断状态$\tilde{\boldsymbol{x}}_2(t)$。在该方法中，降阶后系统模型的状态空间矩阵表示为$\tilde{\boldsymbol{A}}_{i11}(\boldsymbol{\rho})$，$\tilde{\boldsymbol{B}}_{i1}(\boldsymbol{\rho})$，$\tilde{\boldsymbol{C}}_{i1}(\boldsymbol{\rho})$，$\tilde{\boldsymbol{D}}_i(\boldsymbol{\rho})$，即

$$\hat{\boldsymbol{G}}_i(\boldsymbol{\rho})\triangleq\begin{bmatrix}\hat{\boldsymbol{A}}_i(\boldsymbol{\rho}) & \hat{\boldsymbol{B}}_i(\boldsymbol{\rho})\\ \hat{\boldsymbol{C}}_i(\boldsymbol{\rho}) & \hat{\boldsymbol{D}}_i(\boldsymbol{\rho})\end{bmatrix}=\begin{bmatrix}\tilde{\boldsymbol{A}}_{i11}(\boldsymbol{\rho}) & \tilde{\boldsymbol{B}}_{i1}(\boldsymbol{\rho})\\ \tilde{\boldsymbol{C}}_{i1}(\boldsymbol{\rho}) & \tilde{\boldsymbol{D}}_i(\boldsymbol{\rho})\end{bmatrix}\tag{3-12}$$

值得提出的是，当采用状态截断法时有$\boldsymbol{G}_i(\infty)-\hat{\boldsymbol{G}}_i(\infty)=\boldsymbol{D}_i(\boldsymbol{\rho})$。

(2) 奇异摄动降阶法。降阶后的系统可以消除状态 $\tilde{x}_2(t)$，即令 $\dot{\tilde{x}}_2(t)=0$。降阶后系统模型的状态空间矩阵表示为

$$\begin{cases}\hat{A}_i(\rho)\triangleq\tilde{A}_{i11}(\rho)-\tilde{A}_{i12}(\rho)\tilde{A}_{i22}^{-1}(\rho)\tilde{A}_{i21}(\rho)\\ \hat{B}_i(\rho)\triangleq\tilde{B}_{i11}(\rho)-\tilde{A}_{i12}(\rho)\tilde{A}_{i22}^{-1}(\rho)\tilde{B}_{i2}(\rho)\\ \hat{C}_i(\rho)\triangleq\tilde{C}_{i1}(\rho)-\tilde{C}_{i2}(\rho)\tilde{A}_{i22}^{-1}(\rho)\tilde{A}_{i21}(\rho)\\ \hat{D}_i(\rho)\triangleq\tilde{D}_i(\rho)-\tilde{C}_{i2}(\rho)\tilde{A}_{i22}^{-1}(\rho)\tilde{B}_{i2}(\rho)\end{cases}\tag{3-13}$$

值得提出的是，当采用奇异摄动法时稳态增益得到保持，也就是说 $G_i(0)=\hat{G}_i(0)=D_i(\rho)-C_i(\rho)A_i^{-1}(\rho)B_i(\rho)$。

注释 3.7：Antoulas [125]提到，基于状态截断和奇异摄动降阶法是广义奇异摄动法和基于平衡实现补充形式的两种极端情形。这两种方法具有相同的模型降阶算法且逼近误差都可以用相同的奇异值。在此为了清晰描述，剩下部分我们以状态截断法为例。

接下来给定一些降阶模型的主要特性，来展示本章描述的基于广义时间加权格拉姆矩阵的模型降阶方法的优点。

定理 3.3：考虑式(3-1)中给定的二次稳定和最小实现的切换 LPV 系统，对给定的非负整数 r 和正定矩阵 Σ^{r+1} 且满足

$$\Sigma^{r+1}=\begin{bmatrix}\Sigma_1^{r+1} & 0\\ 0 & \Sigma_2^{r+1}\end{bmatrix}$$

$$\Sigma_2^{r+1}=\begin{bmatrix}\sigma_{k+1}^{r+1}I_{v_1} & & 0\\ & \ddots & \\ 0 & & \sigma_n^{r+1}I_{v_s}\end{bmatrix}$$

对所有的 $\rho\in\bigcap\mathcal{P}_i(i\in\mathcal{S})$ 均成立且 $v_1+\cdots+v_s=n-k$。假设

$$P_{\text{opt}}^{r+1}=Q_{\text{opt}}^{r+1}=\Sigma^{r+1}$$

那么状态空间实现满足式(3-12)的降阶系统也是二次稳定的，且原系统 (Σ) 与降阶系统 $(\hat{\Sigma})$ 之间的降阶误差满足

$$\left\|G_i(\rho)-\hat{G}_i(\rho)\right\|_\infty\leqslant 2\sum_{j=k+1}^{n}\sigma_j^{r+1}\tag{3-14}$$

证明：考虑情形 $P_{\text{opt}}^{r+1}=Q_{\text{opt}}^{r+1}=\Sigma^{r+1}$，那么原连续时间切换 LPV 系统 (Σ) 是平衡的。假设其平衡形式可以分解为

$$\tilde{G}_i(\rho)=G_i(\rho)=\begin{bmatrix}A_{i11}(\rho) & A_{i12}(\rho) & B_{i1}(\rho)\\ A_{i21}(\rho) & A_{i22}(\rho) & B_{i2}(\rho)\\ C_{i1}(\rho) & C_{i2}(\rho) & D_i(\rho)\end{bmatrix}$$

式(3-4)和式(3-7)中关于广义时间加权格拉姆矩阵的不等式可以表示为

$$A_i(\rho)\Sigma^{r+1}+\Sigma^{r+1}A_i^{\mathrm{T}}(\rho)+\Sigma^r<0$$
$$A_i^{\mathrm{T}}(\rho)\Sigma^{r+1}+\Sigma^{r+1}A_i(\rho)+\Sigma^r<0$$

从不等式中的(1,1)方块得知

$$A_{i11}(\rho)\Sigma_1^{r+1}+\Sigma_1^{r+1}A_{i11}^{\mathrm{T}}(\rho)+\Sigma_1^r<0$$
$$A_{i11}^{\mathrm{T}}(\rho)\Sigma_1^{r+1}+\Sigma_1^{r+1}A_{i11}(\rho)+\Sigma_1^r<0$$

由引理 3.1 可知，式(3-12)中实现的降阶后的切换 LPV 系统也是二次稳定的。

为了证明降阶误差是有界的，我们引入式(3-3)中原系统与降阶系统之间的误差系统(Σ_e)。该误差系统的状态矩阵可以表示为

$$A_{ei}(\rho)=\begin{bmatrix}A_{i11}(\rho) & A_{i12}(\rho) & 0\\ A_{i21}(\rho) & A_{i22}(\rho) & 0\\ 0 & 0 & A_{i11}(\rho)\end{bmatrix},\quad B_{ei}(\rho)=\begin{bmatrix}B_{i1}(\rho)\\ B_{i2}(\rho)\\ B_{i1}(\rho)\end{bmatrix}$$

$$C_{ei}(\rho)=\begin{bmatrix}C_{i1}(\rho) & C_{i2}(\rho) & -C_{i1}(\rho)\end{bmatrix},\quad D_{ei}(\rho)=0$$

首先，证明这种情形下降阶误差是有界的且满足

$$\left\|G_i(\rho)-\hat{G}_{si}(\rho)\right\|_\infty\leqslant 2\sigma_n^{r+1}\tag{3-15}$$

其中，$\hat{G}_{si}(\rho)$表示原切换 LPV 系统(Σ)截断最后的状态v_s后得到的降阶系统(Σ_s)的状态空间实现。

根据引理 3.3 和式(3-15)可知，需要找到一组合适的矩阵$X_{ei}=X_{ei}^{\mathrm{T}}>0$对所有的$\rho\in\bigcap\mathcal{P}_i(i\in\mathcal{S})$均满足

$$A_i(\rho)X_{ei}+X_{ei}A_i^{\mathrm{T}}(\rho)+B_i(\rho)B_i^{\mathrm{T}}(\rho)+\frac{1}{4(\sigma_n^{r+1})^2}X_{ei}C_i^{\mathrm{T}}(\rho)C_i(\rho)X_{ei}<0\tag{3-16}$$

为了证明式(3-15)成立，我们定义以下转换矩阵：

$$\mathcal{T}_{ei}=\begin{bmatrix}-\frac{1}{2}I & 0 & \frac{1}{2}I\\ 0 & I & 0\\ \frac{1}{2}I & 0 & \frac{1}{2}I\end{bmatrix}\text{和}\mathcal{T}_{ei}^{-1}=\begin{bmatrix}-I & 0 & I\\ 0 & I & 0\\ I & 0 & I\end{bmatrix}$$

且利用该转换矩阵对误差系统(Σ_e)进行等价转换，可得

$$\tilde{A}_{ei}(\rho)\triangleq\begin{bmatrix}A_{i11}(\rho) & -\frac{1}{2}A_{i12}(\rho) & 0\\ -A_{i21}(\rho) & A_{i22}(\rho) & A_{i21}(\rho)\\ 0 & \frac{1}{2}A_{i12}(\rho) & A_{i11}(\rho)\end{bmatrix},\quad B_{ei}(\rho)\triangleq\begin{bmatrix}0\\ B_{i2}(\rho)\\ B_{i1}(\rho)\end{bmatrix}$$

$$\tilde{C}_{ei}(\rho) \triangleq \begin{bmatrix} -2C_{i1}(\rho) & C_{i2}(\rho) & 0 \end{bmatrix},\ \tilde{D}_{ei}(\rho) \triangleq 0$$

采用 Wood 等[177]提到的方法，选择如下适当的矩阵 X_{ei}：

$$X_{ei} = \begin{bmatrix} (\sigma_n^{r+1})^2(\Sigma_1^{r+1})^{-1} & 0 & 0 \\ 0 & 2\sigma_n^{r+1}I & 0 \\ 0 & 0 & \Sigma_1^{r+1} \end{bmatrix}$$

也就是剩下的只需要证明以下不等式成立：

$$\begin{aligned} &\tilde{A}_{ei}(\rho)X_{ei} + X_{ei}\tilde{A}_{ei}^{\mathrm{T}}(\rho) + \tilde{B}_{ei}(\rho)\tilde{B}_{ei}^{\mathrm{T}}(\rho) + \frac{X_{ei}\tilde{C}_{ei}^{\mathrm{T}}\tilde{C}_{ei}(\rho)X_{ei}}{4(\sigma_n^{r+1})^2} \\ &= W^{\mathrm{T}}\left\{\Gamma^{r+1}\left[A_i^{\mathrm{T}}(\rho)\Sigma^{r+1} + \Sigma^{r+1}A_i(\rho) + \Sigma^0\right]\Gamma^{r+1}\right\}W \\ &\quad + V^{\mathrm{T}}\left[A_i(\rho)\Sigma^{r+1} + \Sigma^{r+1}A_i^{\mathrm{T}}(\rho) + \Sigma^0\right]V < 0 \end{aligned}$$

其中，

$$V \triangleq \begin{bmatrix} 0 & 0 & I \\ 0 & I & 0 \end{bmatrix},\ W \triangleq \begin{bmatrix} I & 0 & 0 \\ 0 & I & 0 \end{bmatrix},\ \Gamma^{r+1} \triangleq \begin{bmatrix} -\sigma_n^{r+1}(\Sigma_1^{r+1})^{-1} & 0 \\ 0 & I \end{bmatrix}$$

也就是说，可以得到一个适当的满足式(3-16)的矩阵 $X_{ei} = X_{ei}^{\mathrm{T}} > 0$，也就是说式(3-15)得证。

其次，令 Σ_s^{r+1} 为矩阵 Σ^{r+1} 的子矩阵，可得

$$\Sigma_s^{r+1} = \begin{bmatrix} \Sigma_1^{r+1} & 0 \\ 0 & \Sigma_{s2}^{r+1} \end{bmatrix}$$

$$\Sigma_{s2}^{r+1} = \begin{bmatrix} \sigma_{k+1}^{r+1}I_{v_1} & & 0 \\ & \ddots & \\ 0 & & \sigma_{n-1}^{r+1}I_{v_{s-1}} \end{bmatrix}$$

其中，$v_1 + \cdots + v_{s-1} = n - k - v_s$。类似地，该情形下的降阶误差满足

$$\| \hat{G}_{si}(\rho) - \hat{G}_{(s-1)i}(\rho) \|_\infty \leqslant 2\sigma_{n-1}^{r+1}$$

其中，$\hat{G}_{(s-1)i}(\rho)$ 表示将系统 (Σ_s) 截去状态 v_{s-1} 后的降阶系统 (Σ_{s-1}) 的实现。

综上，令 Σ_{s-j}^{r+1} 为矩阵 Σ_{s-j+1}^{r+1} 的子矩阵，可得

$$\Sigma_{s-j}^{r+1} = \begin{bmatrix} \Sigma_1^{r+1} & 0 \\ 0 & \Sigma_{(s-j)2}^{r+1} \end{bmatrix}$$

$$\Sigma_{(s-j)2}^{r+1} = \begin{bmatrix} \sigma_{k+1}^{r+1}I_{v_1} & & 0 \\ & \ddots & \\ 0 & & \sigma_{n-j-1}^{r+1}I_{v_{s-j-1}} \end{bmatrix}$$

类似地，降阶误差满足

$$\| \hat{\boldsymbol{G}}_{(s-j)i}(\boldsymbol{\rho})-\hat{\boldsymbol{G}}_{(s-j-1)i}(\boldsymbol{\rho})\|_\infty \leqslant 2\sigma_{n-j-1}^{r+1},\ j\in 1,2,\cdots,s-1$$

对所有的 $\boldsymbol{\rho}\in\bigcap\mathcal{P}_i(i\in\mathcal{S})$ 均成立且有 $\hat{\boldsymbol{G}}_{0i}(\boldsymbol{\rho})=\hat{\boldsymbol{G}}_i(\boldsymbol{\rho})$。那么原高阶切换 LPV 系统与降阶后系统之间的误差界可以总结为

$$\begin{aligned}\left\|\boldsymbol{G}_i(\boldsymbol{\rho})-\hat{\boldsymbol{G}}_i(\boldsymbol{\rho})\right\|_\infty &\leqslant \left\|\boldsymbol{G}_i(\boldsymbol{\rho})-\hat{\boldsymbol{G}}_{si}(\boldsymbol{\rho})\right\|_\infty+\cdots+\left\|\hat{\boldsymbol{G}}_{1i}(\boldsymbol{\rho})-\hat{\boldsymbol{G}}_{0i}(\boldsymbol{\rho})\right\|_\infty \\ &=2\sum_{j=k+1}^{n}\sigma_j^{r+1}\end{aligned}$$

至此，定理得证。

本章描述的连续时间切换 LPV 系统的基于广义时间加权格拉姆矩阵的模型降阶的具体过程总结见表 3-2。

表 3-2 切换 LPV 系统的基于时间加权格拉姆矩阵的模型降阶算法

算法 3.2：切换 LPV 系统的基于时间加权格拉姆矩阵的模型降阶算法
第一步：对给定的稳定和最小实现切换 LPV 系统 (Σ)，可知 $$\boldsymbol{G}_i(\boldsymbol{\rho})=\begin{bmatrix}\boldsymbol{A}_i(\boldsymbol{\rho}) & \boldsymbol{B}_i(\boldsymbol{\rho})\\ \boldsymbol{C}_i(\boldsymbol{\rho}) & \boldsymbol{D}_i(\boldsymbol{\rho})\end{bmatrix}$$
第二步：分别利用定理 3.1 和定理 3.2 求得满足所有参数 $\boldsymbol{\rho}\in\bigcap\mathcal{P}_i(i\in\mathcal{S})$ 的能控性格拉姆矩阵 $\boldsymbol{P}_i^{r+1}$ 和能观性格拉姆矩阵 $\boldsymbol{Q}_i^{r+1}$。
第三步：求解以下最小优化问题： $$\min\ \mathrm{trace}(\boldsymbol{P}_i^{r+1}\boldsymbol{Q}_j^{r+1})$$ $$\text{s.t.式(3-4)和式(3-7)},\ \boldsymbol{\rho}\in\bigcap\mathcal{P}_i(i,j\in\mathcal{S})$$ 来得到整个参数区间的优化值 $\boldsymbol{P}_{\mathrm{opt}}^{r+1}$和$\boldsymbol{Q}_{\mathrm{opt}}^{r+1}$。
第四步：通过算法 3.1 中的方法，同时平衡得到的广义时间加权能控性和能观性格拉姆矩阵来得到平衡转换矩阵 $\mathcal{T}$。
第五步：利用得到的平衡变换矩阵 $\mathcal{T}$ 来得到原切换 LPV 系统的平衡形式： $$\hat{\boldsymbol{G}}_i(\boldsymbol{\rho})\triangleq\begin{bmatrix}\tilde{\boldsymbol{A}}_i(\boldsymbol{\rho}) & \tilde{\boldsymbol{B}}_i(\boldsymbol{\rho})\\ \tilde{\boldsymbol{C}}_i(\boldsymbol{\rho}) & \tilde{\boldsymbol{D}}_i(\boldsymbol{\rho})\end{bmatrix}=\begin{bmatrix}\mathcal{T}\boldsymbol{A}_i(\boldsymbol{\rho})\mathcal{T}^{-1} & \mathcal{T}\boldsymbol{B}_i(\boldsymbol{\rho})\\ \boldsymbol{C}_i(\boldsymbol{\rho})\mathcal{T}^{-1} & \boldsymbol{D}_i(\boldsymbol{\rho})\end{bmatrix}$$
第六步：根据实际需要，选择式(3-12)中的状态截断法或者式(3-13)中的奇异摄法来得到降阶后的模型。
第七步：根据定理 3.3，可以计算降阶误差界来评估逼近精度： $$\left\|\boldsymbol{G}_i(\boldsymbol{\rho})-\hat{\boldsymbol{G}}_i(\boldsymbol{\rho})\right\|_\infty\leqslant 2\sum_{j=k+1}^{n}\sigma_j^{r+1}$$

3.3 数值算例

为了验证本章给出的时间加权模型降阶算法的有效性，本章给出两个仿真算例。

例 3.1：考虑图 3-3 中给出的带 3 个弹簧和 3 个物块的系统。在该系统中，$\boldsymbol{x}_1$、$\boldsymbol{x}_2$和$\boldsymbol{x}_3$分别表示为物块m_1、m_2和m_3的位移。k_1、k_2和k_3表示弹簧的刚度系数，c 表示物块和水平面之间的摩擦系数。我们假设力 F 作用于物块 m_2。利用牛顿定律，可得如下动态方程：

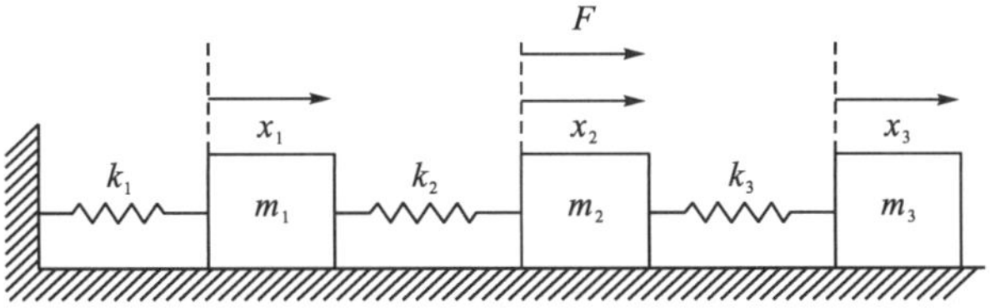

图 3-3　由切换 LPV 系统建模的弹簧-物块系统

$$\begin{cases} m_1 \dfrac{\mathrm{d}\dot{\boldsymbol{x}}_1}{\mathrm{d}t} = k_2(\boldsymbol{x}_2 - \boldsymbol{x}_1) - k_1\boldsymbol{x}_1 - c\dot{\boldsymbol{x}}_1 \\ m_2 \dfrac{\mathrm{d}\dot{\boldsymbol{x}}_2}{\mathrm{d}t} = k_3(\boldsymbol{x}_3 - \boldsymbol{x}_2) - k_2(\boldsymbol{x}_2 - \boldsymbol{x}_1) - c(\dot{\boldsymbol{x}}_2 - \dot{\boldsymbol{x}}_1) + F \\ m_3 \dfrac{\mathrm{d}\dot{\boldsymbol{x}}_3}{\mathrm{d}t} = -k_3(\boldsymbol{x}_3 - \boldsymbol{x}_2) - c(\dot{\boldsymbol{x}}_3 - \dot{\boldsymbol{x}}_2) \end{cases}$$

假设弹簧系数 k_2 取值于区间$[1,1.2]$。那么我们可以引用切换的思路将弹簧系数的变化区间分为几个子区间，即可以视为多个弹簧$(k_{21} \in [1,1.1], k_{22} \in [1.1,1.2])$共同作用的结果。已知物块和弹簧均为储能元素，我们选择物块位移 $\boldsymbol{x}_1$、$\boldsymbol{x}_2$、$\boldsymbol{x}_3$ 和物块速度 $\dot{\boldsymbol{x}}_1$、$\dot{\boldsymbol{x}}_2$、$\dot{\boldsymbol{x}}_3$ 作为状态向量，也就是说，$\boldsymbol{x} = [\boldsymbol{x}_1 \quad \boldsymbol{x}_2 \quad \boldsymbol{x}_3 \quad \dot{\boldsymbol{x}}_1 \quad \dot{\boldsymbol{x}}_2 \quad \dot{\boldsymbol{x}}_3]^{\mathrm{T}}$。同时假设控制输入 u 为作用在物块 m_2 上的力 F，测量输出为位移 $\boldsymbol{x}_3$。那么相应的状态空间矩阵可以表示为

$$A_i=\begin{bmatrix} 0 & 0 & 0 & 1 & 0 & 0 \\ 0 & 0 & 0 & 0 & 1 & 0 \\ 0 & 0 & 0 & 0 & 0 & 1 \\ -\dfrac{k_1+k_{2i}}{m_1} & \dfrac{k_{2i}}{m_1} & 0 & -\dfrac{c}{m_1} & 0 & 0 \\ \dfrac{k_{2i}}{m_2} & -\dfrac{k_{2i}+k_3}{m_2} & \dfrac{k_3}{m_2} & \dfrac{c}{m_2} & -\dfrac{c}{m_2} & 0 \\ 0 & \dfrac{k_3}{m_3} & -\dfrac{k_3}{m_3} & 0 & \dfrac{c}{m_3} & -\dfrac{c}{m_3} \end{bmatrix},\ B_1=B_2=\begin{bmatrix} 0 \\ 0 \\ 0 \\ 0 \\ \dfrac{1}{m_2} \\ 0 \end{bmatrix}$$

$$C_1=C_2=\begin{bmatrix}0 & 0 & 0 & 0 & 0 & 1\end{bmatrix},\ D_1=D_2=0,\ m_1=2m_2=2m_3=1\text{kg}$$

$k_{21}=1.05+0.05\boldsymbol{\rho}(\text{N/m})$，$k_{22}=1.15+0.05\boldsymbol{\rho}(\text{N/m})$，$k_1=k_3=1\text{N/m}$，$c=0.5\text{kg/s}$

其中，k_{21}和k_{22}与随机参数向量$\boldsymbol{\rho}\in[-1,1]$有关。

通过引理 3.1 可知，上述物块-弹簧系统是最小实现且是二次稳定的。

用上述建模为切换 LPV 系统的物块-弹簧系统来验证本章时间加权模型降阶的有效性。以$r=5$为例，考虑 4 种情形下的降阶模型：$k=5$、$k=4$、$k=3$和$k=2$。图 3-4 给出了切换 LPV 系统不同子系统间的切换信号，图 3-5 描述了原切换 LPV 系统和降阶后的系统在零初始条件和输入信号为$u(t)=\mathrm{e}^{-t}\sin(t)(t>0)$条件下的输出轨迹。图 3-6 给出了不同阶数的降阶模型与原系统之间的逼近误差。从图 3-5 可以看出，利用本章讨论的时间加权格拉姆矩阵的模型降阶方法可以有效地简化原切换 LPV 系统，并且 4 种情形下得到的降阶模型均能保持原系统的稳定性；从图 3-6 可以看出，降阶模型的阶数越低，得到的误差越大，因此可以根据实际应用中对降阶误差上界的要求来确定能降到的最低阶模型。为了讨论时间加权惩罚函数对模型降阶的影响，讨论具有两个子系统的切换系统的模型降阶问题。

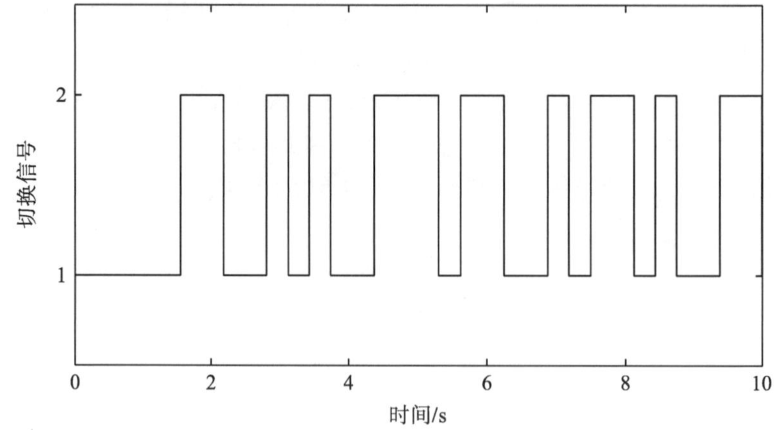

图 3-4　切换信号

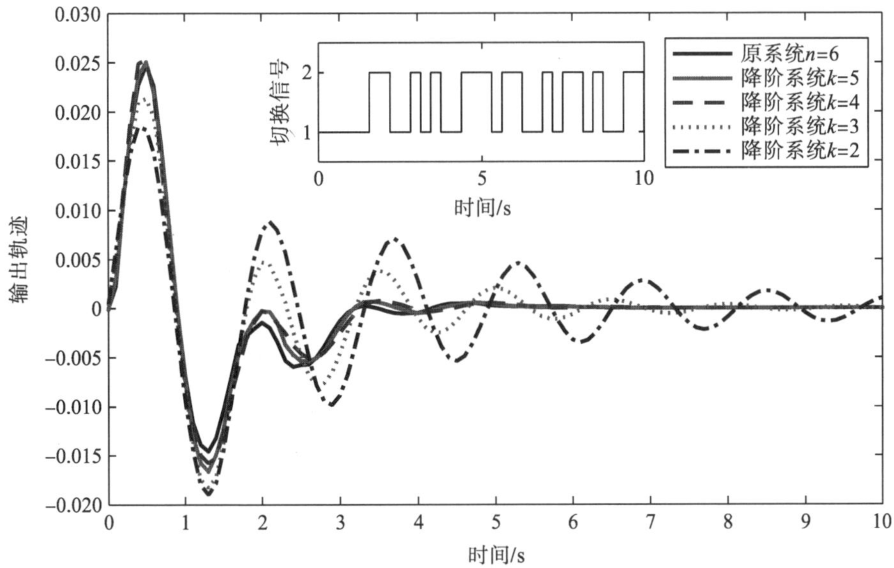

图 3-5　原系统和降阶系统的输出轨迹

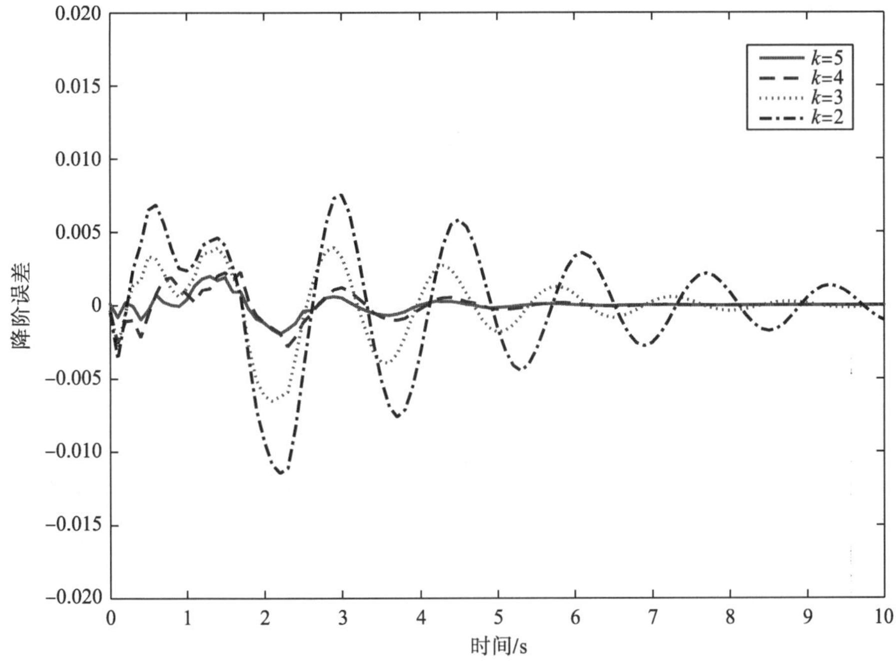

图 3-6　原系统和降阶系统的逼近误差

例 3.2：考虑以下具有两个子系统的连续时间切换 LPV 系统：

$$A_1(\rho)=\begin{bmatrix}-3.0+0.2\rho & 0.5 & 0.6 & 0.2+0.2\rho\\ 0.0 & -2.5 & 0.1+0.2\rho & 0.3\\ 0.4 & 0.0 & -3.4 & 0.3\\ 0.5 & -0.3 & 0.2+0.2\rho & -1.8\end{bmatrix},\ B_1=\begin{bmatrix}5\\0\\-1\\3\end{bmatrix},\ D_1=4.5$$

$$A_2(\rho)=\begin{bmatrix}-2.1+0.2\rho & 0.2 & 0.0 & 0.2+0.2\rho\\ 0.4 & -3.8 & 0.1+0.2\rho & 0.6\\ 0.1 & 0.0 & -2.0 & 0.4\\ 0.3 & -0.2 & 0.2\rho & -1.5\end{bmatrix},\ B_2=\begin{bmatrix}3\\-1\\2\\4\end{bmatrix}^{\mathrm{T}},\ D_2=1.2$$

$$C_1=\begin{bmatrix}1.0 & 0.1 & 0.2 & -0.3\end{bmatrix},\ C_2=\begin{bmatrix}3.0 & 0.0 & 0.2 & -0.3\end{bmatrix}$$

其中，ρ 为随机参数且取值于区间[-2，2]。

应用引理 3.1 和引理 3.2 可知，上述带有两个子系统的连续时间切换 LPV 系统是二次稳定且能控、能观的。利用这个算例，我们讨论不同的惩罚函数参数 r 在本章讨论的时间加权模型降阶过程中的影响。在此，我们讨论 3 种情形下上述切换 LPV 系统的三阶降阶系统，情形一：传统格拉姆矩阵($r=0$)；情形二：时间加权格拉姆矩阵($r=5$)；情形三：时间加权格拉姆矩阵($r=10$)。应用本章讨论的模型降阶方法，3 种情形下相对应的平衡转换矩阵 $\mathcal{T}$ 和降阶后的系统模型如下。

情形一：传统格拉姆矩阵($r=0$)。

$$\mathcal{T}^1=\begin{bmatrix}0.3360 & 0.1222 & 0.2259 & 0.9075\\ 0.3479 & 0.8880 & 0.1438 & -0.2665\\ 0.6770 & -0.4335 & 0.4928 & -0.3348\\ 0.5638 & -0.0670 & -0.8241 & -0.0009\end{bmatrix}$$

$$\Sigma^1=\mathrm{diag}\{707.6637,\ 474.7743,\ 387.7565,\ 305.6109\}$$

$$\hat{A}_1(\rho)=\begin{bmatrix}-1.6073 & -0.1660 & 0.1416\\ 0.1392 & -2.3909 & -0.2841\\ -0.1700 & 0.2915 & -2.9501\end{bmatrix}+\rho\begin{bmatrix}0.1308 & 0.0340 & 0.1270\\ 0.1152 & 0.0219 & 0.0871\\ 0.1343 & -0.0167 & -0.0278\end{bmatrix}$$

$$\hat{A}_2(\rho)=\begin{bmatrix}-1.3043 & -0.3855 & 0.1472\\ 0.4379 & -3.3655 & 0.7003\\ -0.0991 & 0.8010 & -2.6220\end{bmatrix}+\rho\begin{bmatrix}0.1308 & 0.0340 & 0.1270\\ 0.1152 & 0.0219 & 0.0871\\ 0.1343 & -0.0167 & -0.0278\end{bmatrix}$$

$$\hat{B}_1=\begin{bmatrix}4.1766\\0.7962\\1.8878\end{bmatrix},\ \hat{B}_2=\begin{bmatrix}4.9676\\-0.6227\\2.1109\end{bmatrix},\ \hat{D}_1=4.5000,\ \hat{D}_2=1.2000$$

$$\hat{C}_1=\begin{bmatrix}0.1294 & 0.5269 & 0.8265\end{bmatrix},\ \hat{C}_2=\begin{bmatrix}0.8102 & 1.0868 & 2.2230\end{bmatrix}$$

情形二：时间加权格拉姆矩阵($r=5$)。

$$\mathcal{T}^2=\begin{bmatrix}0.3318 & 0.1224 & 0.2272 & 0.9071\\ 0.3469 & 0.8885 & 0.1441 & -0.2656\\ 0.6748 & -0.4321 & 0.4970 & -0.3339\\ 0.5666 & -0.0679 & -0.8209 & -0.0010\end{bmatrix}$$

$$\boldsymbol{\Sigma}^2=\text{diag}\{947.3914,\ 637.1658,\ 520.1657,\ 409.3743\}$$

$$\hat{\boldsymbol{A}}_1(\boldsymbol{\rho})=\begin{bmatrix}-1.6070 & -0.1668 & 0.1440\\ 0.1408 & -2.3910 & -0.2822\\ -0.1682 & 0.2904 & -2.9502\end{bmatrix}+\boldsymbol{\rho}\begin{bmatrix}0.1299 & 0.0341 & 0.1275\\ 0.1151 & 0.0220 & 0.0877\\ 0.1338 & -0.0166 & -0.0282\end{bmatrix}$$

$$\hat{\boldsymbol{A}}_2(\boldsymbol{\rho})=\begin{bmatrix}-1.3038 & -0.3859 & 0.1485\\ 0.4389 & -3.3671 & 0.7000\\ -0.0962 & 0.7987 & -2.6191\end{bmatrix}+\boldsymbol{\rho}\begin{bmatrix}0.1299 & 0.0341 & 0.1275\\ 0.1151 & 0.0220 & 0.0877\\ 0.1338 & -0.0166 & -0.0282\end{bmatrix}$$

$$\hat{\boldsymbol{B}}_1=\begin{bmatrix}4.1531\\ 0.7936\\ 1.8753\end{bmatrix},\ \hat{\boldsymbol{B}}_2=\begin{bmatrix}4.9558\\ -0.6220\\ 2.1149\end{bmatrix},\ \hat{\boldsymbol{D}}_1=4.5000,\ \hat{\boldsymbol{D}}_2=1.2000$$

$$\hat{\boldsymbol{C}}_1=\begin{bmatrix}0.1278 & 0.5260 & 0.8261\end{bmatrix},\ \hat{\boldsymbol{C}}_2=\begin{bmatrix}0.8059 & 1.0846 & 2.2205\end{bmatrix}$$

情形三：时间加权格拉姆矩阵($r=10$)。

$$\mathcal{T}^3=\begin{bmatrix}0.3246 & 0.1199 & 0.2237 & 0.9110\\ 0.3463 & 0.8912 & 0.1420 & -0.2586\\ 0.6733 & -0.4263 & 0.5072 & -0.3291\\ 0.5726 & -0.0734 & -0.8163 & -0.0044\end{bmatrix}$$

$$\boldsymbol{\Sigma}^3=\text{diag}\{3164.6,\ 2128.5,\ 2128.5,\ 1367.6\}$$

$$\hat{\boldsymbol{A}}_1(\boldsymbol{\rho})=\begin{bmatrix}-1.6066 & -0.1648 & 0.1531\\ 0.1479 & -2.3911 & -0.2751\\ -0.1595 & 0.2885 & -2.9500\end{bmatrix}+\boldsymbol{\rho}\begin{bmatrix}0.1270 & 0.0340 & 0.1294\\ 0.1147 & 0.0225 & 0.0902\\ 0.1342 & -0.0151 & -0.0284\end{bmatrix}$$

$$\hat{\boldsymbol{A}}_2(\boldsymbol{\rho})=\begin{bmatrix}-1.3043 & -0.3792 & 0.1493\\ 0.4467 & -3.3733 & 0.6980\\ -0.0874 & 0.7894 & -2.6080\end{bmatrix}+\boldsymbol{\rho}\begin{bmatrix}0.1270 & 0.0340 & 0.1294\\ 0.1147 & 0.0225 & 0.0902\\ 0.1342 & -0.0151 & -0.0284\end{bmatrix}$$

$$\hat{\boldsymbol{B}}_1=\begin{bmatrix}4.1323\\ 0.8137\\ 1.8720\end{bmatrix},\ \hat{\boldsymbol{B}}_2=\begin{bmatrix}4.9453\\ -0.6027\\ 2.1442\end{bmatrix},\ \hat{\boldsymbol{D}}_1=4.5000,\ \hat{\boldsymbol{D}}_2=1.2000$$

$$\hat{\boldsymbol{C}}_1=\begin{bmatrix}0.1193 & 0.5233 & 0.8255\end{bmatrix},\ \hat{\boldsymbol{C}}_2=\begin{bmatrix}0.7853 & 1.0807 & 2.2158\end{bmatrix}$$

图 3-7～图 3-9 给出了本章模型降阶方法对应的结论。图 3-7 给出了任意一种可能的切换信号且 1 和 2 分别为两个子系统。图 3-8 描述了在零初始条件和输入

信号为 $u(t)=\mathrm{e}^{-t}\sin(t)(t>0)$ 条件下的原切换 LPV 系统和三阶降阶系统的输出轨迹。可以看出，降阶后的模型与原系统同步切换且所有的降阶后系统保持了原系统的稳定性，从而证实了本章中讨论的时间加权模型降阶方法的可行性和有效性。图 3-9 给出了原系统与降阶系统之间的降阶误差。可以看出，当采用基于时间加权格拉姆矩阵的模型降阶方法时得到的降阶误差比传统的格拉姆矩阵($r=0$)降阶误差要小。当然，随着时间加权系数 r 的变大，模型降阶的计算复杂性和时间成本都会增加，也就是要想得到更好的降阶误差会牺牲运算的成本。因此，在实际应用中根据实际需求可以选取适当的时间加权参数 r 来得到想要的结果。

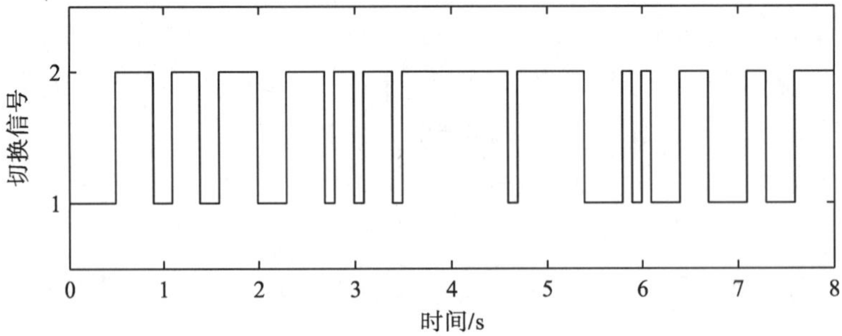

图 3-7 切换信号

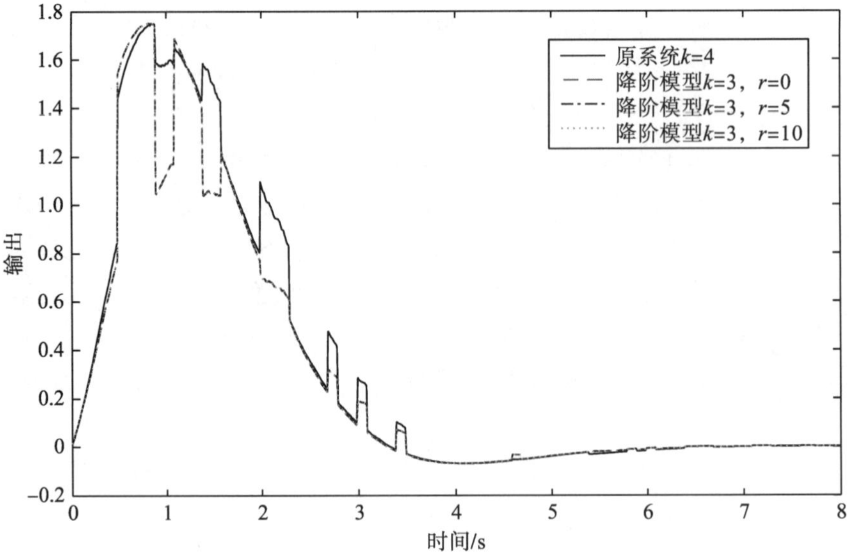

图 3-8 原系统和降阶模型的输出轨迹

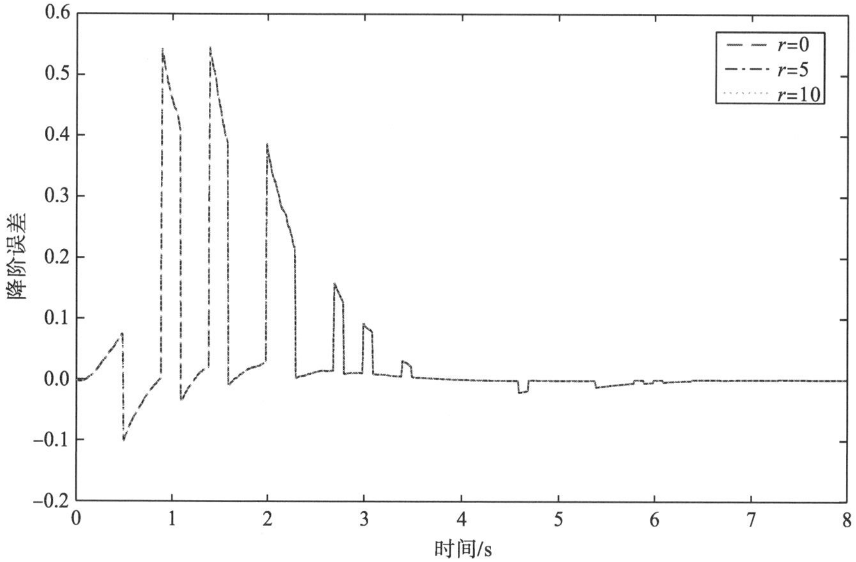

图 3-9　原系统和降阶模型的输出误差

3.4　本 章 小 结

本章主要研究了连续时间切换 LPV 系统的基于时间加权格拉姆矩阵的模型降阶方法。值得提出的是，相比整个参数区间单一李雅普诺夫函数方法，本章采用多李雅普诺夫函数来获得决定系统输入-输出性能的能控性和能观性格拉姆矩阵。进一步，在格拉姆矩阵中加入时间加权系数来惩罚系统的能控性和能观性，进而得到的降阶系统能更好地保持原系统的输入-输出性能。最后，我们采用物块-弹簧系统和具有两个子系统的切换 LPV 系统两个数值算例来验证了本章给出的时间加权模型降阶方法的可行性和有效性，并且可知基于时间加权格拉姆矩阵 $(r>0)$ 的模型降阶方法得到的降阶误差比基于传统的格拉姆矩阵 $(r=0)$ 的模型降阶方法得到的降阶误差要小。

第 4 章　时滞马尔可夫切换系统的模型降阶

近年来，马尔可夫切换系统的分析与综合得到了广泛的关注，包括稳定性分析、滤波器设计、模型简化等。据笔者所知，与时滞相关的研究成果一般可分为两部分：时滞无关和时滞相关[178]。由于时滞相关结果考虑了时滞信息，理论上它们的保守性要小于时滞无关结果。Wu 等[48]提出一种新的基于牛顿-莱布尼茨公式和自由权矩阵的时变时滞处理方法，得到低保守性的时滞相关稳定性条件。进一步，该自由权矩阵方法推广到处理带时变时滞的马尔可夫切换系统的稳定性分析中。

实际工程中系统的数学模型往往需要面临结构复杂且阶数较高的问题，给系统的分析与综合带来很大困难。为解决这一问题，模型降阶应运而生。平衡降阶算法简单有效，并且能保持原系统的主要结构和主要输入-输出性能。平衡降阶算法中最具挑战性的步骤是如何获得平衡转移矩阵 $\mathcal{T}$，能同时平衡系统的能控性和能观性格拉姆矩阵。Sandberg 和 Rantzer[176]首次提出利用连续/离散线性时变李雅普诺夫方程求解系统的能控性和能观性格拉姆矩阵，解决了线性时变系统的平衡降阶问题。Zhang 等[179]针对带乘性噪声的不确定离散系统，提出一种基于线性矩阵不等式的优化算法解决其平衡降阶问题，并且验证了降阶误差存在一个上界。然而，李雅普诺夫方程方法不适用于时滞系统。鉴于此，Wang 等[180]提出近似格拉姆矩阵的方法解决时滞系统的平衡降阶问题，Jarlebring 等[181]提出采用位置平衡和时滞李雅普诺夫方程方法解决时滞系统的近似逼近问题。然而，现有研究结论中处理的状态时延均是时不变的，在一定程度上简化了问题，然而带时滞的李雅普诺夫方程的求解过程极其困难。

本章尝试利用耗散不等式的方法求解带时变时延和不确定性的马尔可夫切换系统的平衡降阶问题[182]，且主要创新点概括如下：①本章提出基于广义耗散不等式求解广义格拉姆矩阵，避免了成本函数最优算法的引进，解决了时滞马尔可夫切换系统的模型降阶问题；②降阶模型可以与原系统模型同步跳变，且降阶误差存在一个上界；③本章将马尔可夫切换系统的基于耗散不等式的模型降阶方法推广到带时变时滞的马尔可夫切换系统。

4.1　问题描述与预备知识

4.1.1　时滞马尔可夫切换系统的系统描述

考虑下述 n 阶带不确定性和时变时滞的连续马尔可夫切换系统：

$$(\Sigma):\begin{cases}\dot{\boldsymbol{x}}(t)=\boldsymbol{A}(t,\eta_t)\boldsymbol{x}(t)+\boldsymbol{A}_\tau(t,\eta_t)\boldsymbol{x}(t-\tau(t))+\boldsymbol{B}(t,\eta_t)\boldsymbol{u}(t)\\ \boldsymbol{y}(t)=\boldsymbol{C}(t,\eta_t)\boldsymbol{x}(t)+\boldsymbol{C}_\tau(t,\eta_t)\boldsymbol{x}(t-\tau(t))+\boldsymbol{D}(t,\eta_t)\boldsymbol{u}(t)\\ \boldsymbol{x}(t)=\boldsymbol{\phi}(t),\ t\in[-\bar{\tau},0],\ \tau_0=i\end{cases} \tag{4-1}$$

其中，$\boldsymbol{x}(t)\in\mathbb{R}^n$ 是 n 维状态向量；$\boldsymbol{u}(t)\in\mathbb{R}^m$ 是定义在 $\mathcal{L}_2[0,\infty)$ 上的 m 维外部输入控制向量；$\boldsymbol{y}(t)\in\mathbb{R}^l$ 是 l 维系统测量输出向量；$\{\eta_t,t\geqslant0\}$ 是连续的同步马尔可夫过程，在具有右连续轨迹并且有限集 $\mathcal{N}\triangleq\{1,2,\cdots,N\}$ 中取值。

马尔可夫随机过程的转移概率矩阵 $\boldsymbol{\alpha}=\{\alpha_{ij}\}$，且从 t 时刻模态 i 转移到 $t+\delta$ 时刻模态 j 的转移速率为

$$\boldsymbol{p}_{ij}=P_r(\eta_{t+\delta}=j\mid\eta_t=i)=\begin{cases}\alpha_{ij}\delta+o(\delta), & i\neq j\\ 1+\alpha_{ij}\delta+o(\delta), & i=j\end{cases}$$

转移概率速率满足 $\alpha_{ij}\geqslant0(i,j\in\mathcal{N},i\neq j)$ 和 $\alpha_{ii}=-\sum\limits_{j=1,j\neq i}^{N}\alpha_{ij}$；$o(\delta)$ 为无穷小变量且满足 $\delta>0$ 同时 $\lim\limits_{h\to0}\dfrac{o(\delta)}{\delta}=0$。在系统 (Σ) 中，$\tau(t)$ 表示时变时滞，有

$$0\leqslant\tau(t)\leqslant\bar{\tau}<+\infty,\quad \dot{\tau}(t)\leqslant h<+\infty \tag{4-2}$$

为简化符号，当 $\eta_t=i$ 时，用 $\boldsymbol{A}_i(t)$ 代替系统矩阵 $\boldsymbol{A}(t,\eta_t)$，其余矩阵类似。已知矩阵 $\boldsymbol{A}_i(t)$、$\boldsymbol{A}_{\tau i}(t)$、$\boldsymbol{B}_i(t)$、$\boldsymbol{C}_i(t)$、$\boldsymbol{C}_{\tau i}(t)$和$\boldsymbol{D}_i(t)$ 包含时变不确定性，也就是

$$\begin{aligned}\boldsymbol{G}_i(t)&\triangleq\begin{bmatrix}\boldsymbol{A}_i(t) & \boldsymbol{A}_{\tau i}(t) & \boldsymbol{B}_i(t)\\ \boldsymbol{C}_i(t) & \boldsymbol{C}_{\tau i}(t) & \boldsymbol{D}_i(t)\end{bmatrix}\\ &=\begin{bmatrix}\boldsymbol{A}_i & \boldsymbol{A}_{\tau i} & \boldsymbol{B}_i\\ \boldsymbol{C}_i & \boldsymbol{C}_{\tau i} & \boldsymbol{D}_i\end{bmatrix}+\begin{bmatrix}\Delta\boldsymbol{A}_i(t) & \Delta\boldsymbol{A}_{\tau i}(t) & \Delta\boldsymbol{B}_i(t)\\ \Delta\boldsymbol{C}_i(t) & \Delta\boldsymbol{C}_{\tau i}(t) & \Delta\boldsymbol{D}_i(t)\end{bmatrix}\end{aligned} \tag{4-3}$$

其中，矩阵 $\boldsymbol{A}_i$、$\boldsymbol{A}_{\tau i}$、$\boldsymbol{B}_i$、$\boldsymbol{C}_i$、$\boldsymbol{C}_{\tau i}$和$\boldsymbol{D}_i$ 是用于描述系统 (Σ) 的标称系统，是已知且具有适当维数的常矩阵。

矩阵 $\Delta\boldsymbol{A}_i(t)$、$\Delta\boldsymbol{A}_{\tau i}(t)$、$\Delta\boldsymbol{B}_i(t)$、$\Delta\boldsymbol{C}_i(t)$、$\Delta\boldsymbol{C}_{\tau i}(t)$和$\Delta\boldsymbol{D}_i(t)$ 表示以下形式的模型不确定性：

$$\begin{bmatrix} \Delta A_i(t) & \Delta A_{\tau i}(t) & \Delta B_i(t) \\ \Delta C_i(t) & \Delta C_{\tau i}(t) & \Delta D_i(t) \end{bmatrix} = \begin{bmatrix} M_{1i} \\ M_{2i} \end{bmatrix} F_i(t) \begin{bmatrix} N_{1i} & N_{2i} & N_{3i} \end{bmatrix} \tag{4-4}$$

其中，矩阵 M_{1i}、M_{2i}、N_{1i}、N_{2i}、N_{3i} 表示该时变不确定性部分的已知常矩阵；矩阵 $F_i(t)$ 表示该时变不确定性的未知的时变矩阵，并且满足

$$F_i^{\mathrm{T}}(t)F_i(t) \leqslant I,\ \forall t \geqslant 0 \tag{4-5}$$

4.1.2 时滞马尔可夫切换系统模型降阶的问题描述

时滞马尔可夫切换系统的模型降阶描述如下：我们可以用与原系统 (Σ) 具有相同结构的低阶系统 $(\hat{\Sigma})$ 来逼近原高阶系统：

$$(\hat{\Sigma}): \begin{cases} \dot{\hat{x}}(t) = \hat{A}_i(t)\hat{x}(t) + \hat{A}_{\tau i}(t)\hat{x}(t-\tau(t)) + \hat{B}_i(t)u(t) \\ \hat{y}(t) = \hat{C}_i(t)\hat{x}(t) + \hat{C}_{\tau i}(t)\hat{x}(t-\tau(t)) + \hat{D}_i(t)u(t) \\ \hat{x}(t) = \phi(t), t \in [-\bar{\tau}, 0], \tau_0 = i \end{cases} \tag{4-6}$$

其中，$\hat{x}(t) \in \mathbb{R}^k$ 是降阶后系统 $(\hat{\Sigma})$ 的 k 维状态向量并且 $k < n$。假定具有上述结构降阶后的系统模态与原系统 (Σ) 模态同步跳换。

为了解决本章的降阶问题，首先给出如下定义[38,179]。

定义 4.1：如下连续时滞马尔可夫切换系统：

$$(\tilde{\Sigma}): \begin{cases} \dot{\tilde{x}}(t) = \tilde{A}_i(t)\tilde{x}(t) + \tilde{A}_{\tau i}(t)\tilde{x}(t-\tau(t)) + \tilde{B}_i(t)u(t) \\ \tilde{y}(t) = \tilde{C}_i(t)\tilde{x}(t) + \tilde{C}_{\tau i}(t)\tilde{x}(t-\tau(t)) + \tilde{D}_i(t)u(t) \\ \tilde{x}(t) = \phi(t), t \in [-\bar{\tau}, 0], \tau_0 = i \end{cases} \tag{4-7}$$

称为式(4-1)中系统 (Σ) 的等效变换，如果存在一个非奇异矩阵 $\mathcal{T}$，则有

$$\begin{aligned} \tilde{G}_i(t) &\triangleq \begin{bmatrix} \tilde{A}_i(t) & \tilde{A}_{\tau i}(t) & \tilde{B}_i(t) \\ \tilde{C}_i(t) & \tilde{C}_{\tau i}(t) & \tilde{D}_i(t) \end{bmatrix} \\ &= \begin{bmatrix} \mathcal{T} & 0 \\ 0 & I \end{bmatrix} \begin{bmatrix} A_i(t) & A_{\tau i}(t) & B_i(t) \\ C_i(t) & C_{\tau i}(t) & D_i(t) \end{bmatrix} \begin{bmatrix} \mathcal{T}^{-1} & 0 & 0 \\ 0 & \mathcal{T}^{-1} & 0 \\ 0 & 0 & I \end{bmatrix} \\ &= \begin{bmatrix} \mathcal{T}A_i\mathcal{T}^{-1} & \mathcal{T}A_{\tau i}\mathcal{T}^{-1} & \mathcal{T}B_i \\ C_i\mathcal{T}^{-1} & C_{\tau i}\mathcal{T}^{-1} & D_i \end{bmatrix} + \begin{bmatrix} \mathcal{T}M_{1i} \\ M_{2i} \end{bmatrix} F_i(t) \begin{bmatrix} N_{1i}\mathcal{T}^{-1} & N_{2i}\mathcal{T}^{-1} & N_{3i} \end{bmatrix} \end{aligned}$$

其中，$\mathcal{T}$ 称为等价变换矩阵。

等价线性变换后的系统与原系统有相同的输入-输出特性。

定义 4.2：式(4-1)中时滞马尔可夫切换系统 (Σ) 是随机稳定的，如果

$$\mathrm{E}\left\{\int_0^{+\infty}\|\boldsymbol{x}(t)\|^2\,\mathrm{d}t \big| x_0,\eta_0\right\}<+\infty$$

对所有初始条件 $x_0\in\mathbb{R}^n$，$\eta_0\in\mathcal{N}$ 和 $u(t)=0$ 均成立。

定义 4.3：给定标量 $\gamma>0$，式(4-1)中时滞马尔可夫切换系统(Σ)是随机稳定的并且满足 $\mathcal{H}_\infty$ 性能指标，如果系统随机稳定并且在零初始条件下

$$\mathrm{E}\left\{\int_0^{+\infty}\|\boldsymbol{y}(t)\|^2\,\mathrm{d}t\right\}<\gamma^2\,\mathrm{E}\left\{\int_0^{+\infty}\|\boldsymbol{u}(t)\|^2\,\mathrm{d}t\right\}$$

对于所有非零外界输入 $\boldsymbol{u}(t)\in\mathcal{L}_2[0,\infty)$ 均成立。

定义 4.4：我们称时滞马尔可夫切换系统(Σ)是耗散的，如果存在储能函数 $\boldsymbol{V}(x)\geqslant0$ 使得下面的耗散不等式成立：

$$\mathrm{E}\left[\boldsymbol{V}\left(x(t)\right)\right]\leqslant\mathrm{E}\left[\boldsymbol{V}\left(x(0)\right)\right]+\int_0^t\boldsymbol{s}(\alpha)\,\mathrm{d}\alpha,\forall x(0),t\geqslant0 \tag{4-8}$$

这里 $\boldsymbol{s}(t)=\boldsymbol{s}\left(\boldsymbol{u}(t),\boldsymbol{y}(t)\right)$ 称为供给率，满足

$$\int_0^t\boldsymbol{s}(\alpha)\,\mathrm{d}\alpha<+\infty,\forall t\geqslant0$$

不等式(4-8)表明耗散系统的内部不产生能量，而只是消耗能量。

针对时变不确定性，我们有以下的引理。

引理 4.5[183]：给定具有适当维数的矩阵 $\boldsymbol{\Gamma}=\boldsymbol{\Gamma}^{\mathrm{T}}$、$\boldsymbol{\Sigma}_1$、$\boldsymbol{\Sigma}_2$，则

$$\boldsymbol{\Gamma}+\boldsymbol{\Sigma}_1\boldsymbol{F}(t)\boldsymbol{\Sigma}_2+\left(\boldsymbol{\Sigma}_1\boldsymbol{F}(t)\boldsymbol{\Sigma}_2\right)^{\mathrm{T}}<0$$

对所有满足 $\boldsymbol{F}^{\mathrm{T}}(t)\boldsymbol{F}(t)\leqslant\boldsymbol{I}$ 的 $\boldsymbol{F}(t)$ 都成立的充要条件是存在一个正数 $\varepsilon>0$ 使得下式成立：

$$\boldsymbol{\Gamma}+\varepsilon\boldsymbol{\Sigma}_2^{\mathrm{T}}\boldsymbol{\Sigma}_2+\varepsilon^{-1}\boldsymbol{\Sigma}_1\boldsymbol{\Sigma}_1^{\mathrm{T}}<0$$

引理 4.6[184]：给定函数 $f_1,f_2,\cdots,f_N:\mathbb{R}^m\to\mathbb{R}$ 在定义 $\mathbb{R}$ 的子空间 $\mathbb{D}$ 上有正值，则该函数在区间 $\mathbb{D}$ 上的交互凸组合函数 f_i 满足

$$\min_{\vartheta_i|\vartheta_i>0,\sum_i\vartheta_i=1}\sum_i\frac{1}{\vartheta_i}f_i(\theta)=\sum_i f_i(\theta)+\max_{g_{ij}(\theta)}\sum_{i\neq j}g_{ij}(\theta)$$

对任意函数 g_{ij}，有

$$\left\{g_{ij}:\ \mathbb{R}^m\to\mathbb{R},g_{ji}(\theta)=g_{ij}(\theta),\begin{bmatrix}f_i(\theta) & g_{ij}(\theta)\\ g_{ji}(\theta) & f_j(\theta)\end{bmatrix}\geqslant0\right\}$$

引理 4.7[184]：对任意给定的具有适当维数的矩阵 $\boldsymbol{R}>0$，标量 $b>a>0$，向量 $\boldsymbol{x}(t):[a,b]\to\mathbb{R}^n$，有

$$-(b-a)\int_{t-b}^{t-a}\boldsymbol{x}^{\mathrm{T}}(s)\boldsymbol{R}\boldsymbol{x}(s)\,\mathrm{d}s\leqslant-\left(\int_{t-b}^{t-a}\boldsymbol{x}(s)\,\mathrm{d}s\right)^{\mathrm{T}}\boldsymbol{R}\left(\int_{t-b}^{t-a}\boldsymbol{x}(s)\,\mathrm{d}s\right)$$

本章旨在确定降阶后系统($\hat{\Sigma}$)的参数，使得降阶后的系统能更好地逼近原系统而没有明显的降阶误差。本章中我们做以下假设。

假设 4.1：式(4-1)中的系统(Σ)是随机稳定并且最小相的。

注释 4.1：平衡截断可以适用于任何稳定和最小相系统。当然，针对不稳定或者非最小相系统也可以做平衡截断[149,150]，在此不再赘述。

4.2 主要结论

现有研究结论中选择李雅普诺夫方程来得到能控和能观格拉姆矩阵，但是对于时滞系统，直接计算时滞李雅普诺夫方程求解非常困难。因此，本书中采用耗散不等式[152,153]得到正定矩阵$\boldsymbol{Q}$和$\boldsymbol{P}$，进而得到能观格拉姆矩阵$\boldsymbol{W}_o$和能控格拉姆矩阵$\boldsymbol{W}_c$。

4.2.1 输出耗散不等式

$$\mathrm{E}\left[\boldsymbol{V}(x(t_1),\eta_{t_1})\right]\geqslant\mathrm{E}\left[\boldsymbol{V}\left(x(t_2),\eta_{t_2}\right)\right]+\int_{t_1}^{t_2}\boldsymbol{y}^{\mathrm{T}}(t)\boldsymbol{y}(t)\mathrm{d}t,\forall x\in\mathbb{R}^n \tag{4-9}$$

当系统仅由初始能量激发时，我们用上述的不等式关系来界定系统输出的平均能量值。

定理 4.1：给定标量 $\bar{\tau}>0$，$h\geqslant0$，$\nu_{1i}>0$和$\varepsilon_{1i}>0$，选取李雅普诺夫方程为

$$\boldsymbol{V}\left(\boldsymbol{x},\eta_t=i,t\right)=\boldsymbol{V}_1\left(\boldsymbol{x},i,t\right)+\boldsymbol{V}_2\left(\boldsymbol{x},i,t\right)+\boldsymbol{V}_3\left(\boldsymbol{x},i,t\right) \tag{4-10}$$

其中，

$$\boldsymbol{V}_1\left(\boldsymbol{x},i,t\right)=\int_{t-\tau(t)}^{t}\boldsymbol{x}^{\mathrm{T}}(s)\boldsymbol{R}_{1i}\boldsymbol{x}(s)\mathrm{d}s$$

$$\boldsymbol{V}_2\left(\boldsymbol{x},i,t\right)=\boldsymbol{x}^{\mathrm{T}}(t)\boldsymbol{Q}\boldsymbol{x}(t)+\int_{t-\bar{\tau}}^{t}\boldsymbol{x}^{\mathrm{T}}(s)\boldsymbol{R}_2\boldsymbol{x}(s)\mathrm{d}s$$

$$\boldsymbol{V}_3\left(\boldsymbol{x},i,t\right)=\bar{\tau}\int_{-\bar{\tau}}^{0}\int_{t+\theta}^{t}\dot{\boldsymbol{x}}^{\mathrm{T}}(s)\boldsymbol{R}_3\dot{\boldsymbol{x}}(s)\mathrm{d}s\,\mathrm{d}\theta$$

对于满足时滞约束式(4-2)的时滞马尔可夫切换系统，式(4-9)是可行的，如果存在矩阵$\boldsymbol{Q}=\boldsymbol{Q}^{\mathrm{T}}>0$，$\boldsymbol{R}_{1i}=\boldsymbol{R}_{1i}^{\mathrm{T}}>0\left(i\in\mathcal{N}\right)$，$\boldsymbol{R}_2=\boldsymbol{R}_2^{\mathrm{T}}>0$，$\boldsymbol{R}_3=\boldsymbol{R}_3^{\mathrm{T}}>0$和$\boldsymbol{Z}$满足

$$\begin{bmatrix}\boldsymbol{\Phi}_{1i}+\boldsymbol{\Phi}_{2i}+\varepsilon_{1i}\boldsymbol{N}_{oi}^{\mathrm{T}}\boldsymbol{N}_{oi} & \boldsymbol{A}_{oi}^{\mathrm{T}}\bar{\tau}^2\boldsymbol{R}_3 & \boldsymbol{C}_{oi}^{\mathrm{T}} & \hat{\boldsymbol{Q}}\boldsymbol{M}_{1i}\\ * & -\bar{\tau}^2\boldsymbol{R}_3 & 0 & \bar{\tau}^2\boldsymbol{R}_3\boldsymbol{M}_{1i}\\ * & * & -\boldsymbol{I} & \boldsymbol{M}_{2i}\\ * & * & * & -\varepsilon_{1i}\boldsymbol{I}\end{bmatrix}<0 \tag{4-11}$$

其中，

$$\boldsymbol{\Phi}_{1i} \triangleq \begin{bmatrix} \boldsymbol{Y}_i & \boldsymbol{Q}\boldsymbol{A}_{\tau i} & 0 \\ * & (h-1)\boldsymbol{R}_{1i} + \nu_{1i}^{-1}\sum_{j=1}^{N}\alpha_{ij}\boldsymbol{R}_{1j} & 0 \\ * & * & -\boldsymbol{R}_2 \end{bmatrix}$$

$$\boldsymbol{\Phi}_{2i} \triangleq \begin{bmatrix} -\boldsymbol{R}_3 & \boldsymbol{R}_3 + \boldsymbol{Z} & -\boldsymbol{Z} \\ * & -\boldsymbol{R}_3 - \boldsymbol{Z}^{\mathrm{T}} - \boldsymbol{Z} - \boldsymbol{R}_3 & \boldsymbol{Z} + \boldsymbol{R}_3 \\ * & * & -\boldsymbol{R}_3 \end{bmatrix}$$

$$\boldsymbol{A}_{oi} \triangleq [\boldsymbol{A}_i \quad \boldsymbol{A}_{\tau i} \quad 0],\ \boldsymbol{C}_{oi} \triangleq [\boldsymbol{C}_i \quad \boldsymbol{C}_{\tau i} \quad 0],\ \hat{\boldsymbol{Q}} \triangleq [\boldsymbol{Q} \quad 0 \quad 0]$$

$$\boldsymbol{Y}_i \triangleq \boldsymbol{A}_i^{\mathrm{T}}\boldsymbol{Q} + \boldsymbol{Q}\boldsymbol{A}_i + \boldsymbol{R}_{1i} + \nu_{1i}\sum_{j=1}^{N}\alpha_{ij}\boldsymbol{R}_{1j} + \boldsymbol{R}_2,\ \boldsymbol{N}_{oi} \triangleq [\boldsymbol{N}_{1i} \quad \boldsymbol{N}_{2i} \quad 0]$$

证明：令 $\mathcal{L}$ 为随机过程 $\{\boldsymbol{x}(t),\eta_t,t\geqslant 0\}$ 的无穷小算子，那么对于 $\eta_t = i(i\in\mathcal{N})$ 有

$$\mathcal{L}V(x,i,t) = \frac{\partial \boldsymbol{V}}{\partial t} + \dot{\boldsymbol{x}}^{\mathrm{T}}(t)\frac{\partial \boldsymbol{V}}{\partial x} + \sum_{j=1}^{N}\alpha_{ij}\boldsymbol{V}(x,j,t) \tag{4-12}$$

式 (4-9) 成立的前提条件为输出能量只与初始状态有关，即 $\boldsymbol{u}(t)=0$。令 $\xi(t) = \left[\boldsymbol{x}^{\mathrm{T}}(t) \quad \boldsymbol{x}^{\mathrm{T}}(t-\tau(t)) \quad \boldsymbol{x}^{\mathrm{T}}(t-\bar{\tau})\right]^{\mathrm{T}}$，有

$$\begin{aligned}\mathcal{L}\boldsymbol{V}_1(\boldsymbol{x},i,t) &= \boldsymbol{x}^{\mathrm{T}}(t)\boldsymbol{R}_{1i}\boldsymbol{x}(t) - (1-\dot{\tau}(t))\boldsymbol{x}^{\mathrm{T}}(t-\tau(t))\boldsymbol{R}_{1i}\boldsymbol{x}(t-\tau(t)) \\ &\quad + \int_{t-\tau(t)}^{t}\boldsymbol{x}^{\mathrm{T}}(s)\left(\sum_{j=1}^{N}\alpha_{ij}\boldsymbol{R}_{1j}\right)\boldsymbol{x}(s)\mathrm{d}s\end{aligned}$$

对任意 $\nu_{1i} > 0$ 有以下不等式

$$\begin{aligned}&\int_{t-\tau(t)}^{t}\boldsymbol{x}^{\mathrm{T}}(s)\left(\sum_{j=1}^{N}\alpha_{ij}\boldsymbol{R}_{1j}\right)\boldsymbol{x}(s)\mathrm{d}s \\ &\leqslant \nu_{1i}\boldsymbol{x}^{\mathrm{T}}(t)\left(\sum_{j=1}^{N}\alpha_{ij}\boldsymbol{R}_{1j}\right)\boldsymbol{x}(t) + \nu_{1i}^{-1}\boldsymbol{x}^{\mathrm{T}}(t-\tau(t))\left(\sum_{j=1}^{N}\alpha_{ij}\boldsymbol{R}_{1j}\right)\boldsymbol{x}(t-\tau(t))\end{aligned} \tag{4-13}$$

那么

$$\begin{aligned}\mathcal{L}\boldsymbol{V}_1(\boldsymbol{x},i,t) &\leqslant \boldsymbol{x}^{\mathrm{T}}(t)\boldsymbol{R}_{1i}\boldsymbol{x}(t) - (1-h)\boldsymbol{x}^{\mathrm{T}}(t-\tau(t))\boldsymbol{R}_{1i}\boldsymbol{x}(t-\tau(t)) \\ &\quad + \nu_{1i}\boldsymbol{x}^{\mathrm{T}}(t)\left(\sum_{j=1}^{N}\alpha_{ij}\boldsymbol{R}_{1j}\right)\boldsymbol{x}(t) \\ &\quad + \nu_{1i}^{-1}\boldsymbol{x}^{\mathrm{T}}(t-\tau(t))\left(\sum_{j=1}^{N}\alpha_{ij}\boldsymbol{R}_{1j}\right)\boldsymbol{x}(t-\tau(t))\end{aligned}$$

$$\mathcal{L}\boldsymbol{V}_2(\boldsymbol{x},i,t) = 2\dot{\boldsymbol{x}}^{\mathrm{T}}(t)\boldsymbol{Q}\boldsymbol{x}(t) + \boldsymbol{x}^{\mathrm{T}}(t)\boldsymbol{R}_2\boldsymbol{x}(t) - \boldsymbol{x}^{\mathrm{T}}(t-\bar{\tau})\boldsymbol{R}_2\boldsymbol{x}(t-\bar{\tau})$$

$$\mathcal{L}\boldsymbol{V}_3(\boldsymbol{x},i,t) = \bar{\tau}^2\dot{\boldsymbol{x}}^{\mathrm{T}}(t)\boldsymbol{R}_3\dot{\boldsymbol{x}}(t) - \bar{\tau}\int_{t-\bar{\tau}}^{t}\dot{\boldsymbol{x}}^{\mathrm{T}}(s)\boldsymbol{R}_3\dot{\boldsymbol{x}}(s)\mathrm{d}s$$

由引理 4.7 得

$$\begin{aligned}\mathcal{L}V_3(\boldsymbol{x},i,t)&=\bar{\tau}^2\dot{\boldsymbol{x}}^{\mathrm{T}}(t)\boldsymbol{R}_3\dot{\boldsymbol{x}}(t)-\bar{\tau}\int_{t-\tau(t)}^{t}\dot{\boldsymbol{x}}^{\mathrm{T}}(s)\boldsymbol{R}_3\dot{\boldsymbol{x}}(s)\mathrm{d}s-\bar{\tau}\int_{t-\bar{\tau}}^{t-\tau(t)}\dot{\boldsymbol{x}}^{\mathrm{T}}(s)\boldsymbol{R}_3\dot{\boldsymbol{x}}(s)\mathrm{d}s\\&\leqslant\bar{\tau}^2\dot{\boldsymbol{x}}^{\mathrm{T}}(t)\boldsymbol{R}_3\dot{\boldsymbol{x}}(t)-\frac{\bar{\tau}}{\tau(t)}\left[\boldsymbol{x}(t-\tau(t))-\boldsymbol{x}(t)\right]^{\mathrm{T}}\boldsymbol{R}_3\left[\boldsymbol{x}(t-\tau(t))-\boldsymbol{x}(t)\right]\\&\quad-\frac{\bar{\tau}}{\bar{\tau}-\tau(t)}\left[\boldsymbol{x}(t-\tau(t))-\boldsymbol{x}(t-\bar{\tau})\right]^{\mathrm{T}}\boldsymbol{R}_3\left[\boldsymbol{x}(t-\tau(t))-\boldsymbol{x}(t-\bar{\tau})\right]\end{aligned}$$

由引理 4.6 得

$$\begin{aligned}&-\frac{\bar{\tau}}{\tau(t)}\left[\boldsymbol{x}(t-\tau(t))-\boldsymbol{x}(t)\right]^{\mathrm{T}}\boldsymbol{R}_3\left[\boldsymbol{x}(t-\tau(t))-\boldsymbol{x}(t)\right]\\&-\frac{\bar{\tau}}{\bar{\tau}-\tau(t)}\left[\boldsymbol{x}(t-\tau(t))-\boldsymbol{x}(t-\bar{\tau})\right]^{\mathrm{T}}\boldsymbol{R}_3\left[\boldsymbol{x}(t-\tau(t))-\boldsymbol{x}(t-\bar{\tau})\right]\\&\leqslant-\begin{bmatrix}\boldsymbol{x}(t-\tau(t))-\boldsymbol{x}(t)\\\boldsymbol{x}(t-\tau(t))-\boldsymbol{x}(t-\bar{\tau})\end{bmatrix}^{\mathrm{T}}\begin{bmatrix}\boldsymbol{R}_3&\boldsymbol{Z}\\ * &\boldsymbol{R}_3\end{bmatrix}\begin{bmatrix}\boldsymbol{x}(t-\tau(t))-\boldsymbol{x}(t)\\\boldsymbol{x}(t-\tau(t))-\boldsymbol{x}(t-\bar{\tau})\end{bmatrix}\\&=\boldsymbol{\xi}^{\mathrm{T}}(t)\begin{bmatrix}-\boldsymbol{R}_3&\boldsymbol{R}_3+\boldsymbol{Z}&-\boldsymbol{Z}\\ * &-\boldsymbol{R}_3-\boldsymbol{Z}^{\mathrm{T}}-\boldsymbol{Z}-\boldsymbol{R}_3&\boldsymbol{Z}+\boldsymbol{R}_3\\ * & * &-\boldsymbol{R}_3\end{bmatrix}\boldsymbol{\xi}(t)\end{aligned}$$

综上有

$$\begin{aligned}&\mathcal{L}V(\boldsymbol{x},i,t)+\boldsymbol{y}^{\mathrm{T}}(t)\boldsymbol{y}(t)\\&\leqslant\boldsymbol{\xi}^{\mathrm{T}}(t)\left\{\boldsymbol{\Phi}_{1i}(t)+\boldsymbol{\Phi}_{2i}+\boldsymbol{A}_{oi}^{\mathrm{T}}(t)\bar{\tau}^2\boldsymbol{R}_3\boldsymbol{A}_{oi}(t)+\boldsymbol{C}_{oi}^{\mathrm{T}}(t)\boldsymbol{C}_{oi}(t)\right\}\boldsymbol{\xi}(t)\end{aligned}\tag{4-14}$$

由式(4-9)可知，$\mathcal{L}V(\boldsymbol{x},i,t)+\boldsymbol{y}^{\mathrm{T}}(t)\boldsymbol{y}(t)\leqslant 0$，同时利用 Schur 补引理，有

$$\begin{aligned}&\boldsymbol{\Phi}_{1i}(t)+\boldsymbol{\Phi}_{2i}(t)+\boldsymbol{A}_{oi}^{\mathrm{T}}(t)\bar{\tau}^2\boldsymbol{R}_3\boldsymbol{A}_{oi}(t)+\boldsymbol{C}_{oi}^{\mathrm{T}}(t)\boldsymbol{C}_{oi}(t)\\&<\begin{bmatrix}\boldsymbol{\Phi}_{1i}(t)+\boldsymbol{\Phi}_{2i}&\boldsymbol{A}_{oi}^{\mathrm{T}}(t)\bar{\tau}^2\boldsymbol{R}_3&\boldsymbol{C}_{oi}^{\mathrm{T}}(t)\\ * &-\bar{\tau}^2\boldsymbol{R}_3&0\\ * & * &-\boldsymbol{I}\end{bmatrix}\triangleq\boldsymbol{\Phi}_i(t)\end{aligned}$$

其中，

$$\boldsymbol{\Phi}_{1i}(t)\triangleq\begin{bmatrix}\boldsymbol{Y}_i(t)&\boldsymbol{Q}\boldsymbol{A}_{\tau i}(t)&0\\ * &(h-1)\boldsymbol{R}_{1i}+\nu_{1i}^{-1}\sum_{j=1}^{N}\alpha_{ij}\boldsymbol{R}_{1j}&0\\ * & * &-\boldsymbol{R}_2\end{bmatrix}$$

$$\boldsymbol{\Phi}_{2i}\triangleq\begin{bmatrix}-\boldsymbol{R}_3&\boldsymbol{R}_3+\boldsymbol{Z}&-\boldsymbol{Z}\\ * &-\boldsymbol{R}_3-\boldsymbol{Z}^{\mathrm{T}}-\boldsymbol{Z}-\boldsymbol{R}_3&\boldsymbol{Z}+\boldsymbol{R}_3\\ * & * &-\boldsymbol{R}_3\end{bmatrix}$$

$$A_{oi}(t)\triangleq\begin{bmatrix}A_i(t) & A_{\tau i}(t) & 0\end{bmatrix},\ C_{oi}(t)\triangleq\begin{bmatrix}C_i(t) & C_{\tau i}(t) & 0\end{bmatrix}$$

$$Y_i(t)\triangleq A_i^{\mathrm T}(t)Q+QA_i(t)+R_{1i}+\nu_{1i}\sum_{j=1}^{N}\alpha_{ij}R_{1j}+R_2$$

利用式(4-3)和式(4-4)替换 $A_i(t)$、$A_{\tau i}(t)$、$C_i(t)$ 和 $C_{\tau i}(t)$，有

$$\Phi_i(t)=\begin{bmatrix}\Phi_{1i}+\Phi_{2i} & A_{oi}^{\mathrm T}\overline{\tau}^2R_3 & C_{oi}^{\mathrm T}\\ * & -\overline{\tau}^2R_3 & 0\\ * & * & -I\end{bmatrix}+\begin{bmatrix}N_{oi}^{\mathrm T}\\ 0\\ 0\end{bmatrix}F_i^{\mathrm T}(t)\begin{bmatrix}M_{1i}^{\mathrm T}\hat{Q} & M_{1i}^{\mathrm T}\overline{\tau}^2R_3 & M_{2i}^{\mathrm T}\end{bmatrix}$$
$$+\begin{bmatrix}\hat{Q}M_{1i}\\ \overline{\tau}^2R_3M_{1i}\\ M_{2i}\end{bmatrix}F_i(t)\begin{bmatrix}N_{oi} & 0 & 0\end{bmatrix}$$

其中，Φ_{1i}、Φ_{2i}、A_{oi}、C_{oi}、Y_i、N_{oi} 和 $\hat{Q}$ 如定理 4.1 中的定义。

利用引理 4.5，那么存在标量 $\varepsilon_{1i}>0$ 有

$$\Phi_i(t)<\begin{bmatrix}\Phi_{1i}+\Phi_{2i} & A_{oi}^{\mathrm T}\overline{\tau}^2R_3 & C_{oi}^{\mathrm T}\\ * & -\overline{\tau}^2R_3 & 0\\ * & * & -I\end{bmatrix}+\varepsilon_{1i}\begin{bmatrix}N_{oi}^{\mathrm T}\\ 0\\ 0\end{bmatrix}\begin{bmatrix}N_{oi} & 0 & 0\end{bmatrix}$$
$$+\varepsilon_{1i}^{-1}\begin{bmatrix}\hat{Q}M_{1i}\\ \overline{\tau}^2R_3M_{1i}\\ M_{2i}\end{bmatrix}\begin{bmatrix}M_{1i}^{\mathrm T}\hat{Q} & M_{1i}^{\mathrm T}\overline{\tau}^2R_3 & M_{2i}^{\mathrm T}\end{bmatrix}$$
$$=\begin{bmatrix}\Phi_{1i}+\Phi_{2\mathrm{i}}+\varepsilon_{1i}N_{oi}^{\mathrm T}N_{oi} & A_{oi}^{\mathrm T}\overline{\tau}^2R_3 & C_{oi}^{\mathrm T} & QM_{1i}\\ * & -\overline{\tau}^2R_3 & 0 & \overline{\tau}^2R_3M_{1i}\\ * & * & -I & M_{2i}\\ * & * & * & -\varepsilon_{1i}I\end{bmatrix}$$

因此，正定矩阵 Q 可以近似地由式(4-11)求得。证毕。

4.2.2　输入耗散不等式

$$\mathrm{E}\left[V\left(x(t_2),\eta_{t_2}\right)\right]\leqslant\mathrm{E}\left[V\left(x(t_1),\eta_{t_1}\right)\right]+\int_{t_1}^{t_2}u^{\mathrm T}(t)u(t)\mathrm{d}t,\forall x\in\mathbb{R}^n,u\in\mathbb{R}^m \quad (4\text{-}15)$$

当系统由初始能量和输入能量混合激发时，我们用上述不等式来界定系统可达集的平均能量值。

定理 4.2：给定标量 $\overline{\tau}>0$，$h\geqslant0$，$\nu_{2i}>0$ 和 $\varepsilon_{2i}>0$，选取李雅普诺夫方程为

$$V(x,\eta_t=i,t)=V_1(x,i,t)+V_2(x,i,t)+V_3(x,i,t) \quad (4\text{-}16)$$

其中，

$$V_1(x,i,t)=\int_{t-\tau(t)}^{t}x^{\mathrm{T}}(s)\mathcal{R}_{1i}x(s)\mathrm{d}s$$

$$V_2(x,i,t)=x^{\mathrm{T}}(t)Px(t)+\int_{t-\overline{\tau}}^{t}x^{\mathrm{T}}(s)\mathcal{R}_2x(s)\mathrm{d}s$$

$$V_3(x,i,t)=\overline{\tau}\int_{-\overline{\tau}}^{0}\int_{t+\theta}^{t}\dot{x}^{\mathrm{T}}(s)\mathcal{R}_3\dot{x}(s)\mathrm{d}s\mathrm{d}\theta$$

对于满足时滞约束式(4-2)的时滞马尔可夫切换系统，式(4-15)是可行的，如果存在矩阵 $P=P^{\mathrm{T}}>0$，$\mathcal{R}_{1i}=\mathcal{R}_{1i}^{\mathrm{T}}>0(i\in\mathcal{N})$，$\mathcal{R}_2=\mathcal{R}_2^{\mathrm{T}}>0$，$\mathcal{R}_3=\mathcal{R}_3^{\mathrm{T}}>0$ 和 $\mathcal{Z}$ 满足

$$\begin{bmatrix}\Psi_{1i}+\Psi_{2i}+\varepsilon_{2i}N_{ci}^{\mathrm{T}}N_{ci} & A_{ci}^{\mathrm{T}}\overline{\tau}^2\mathcal{R}_3 & \hat{P}M_{1i}\\ * & -\overline{\tau}^2\mathcal{R}_3 & \overline{\tau}^2\mathcal{R}_3M_{1i}\\ * & * & -\varepsilon_{2i}I\end{bmatrix}<0 \tag{4-17}$$

其中，

$$\Psi_{1i}\triangleq\begin{bmatrix}\Pi_i & PA_{\tau i} & 0 & PB_i\\ * & (h-1)\mathcal{R}_{1i}+\nu_{2i}^{-1}\sum_{j=1}^{N}\alpha_{ij}\mathcal{R}_{1j} & 0 & 0\\ * & * & -\mathcal{R}_2 & 0\\ * & * & * & -I\end{bmatrix}$$

$$\Psi_{2i}\triangleq\begin{bmatrix}-\mathcal{R}_3 & \mathcal{R}_3+\mathcal{Z} & -\mathcal{Z} & 0\\ * & -\mathcal{R}_3-\mathcal{Z}^{\mathrm{T}}-\mathcal{Z}-\mathcal{R}_3 & \mathcal{R}_3+\mathcal{Z} & 0\\ * & * & -\mathcal{R}_3 & 0\\ * & * & * & 0\end{bmatrix}$$

$$\Pi_i\triangleq A_i^{\mathrm{T}}P+PA_i+\mathcal{R}_{1i}+\nu_{2i}\sum_{j=1}^{N}\alpha_{ij}\mathcal{R}_{1j}+\mathcal{R}_2$$

$$A_{ci}\triangleq\begin{bmatrix}A_i & A_{\tau i} & 0 & B_i\end{bmatrix},\ N_{ci}\triangleq\begin{bmatrix}N_{1i} & N_{2i} & 0 & N_{3i}\end{bmatrix}$$

$$\hat{P}\triangleq\begin{bmatrix}P & 0 & 0 & 0\end{bmatrix}$$

证明：式(4-15)成立的前提条件为系统由初始能量和输入能量混合激发，即 $u(t)\neq0$。令 $\eta(t)=\begin{bmatrix}x^{\mathrm{T}}(t) & x^{\mathrm{T}}(t-\tau(t)) & x^{\mathrm{T}}(t-\overline{\tau}) & u^{\mathrm{T}}(t)\end{bmatrix}^{\mathrm{T}}$，利用式(4-12)中定义的无穷小算子，有

$$\begin{aligned}\mathcal{L}V_1(x,i,t)=&\,x^{\mathrm{T}}(t)\mathcal{R}_{1i}x(t)-(1-\dot{\tau}(t))x^{\mathrm{T}}(t-\tau(t))\mathcal{R}_{1i}x(t-\tau(t))\\&+\int_{t-\tau(t)}^{t}x^{\mathrm{T}}(s)\left(\sum_{j=1}^{N}\alpha_{ij}\mathcal{R}_{1j}\right)x(s)\mathrm{d}s\end{aligned}$$

对任意 $\nu_{1i}>0$ 有以下不等式：

$$\int_{t-\tau(t)}^{t} \boldsymbol{x}^{\mathrm{T}}(s)\left(\sum_{j=1}^{N}\alpha_{ij}\mathcal{R}_{1j}\right)\boldsymbol{x}(s)\mathrm{d}s$$

$$\leqslant \nu_{2i}\boldsymbol{x}^{\mathrm{T}}(t)\left(\sum_{j=1}^{N}\alpha_{ij}\mathcal{R}_{1j}\right)\boldsymbol{x}(t)+\nu_{2i}^{-1}\boldsymbol{x}^{\mathrm{T}}(t-\tau(t))\left(\sum_{j=1}^{N}\alpha_{ij}\mathcal{R}_{1j}\right)\boldsymbol{x}(t-\tau(t)) \quad (4\text{-}18)$$

那么

$$\mathcal{L}V_1(\boldsymbol{x},i,t)=\boldsymbol{x}^{\mathrm{T}}(t)\mathcal{R}_{1i}\boldsymbol{x}(t)-(1-h)\boldsymbol{x}^{\mathrm{T}}(t-\tau(t))\mathcal{R}_{1i}\boldsymbol{x}(t-\tau(t))$$

$$+\nu_{2i}\boldsymbol{x}^{\mathrm{T}}(t)\left(\sum_{j=1}^{N}\alpha_{ij}\mathcal{R}_{1j}\right)\boldsymbol{x}(t)+\nu_{2i}^{-1}\boldsymbol{x}^{\mathrm{T}}(t-\tau(t))\left(\sum_{j=1}^{N}\alpha_{ij}\mathcal{R}_{1j}\right)\boldsymbol{x}(t-\tau(t))$$

$$\mathcal{L}V_2(\boldsymbol{x},i,t)=2\dot{\boldsymbol{x}}^{\mathrm{T}}(t)\boldsymbol{P}\boldsymbol{x}(t)+\boldsymbol{x}^{\mathrm{T}}(t)\mathcal{R}_2\boldsymbol{x}(t)-\boldsymbol{x}^{\mathrm{T}}(t-\bar{\tau})\mathcal{R}_2\boldsymbol{x}(t-\bar{\tau})$$

$$\mathcal{L}V_3(\boldsymbol{x},i,t)=\bar{\tau}^2\dot{\boldsymbol{x}}^{\mathrm{T}}(t)\mathcal{R}_3\dot{\boldsymbol{x}}(t)-\bar{\tau}\int_{t-\bar{\tau}}^{t}\dot{\boldsymbol{x}}^{\mathrm{T}}(s)\mathcal{R}_3\dot{\boldsymbol{x}}(s)\mathrm{d}s$$

由引理 4.7 得

$$\mathcal{L}V_3(\boldsymbol{x},i,t)=\bar{\tau}^2\dot{\boldsymbol{x}}^{\mathrm{T}}(t)\mathcal{R}_3\dot{\boldsymbol{x}}(t)-\bar{\tau}\int_{t-\tau(t)}^{t}\dot{\boldsymbol{x}}^{\mathrm{T}}(s)\mathcal{R}_3\dot{\boldsymbol{x}}(s)\mathrm{d}s-\bar{\tau}\int_{t-\bar{\tau}}^{t-\tau(t)}\dot{\boldsymbol{x}}^{\mathrm{T}}(s)\mathcal{R}_3\dot{\boldsymbol{x}}(s)\mathrm{d}s$$

$$\leqslant\bar{\tau}^2\dot{\boldsymbol{x}}^{\mathrm{T}}(t)\mathcal{R}_3\dot{\boldsymbol{x}}(t)-\frac{\bar{\tau}}{\tau(t)}\left[\boldsymbol{x}(t-\tau(t))-\boldsymbol{x}(t)\right]^{\mathrm{T}}\mathcal{R}_3\left[\boldsymbol{x}(t-\tau(t))-\boldsymbol{x}(t)\right]$$

$$-\frac{\bar{\tau}}{\bar{\tau}-\tau(t)}\left[\boldsymbol{x}(t-\tau(t))-\boldsymbol{x}(t-\bar{\tau})\right]^{\mathrm{T}}\mathcal{R}_3\left[\boldsymbol{x}(t-\tau(t))-\boldsymbol{x}(t-\bar{\tau})\right]$$

由引理 4.6 得

$$-\frac{\bar{\tau}}{\tau(t)}\left[\boldsymbol{x}(t-\tau(t))-\boldsymbol{x}(t)\right]^{\mathrm{T}}\mathcal{R}_3\left[\boldsymbol{x}(t-\tau(t))-\boldsymbol{x}(t)\right]$$

$$-\frac{\bar{\tau}}{\bar{\tau}-\tau(t)}\left[\boldsymbol{x}(t-\tau(t))-\boldsymbol{x}(t-\bar{\tau})\right]^{\mathrm{T}}\mathcal{R}_3\left[\boldsymbol{x}(t-\tau(t))-\boldsymbol{x}(t-\bar{\tau})\right]$$

$$\leqslant-\begin{bmatrix}\boldsymbol{x}(t-\tau(t))-\boldsymbol{x}(t)\\ \boldsymbol{x}(t-\tau(t))-\boldsymbol{x}(t-\bar{\tau})\end{bmatrix}^{\mathrm{T}}\begin{bmatrix}\mathcal{R}_3 & \mathcal{Z}\\ * & \mathcal{R}_3\end{bmatrix}\begin{bmatrix}\boldsymbol{x}(t-\tau(t))-\boldsymbol{x}(t)\\ \boldsymbol{x}(t-\tau(t))-\boldsymbol{x}(t-\bar{\tau})\end{bmatrix}$$

$$=\boldsymbol{\eta}^{\mathrm{T}}(t)\begin{bmatrix}-\mathcal{R}_3 & \mathcal{R}_3+\mathcal{Z} & -\mathcal{Z}\\ * & -\mathcal{R}_3-\mathcal{Z}^{\mathrm{T}}-\mathcal{Z}-\mathcal{R}_3 & \mathcal{Z}+\mathcal{R}_3\\ * & * & -\mathcal{R}_3\end{bmatrix}\boldsymbol{\eta}(t)$$

综上有

$$\mathcal{L}V(\boldsymbol{x},i,t)-\boldsymbol{u}^{\mathrm{T}}(t)\boldsymbol{u}(t)\leqslant\boldsymbol{\eta}^{\mathrm{T}}(t)\left\{\boldsymbol{\Psi}_{1i}(t)+\boldsymbol{\Psi}_{2i}+\boldsymbol{A}_{ci}^{\mathrm{T}}(t)\bar{\tau}^2\mathcal{R}_3\boldsymbol{A}_{ci}(t)\right\}\boldsymbol{\eta}(t) \quad (4\text{-}19)$$

由式(4-15)可知，$\mathcal{L}V(\boldsymbol{x},i,t)-\boldsymbol{u}^{\mathrm{T}}(t)\boldsymbol{u}(t)\leqslant 0$，同时利用 Schur 补引理，有

$$\boldsymbol{\Psi}_{1i}(t)+\boldsymbol{\Psi}_{2i}+\boldsymbol{A}_{ci}^{\mathrm{T}}(t)\bar{\tau}^2\mathcal{R}_3\boldsymbol{A}_{ci}(t)<\begin{bmatrix}\boldsymbol{\Psi}_{1i}(t)+\boldsymbol{\Psi}_{2i} & \boldsymbol{A}_{ci}^{\mathrm{T}}(t)\bar{\tau}^2\mathcal{R}_3\\ * & -\bar{\tau}^2\mathcal{R}_3\end{bmatrix}\triangleq\boldsymbol{\Psi}_i(t)$$

其中，

$$\boldsymbol{\Psi}_{1i}(t) \triangleq \begin{bmatrix} \boldsymbol{\Pi}_i(t) & \boldsymbol{P}\boldsymbol{A}_{\tau i}(t) & 0 & \boldsymbol{P}\boldsymbol{B}_i(t) \\ * & (h-1)\mathcal{R}_{1i} + \nu_{2i}^{-1}\sum_{j=1}^{N}\alpha_{ij}\mathcal{R}_{1j} & 0 & 0 \\ * & * & -\mathcal{R}_2 & 0 \\ * & * & * & -\boldsymbol{I} \end{bmatrix}$$

$$\boldsymbol{\Psi}_{2i} \triangleq \begin{bmatrix} -\mathcal{R}_3 & \mathcal{R}_3 + \mathcal{Z} & -\mathcal{Z} & 0 \\ * & -\mathcal{R}_3 - \mathcal{Z}^{\mathrm{T}} - \mathcal{Z} - \mathcal{R}_3 & \mathcal{R}_3 + \mathcal{Z} & 0 \\ * & * & -\mathcal{R}_3 & 0 \\ * & * & * & 0 \end{bmatrix}$$

$$\boldsymbol{A}_{ci}(t) \triangleq \begin{bmatrix} \boldsymbol{A}_i(t) & \boldsymbol{A}_{\tau i}(t) & 0 & \boldsymbol{B}_i(t) \end{bmatrix}$$

$$\boldsymbol{\Pi}_i(t) \triangleq \boldsymbol{A}_i^{\mathrm{T}}(t)\boldsymbol{P} + \boldsymbol{P}\boldsymbol{A}_i(t) + \mathcal{R}_{1i} + \nu_{2i}\sum_{j=1}^{N}\alpha_{ij}\mathcal{R}_{1j} + \mathcal{R}_2$$

利用式(4-3)和式(4-4)替换 $\boldsymbol{A}_i(t)$、$\boldsymbol{A}_{\tau i}(t)$ 和 $\boldsymbol{B}_i(t)$，有

$$\boldsymbol{\Psi}_i(t) = \begin{bmatrix} \boldsymbol{\Psi}_{1i} + \boldsymbol{\Psi}_{2i} & \boldsymbol{A}_{ci}^{\mathrm{T}}\bar{\tau}^2\mathcal{R}_3 \\ * & -\bar{\tau}^2\mathcal{R}_3 \end{bmatrix} + \begin{bmatrix} \boldsymbol{N}_{ci}^{\mathrm{T}} \\ 0 \end{bmatrix} \boldsymbol{F}_i^{\mathrm{T}}(t) \begin{bmatrix} \boldsymbol{M}_{1i}^{\mathrm{T}}\hat{\boldsymbol{P}} & \boldsymbol{M}_{1i}^{\mathrm{T}}\bar{\tau}^2\mathcal{R}_3 \end{bmatrix}$$
$$+ \begin{bmatrix} \hat{\boldsymbol{P}}\boldsymbol{M}_{1i} \\ \bar{\tau}^2\mathcal{R}_3\boldsymbol{M}_{1i} \end{bmatrix} \boldsymbol{F}_i(t) \begin{bmatrix} \boldsymbol{N}_{ci} & 0 \end{bmatrix}$$

其中，$\boldsymbol{\Psi}_{1i}$、$\boldsymbol{\Psi}_{2i}$、$\boldsymbol{A}_{ci}$、$\boldsymbol{\Pi}_i$、$\boldsymbol{N}_{ci}$ 和 $\hat{\boldsymbol{P}}$ 如定理 4.2 中的定义。

利用引理 4.5，存在标量 $\varepsilon_{2i} > 0$，有

$$\boldsymbol{\Psi}_i(t) < \begin{bmatrix} \boldsymbol{\Psi}_{1i} + \boldsymbol{\Psi}_{2i} & \boldsymbol{A}_{ci}^{\mathrm{T}}\bar{\tau}^2\mathcal{R}_3 \\ * & -\bar{\tau}^2\mathcal{R}_3 \end{bmatrix} + \varepsilon_{2i}\begin{bmatrix} \boldsymbol{N}_{ci}^{\mathrm{T}} \\ 0 \end{bmatrix}\begin{bmatrix} \boldsymbol{N}_{ci} & 0 \end{bmatrix} + \varepsilon_{2i}^{-1}\begin{bmatrix} \hat{\boldsymbol{P}}\boldsymbol{M}_{1i} \\ \bar{\tau}^2\mathcal{R}_3\boldsymbol{M}_{1i} \end{bmatrix}\begin{bmatrix} \boldsymbol{M}_{1i}^{\mathrm{T}}\hat{\boldsymbol{P}} & \boldsymbol{M}_{1i}^{\mathrm{T}}\bar{\tau}^2\mathcal{R}_3 \end{bmatrix}$$
$$= \begin{bmatrix} \boldsymbol{\Psi}_{1i} + \boldsymbol{\Psi}_{2i} + \varepsilon_{2i}\boldsymbol{N}_{ci}^{\mathrm{T}}\boldsymbol{N}_{ci} & \boldsymbol{A}_{ci}^{\mathrm{T}}\bar{\tau}^2\mathcal{R}_3 & \hat{\boldsymbol{P}}\boldsymbol{M}_{1i} \\ * & -\bar{\tau}^2\mathcal{R}_3 & \bar{\tau}^2\mathcal{R}_3\boldsymbol{M}_{1i} \\ * & * & -\varepsilon_{2i}\boldsymbol{I} \end{bmatrix}$$

因此，正定矩阵 $\boldsymbol{P}$ 可以近似地由式(4-17)求得。证毕。

注释 4.2：当 $\boldsymbol{s} = \boldsymbol{u}^{\mathrm{T}}\boldsymbol{u} - \boldsymbol{y}^{\mathrm{T}}\boldsymbol{y}$ 时，我们称系统(Σ)为有界实的[151]。替换不等式(4-9)和式(4-15)，此时降阶后的系统能保存原系统的有界实性；类似地，当 $\boldsymbol{s} = \boldsymbol{u}^{\mathrm{T}}\boldsymbol{y} + \boldsymbol{y}^{\mathrm{T}}\boldsymbol{u}$ 时，称系统(Σ)为正实的[151]。此时降阶后的系统能保存系统的正实性。

4.2.3 平衡截断算法

本节将详细介绍时滞马尔可夫切换系统的平衡降阶方法，降阶后的系统能保持原系统的稳定性。

根据式(4-1)中的系统(Σ)的状态空间表达式，应用平衡线性变换矩阵 $\mathcal{T}$ 进行线性变化，也就是 $\tilde{\boldsymbol{x}}(t)=\mathcal{T}\boldsymbol{x}(t)$。将得到的新的状态向量 $\tilde{\boldsymbol{x}}(t)$ 分解为 $\tilde{\boldsymbol{x}}(t)=\left[\tilde{\boldsymbol{x}}_1^{\mathrm{T}}(t)\quad \tilde{\boldsymbol{x}}_2^{\mathrm{T}}(t)\right]^{\mathrm{T}}$，其中 $\tilde{\boldsymbol{x}}_1^{\mathrm{T}}(t)\in\mathbb{R}^k$ 对应的是保留下来的状态，$\tilde{\boldsymbol{x}}_2^{\mathrm{T}}(t)\in\mathbb{R}^{n-k}$ 对应的是截断的不太能控也不太能观的状态。此时，转换后的状态空间矩阵分解为

$$\begin{bmatrix}\tilde{\boldsymbol{A}}_i & \tilde{\boldsymbol{A}}_{\tau i} & \tilde{\boldsymbol{B}}_i\\ \tilde{\boldsymbol{C}}_i & \tilde{\boldsymbol{C}}_{\tau i} & \tilde{\boldsymbol{D}}_i\end{bmatrix}=\begin{bmatrix}\tilde{\boldsymbol{A}}_{11i} & \tilde{\boldsymbol{A}}_{12i} & \tilde{\boldsymbol{A}}_{\tau 11i} & \tilde{\boldsymbol{A}}_{\tau 12i} & \tilde{\boldsymbol{B}}_{1i}\\ \tilde{\boldsymbol{A}}_{21i} & \tilde{\boldsymbol{A}}_{22i} & \tilde{\boldsymbol{A}}_{\tau 21i} & \tilde{\boldsymbol{A}}_{\tau 22i} & \tilde{\boldsymbol{B}}_{2i}\\ \tilde{\boldsymbol{C}}_{1i} & \tilde{\boldsymbol{C}}_{2i} & \tilde{\boldsymbol{C}}_{\tau 1i} & \tilde{\boldsymbol{C}}_{\tau 2i} & \tilde{\boldsymbol{D}}_i\end{bmatrix}$$

$$\begin{bmatrix}\Delta\tilde{\boldsymbol{A}}_i & \Delta\tilde{\boldsymbol{A}}_{\tau i} & \Delta\tilde{\boldsymbol{B}}_i\\ \Delta\tilde{\boldsymbol{C}}_i & \Delta\tilde{\boldsymbol{C}}_{\tau i} & \Delta\tilde{\boldsymbol{D}}_i\end{bmatrix}=\begin{bmatrix}\tilde{\boldsymbol{M}}_{11i}\\ \tilde{\boldsymbol{M}}_{12i}\\ \tilde{\boldsymbol{M}}_{2i}\end{bmatrix}\boldsymbol{F}_i(t)\left[\tilde{\boldsymbol{N}}_{11i}\quad \tilde{\boldsymbol{N}}_{12i}\quad \tilde{\boldsymbol{N}}_{21i}\quad \tilde{\boldsymbol{N}}_{22i}\quad \tilde{\boldsymbol{N}}_{3i}\right]$$

因此，降阶后的状态空间矩阵表示如下：

$$\begin{aligned}\hat{\boldsymbol{G}}_i(t)&\triangleq\begin{bmatrix}\hat{\boldsymbol{A}}_i(t) & \hat{\boldsymbol{A}}_{\tau i}(t) & \hat{\boldsymbol{B}}_i(t)\\ \hat{\boldsymbol{C}}_i(t) & \hat{\boldsymbol{C}}_{\tau i}(t) & \hat{\boldsymbol{D}}_i(t)\end{bmatrix}\\ &=\begin{bmatrix}\tilde{\boldsymbol{A}}_{11i} & \tilde{\boldsymbol{A}}_{\tau 11i} & \tilde{\boldsymbol{B}}_{1i}\\ \tilde{\boldsymbol{C}}_{1i} & \tilde{\boldsymbol{C}}_{\tau 1i} & \tilde{\boldsymbol{D}}_i\end{bmatrix}+\begin{bmatrix}\tilde{\boldsymbol{M}}_{11i}\\ \tilde{\boldsymbol{M}}_{2i}\end{bmatrix}\boldsymbol{F}_i(t)\left[\tilde{\boldsymbol{N}}_{11i}\quad \tilde{\boldsymbol{N}}_{21i}\quad \tilde{\boldsymbol{N}}_{3i}\right]\end{aligned}\tag{4-20}$$

由定义知系统的平衡变换即找到一个能同时对角化正定矩阵 $\boldsymbol{Q}$ 和 $\boldsymbol{P}^{-1}$ 的非奇异矩阵 $\mathcal{T}$，对原系统进行平衡线性变换，即

$$\mathcal{T}\boldsymbol{P}^{-1}\mathcal{T}^{\mathrm{T}}=\mathcal{T}^{-\mathrm{T}}\boldsymbol{Q}\mathcal{T}^{-1}=\boldsymbol{\Sigma}\tag{4-21}$$

此时，定义 4.3 中的等效变换称为系统(Σ)的平衡变换。值得提出的是，虽然式(4-21)给定了求取变换矩阵 $\mathcal{T}$ 的公式，但是求解起来非常困难。因此，利用结合了 Cholesky 因式分解和 Schur 分解的算法 4.1(表 4-1)。

表 4-1　平衡转换矩阵 $\mathcal{T}$ 的算法

算法 4.1：平衡转换矩阵 $\mathcal{T}$ 的算法
第一步：令 $\boldsymbol{Q}$ 有 Cholesky 因式分解：$\boldsymbol{Q}=\boldsymbol{R}^{\mathrm{T}}\boldsymbol{R}$。
第二步：$\boldsymbol{R}\boldsymbol{P}^{-1}\boldsymbol{R}^{\mathrm{T}}$ 将是一个正定矩阵，并且可对角化为 $$\boldsymbol{R}\boldsymbol{P}^{-1}\boldsymbol{R}^{\mathrm{T}}=\boldsymbol{U}\boldsymbol{\Sigma}^2\boldsymbol{U}^{\mathrm{T}}$$
其中，$\boldsymbol{U}\boldsymbol{U}^{\mathrm{T}}=\boldsymbol{I},\boldsymbol{\Sigma}=\mathrm{diag}\{\sigma_1,\sigma_2,\cdots,\sigma_n\},\sigma_1\geqslant\sigma_2\geqslant\cdots\geqslant\sigma_n>0$。
第三步：平衡转移矩阵为 $$\mathcal{T}=\boldsymbol{\Sigma}^{-1/2}\boldsymbol{U}^{\mathrm{T}}\boldsymbol{R}$$

4.3 仿真算例

本节通过仿真算例来说明平衡截断在处理带时滞项的时滞马尔可夫切换系统模型降阶问题时的可行性，并通过比较原系统与降阶系统的误差来说明算法的有效性。

例 4.1：考虑具有两个模态的连续时间时滞马尔可夫切换系统(Σ)。

系统 1：

$$\boldsymbol{A}_1=\begin{bmatrix}-3.0 & 0.5 & 0.6 & 0.2\\ 0.0 & -2.5 & 0.1 & 0.3\\ 0.4 & 0.0 & -3.4 & 0.3\\ 0.5 & 0.3 & 0.2 & -1.8\end{bmatrix},\boldsymbol{A}_{\tau1}=\begin{bmatrix}0.2 & 0.1 & 0.2 & 0.0\\ 0.0 & 0.4 & 0.1 & 0.2\\ 0.2 & 0.1 & 0.6 & 0.0\\ 0.1 & 0.0 & 0.1 & 0.3\end{bmatrix}$$

$$\boldsymbol{C}_1=\begin{bmatrix}2.0 & 0.1 & 1.2 & -0.3\end{bmatrix},\boldsymbol{C}_{\tau1}=\begin{bmatrix}0.2 & 0.1 & 0.3 & 0.2\end{bmatrix},\boldsymbol{D}_1=1.5$$

$$\boldsymbol{B}_1=\begin{bmatrix}3.0 & 0.0 & 2.0 & 3.0\end{bmatrix}^{\mathrm{T}},\boldsymbol{M}_{11}=\begin{bmatrix}0.1 & 0.0 & -0.1 & 0.1\end{bmatrix}^{\mathrm{T}},\boldsymbol{M}_{12}=0.1$$

$$\boldsymbol{N}_{11}=\begin{bmatrix}0.1 & 0.0 & 0.1 & -0.1\end{bmatrix},\boldsymbol{N}_{12}=\begin{bmatrix}-0.1 & 0.1 & 0.0 & 0.1\end{bmatrix},\boldsymbol{N}_{13}=0.2$$

系统 2：

$$\boldsymbol{A}_2=\begin{bmatrix}-2.1 & 0.2 & 0.0 & 0.2\\ 0.4 & -3.8 & 0.1 & 0.6\\ 0.1 & 0.0 & -2.0 & 0.4\\ 0.3 & 0.2 & 0.0 & -1.5\end{bmatrix},\boldsymbol{A}_{\tau2}=\begin{bmatrix}0.3 & 0.1 & 0.2 & 0.0\\ 0.1 & 0.2 & 0.0 & 0.2\\ 0.1 & 0.0 & 0.4 & 0.1\\ 0.0 & 0.2 & 0.0 & 0.5\end{bmatrix}$$

$$\boldsymbol{C}_2=\begin{bmatrix}2.0 & 0.0 & 1.2 & -0.3\end{bmatrix},\boldsymbol{C}_{\tau2}=\begin{bmatrix}0.1 & 0.1 & 0.2 & 0.4\end{bmatrix},\boldsymbol{D}_2=1.2$$

$$\boldsymbol{B}_2=\begin{bmatrix}3.0 & -1.0 & 2.0 & 4.0\end{bmatrix}^{\mathrm{T}},\boldsymbol{M}_{21}=\begin{bmatrix}0.1 & 0.0 & 0.0 & 0.1\end{bmatrix}^{\mathrm{T}},\boldsymbol{M}_{22}=0.2$$

$$\boldsymbol{N}_{21}=\begin{bmatrix}0.1 & 0.2 & 0.0 & -0.1\end{bmatrix},\boldsymbol{N}_{22}=\begin{bmatrix}-0.1 & 0.0 & 0.0 & 0.1\end{bmatrix},\boldsymbol{N}_{23}=0.1$$

转移概率矩阵为

$$\boldsymbol{\alpha}=\begin{bmatrix}-1 & 1\\ 3 & -3\end{bmatrix}$$

并且有 $\tau(t)=0.9+0.3\sin t$，可以轻易地得到 $\overline{\tau}=1.2$ 和 $h=0.3$。给定标量 $\nu_{11}=\nu_{12}=\nu_{21}=\nu_{22}=5$，$\varepsilon_{11}=\varepsilon_{12}=\varepsilon_{21}=\varepsilon_{22}=2$，那么由引理可得该时滞马尔可夫切换系统在零输入的前提下是随机稳定的。

在此，旨在用平衡截断方法找到 3 种情况(情况 1：$k=3$；情况 2：$k=2$；情况 3：$k=1$)下，以式(4-6)形式的系统来很好地逼近上述四阶系统。

情况 1：三阶系统($k=3$)。

$$\hat{A}_1=\begin{bmatrix}-2.0326 & 0.1787 & -0.2312\\ 0.7609 & -2.5376 & -0.2350\\ -1.1137 & 0.3620 & -2.2960\end{bmatrix},\hat{A}_{\tau1}=\begin{bmatrix}0.5882 & 0.0531 & 0.0613\\ 0.5423 & 0.4467 & -0.1949\\ 0.4395 & 0.2815 & 0.2417\end{bmatrix}$$

$$\hat{C}_1=\begin{bmatrix}0.5900 & -0.0403 & 0.1121\end{bmatrix},\hat{C}_{\tau1}=\begin{bmatrix}0.1855 & 0.0293 & -0.0157\end{bmatrix}$$

$$\hat{N}_{11}=\begin{bmatrix}0.0051 & -0.0080 & 0.0200\end{bmatrix},\hat{N}_{12}=\begin{bmatrix}0.0216 & 0.0243 & -0.0146\end{bmatrix}$$

$$\hat{B}_1=\begin{bmatrix}11.0783\\ -6.9169\\ 5.1685\end{bmatrix},\hat{M}_{11}=\begin{bmatrix}-0.0381\\ -0.0863\\ -0.0096\end{bmatrix},\hat{M}_{12}=0.1,\hat{D}_1=1.5,\hat{N}_{13}=0.2$$

$$\hat{A}_2=\begin{bmatrix}-1.3930 & 0.2567 & -0.1842\\ 1.0996 & -3.5493 & -0.6632\\ -0.0818 & -0.8559 & -2.3182\end{bmatrix},\hat{A}_{\tau2}=\begin{bmatrix}0.5788 & 0.0707 & -0.0173\\ 0.4637 & 0.2547 & -0.2260\\ 0.2509 & -0.1157 & 0.3708\end{bmatrix}$$

$$\hat{C}_2=\begin{bmatrix}0.5822 & -0.0543 & 0.1105\end{bmatrix},\hat{C}_{\tau2}=\begin{bmatrix}0.2175 & 0.0446 & -0.0509\end{bmatrix}$$

$$\hat{N}_{21}=\begin{bmatrix}0.0018 & 0.0178 & 0.0195\end{bmatrix},\hat{N}_{22}=\begin{bmatrix}0.0138 & 0.0102 & -0.0163\end{bmatrix}$$

$$\hat{B}_2=\begin{bmatrix}12.1464\\ -13.1990\\ -4.2784\end{bmatrix},\hat{M}_{21}=\begin{bmatrix}0.2063\\ -0.1728\\ 0.0995\end{bmatrix},\hat{M}_{22}=0.2,\hat{D}_2=1.2,\hat{N}_{23}=0.1$$

情况 2：二阶系统（$k=2$）。

$$\hat{A}_1=\begin{bmatrix}-2.0326 & 0.1787\\ 0.7609 & -2.5376\end{bmatrix},\hat{A}_{\tau1}=\begin{bmatrix}0.5882 & 0.0531\\ 0.5423 & 0.4467\end{bmatrix},\hat{B}_1=\begin{bmatrix}11.0783\\ -6.9169\end{bmatrix}$$

$$\hat{C}_1=\begin{bmatrix}0.5900 & -0.0403\end{bmatrix},\hat{C}_{\tau1}=\begin{bmatrix}0.1855 & 0.0293\end{bmatrix},\hat{D}_1=1.5$$

$$\hat{M}_{11}=\begin{bmatrix}-0.0381 & -0.0863\end{bmatrix}^{\mathrm{T}},\hat{M}_{12}=0.1$$

$$\hat{N}_{11}=\begin{bmatrix}0.0051 & -0.0080\end{bmatrix},\hat{N}_{12}=\begin{bmatrix}0.0216 & 0.0243\end{bmatrix},\hat{N}_{13}=0.2$$

$$\hat{A}_2=\begin{bmatrix}-1.3930 & 0.2567\\ 1.0996 & -3.5493\end{bmatrix},\hat{A}_{\tau2}=\begin{bmatrix}0.5788 & 0.0707\\ 0.4637 & 0.2547\end{bmatrix},\hat{B}_2=\begin{bmatrix}12.1464\\ -13.1990\end{bmatrix}$$

$$\hat{C}_2=\begin{bmatrix}0.5822 & -0.0543\end{bmatrix},\hat{C}_{\tau2}=\begin{bmatrix}0.2175 & 0.0446\end{bmatrix},\hat{D}_2=1.2$$

$$\hat{M}_{21}=\begin{bmatrix}0.2063 & -0.1728\end{bmatrix}^{\mathrm{T}},\hat{M}_{22}=0.2$$

$$\hat{N}_{21}=\begin{bmatrix}0.0018 & 0.0178\end{bmatrix},\hat{N}_{22}=\begin{bmatrix}0.0138 & 0.0102\end{bmatrix},\hat{N}_{23}=0.1$$

情况 3：一阶系统（$k=1$）。

$$\hat{A}_1=-2.0326,\hat{A}_{\tau1}=0.5882,\hat{B}_1=11.0783,\hat{D}_1=1.5,\hat{N}_{11}=0.0051$$

$$\hat{C}_1=0.59,\hat{C}_{\tau1}=0.1855,\hat{M}_{11}=-0.0381,\hat{M}_{12}=0.1,\hat{N}_{12}=0.0216,\hat{N}_{13}=0.2$$

$$\hat{A}_2=-1.3930,\hat{A}_{\tau2}=0.5788,\hat{B}_2=12.1464,\hat{D}_2=1.2,\hat{N}_{21}=0.0018$$

$$\hat{C}_2=0.5822,\hat{C}_{\tau2}=0.2175,\hat{M}_{21}=0.2063,\hat{M}_{22}=0.2,\hat{N}_{22}=0.0138,\hat{N}_{23}=0.1$$

为了展示得到的降阶系统的性质，令系统的初始条件为零，也就是$\phi(t)=0$，$t\in[-\bar{\tau},0]$，外部输入$u(t)$给定为$u(t)=\mathrm{e}^{-t}\sin t$，$t\geqslant 0$，取$f(t)=\sin t$。图 4-1 给出了随机产生的切换信号，其中 1 和 2 表示第一个和第二个模态。图 4-2 描述了在上述输入信号$u(t)$下原系统和降阶系统分别对应的输出轨迹，由仿真曲线可以很清晰地看到降阶系统也是随机稳定的。图 4-3 描述了原系统分别与不同的降阶系统对应的输出误差。

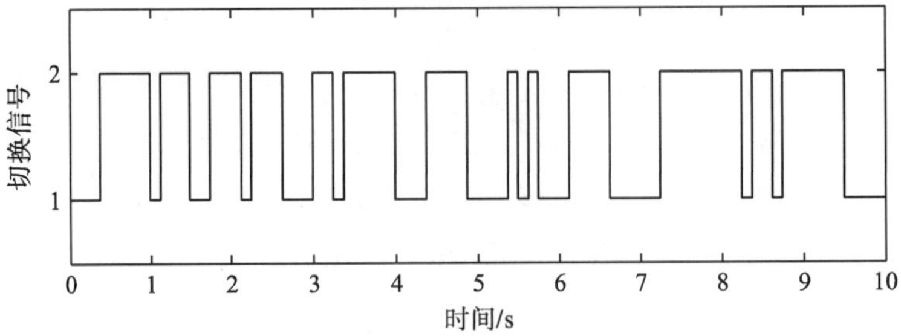

图 4-1 切换信号

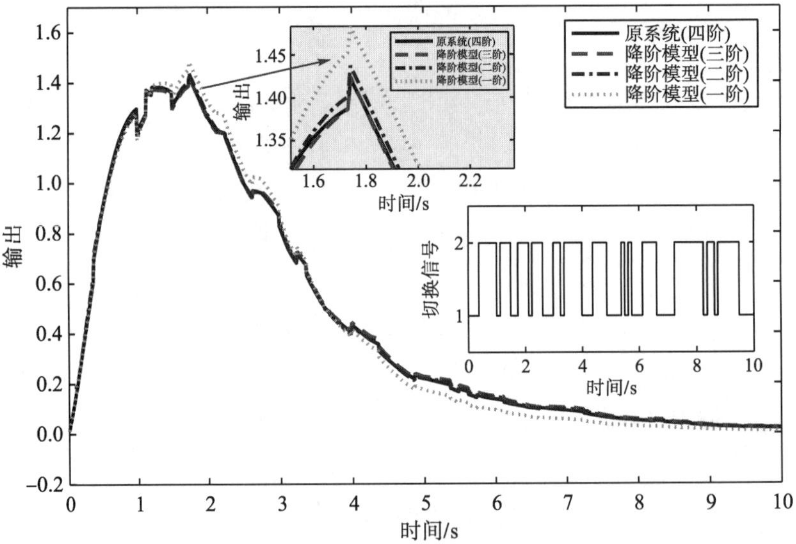

图 4-2 原系统模型与降阶系统模型的输出轨迹

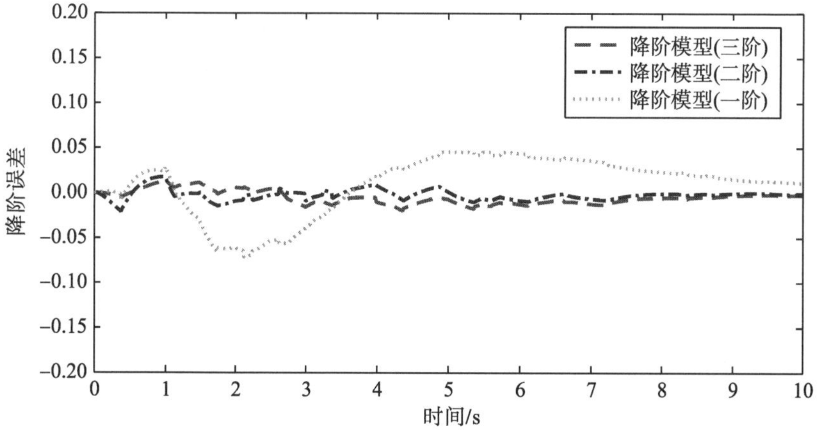

图 4-3　原系统模型与降阶系统模型的输出误差

4.4　本 章 小 结

本章研究了带时变时滞和不确定性的马尔可夫切换系统的平衡降阶问题，本章的创新点在于利用广义的耗散不等式代替耗散不等式，避免了成本函数的引入。同时利用交互式凸组合的方法处理时变时滞，具有较低的保守性，利用第 3 章平衡截断的实现思想进行降阶，得到了较低保守性的结论。最后通过两个模态的时滞马尔可夫切换系统算例进行仿真，验证了平衡降阶法在时滞马尔可夫切换系统中的可行性和有效性。

第 5 章　基于广义有限时间格拉姆的半马尔可夫切换系统的模型降阶

近年来，线性矩阵不等式、锥补线性化、凸线性优化算法、投影定理、矩阵平衡转换等先进技术，已应用到解决线性定常系统的模型降阶问题中，并得到行之有效的降阶方法，如 $\mathcal{H}_2$ 模型降阶法[159]、聚合法[160]、Hankel 范数优化法[161]、矩匹配法[162,163]、平衡截断法[164,165]及 $\mathcal{H}_\infty$ 模型降阶法[166]等。平衡降阶法简单可行并能保持原系统的主要性能，已成功应用到解决非最小相系统、切换系统[151]和马尔可夫切换系统[153]等随机切换系统的模型降阶问题中，并将降阶误差限制在 $\mathcal{H}_2$ 范数内。目前大部分成果均在无限时间域内，也就是说，降阶以后的系统在时间段 $[0,+\infty)$ 内近似逼近原系统。然而，在实际应用过程中，如有限时间优化控制问题中，往往需要在有限时间 $[t_1,t_2]$ 内解决近似逼近问题。Goyal 和 Redmann[185]、Redmann 和 Kürschner[186]、Redmann[187]针对线性定常系统，分别提出了有限时间区间内基于 $\mathcal{H}_2$ 优化算法和基于平衡截断的模型降阶方法，并且验证了平衡截断算法的降阶误差有界。进一步，越来越多的研究学者将有限时间区间内的基于平衡截断的降阶算法推广到连续大系统[188]、离散分数阶系统[189]和正实系统[190]，验证了降阶系统能在期望的时间范围内达到要求的降阶精度。

鉴于此，本书针对转移概率部分可知的连续半马尔可夫切换系统，提出有限时间 $[t_1,t_2]$ 区间的基于广义格拉姆矩阵的模型降阶算法，并通过与平衡截断算法的对比实验验证了方法的有效性。主要创新点如下：①解决了有限时间 $[t_1,t_2]$ 内转移概率受限的半马尔可夫切换系统的模型降阶问题；②验证了降阶后的系统能与原系统同步切换；③保持了原系统的主要结构、主要输入-输出性能，并且降阶误差存在一个上界。

5.1　问题描述及前言

5.1.1　部分转移概率可知的半马尔可夫切换系统的系统描述

本书考虑一类概率空间 $(\Phi,\mathcal{F},P_r)$ 内的连续时间带半马尔可夫参数的随机系统：

$$\begin{cases} \dot{\boldsymbol{x}}(t)=\boldsymbol{A}(\eta_t)\boldsymbol{x}(t)+\boldsymbol{B}(\eta_t)\boldsymbol{u}(t) \\ \boldsymbol{y}(t)=\boldsymbol{C}(\eta_t)\boldsymbol{x}(t)+\boldsymbol{D}(\eta_t)\boldsymbol{u}(t) \\ \boldsymbol{x}(0)=\boldsymbol{x}_0 \end{cases} \tag{5-1}$$

其中，$\boldsymbol{x}(t)\in\mathbb{R}^n$ 和 $\boldsymbol{y}(t)\in\mathbb{R}^p$ 分别定义为系统的 n 维状态向量和 p 维测量输出向量；$\boldsymbol{u}(t)\in\mathbb{R}^m$ 为定义在 $\mathcal{L}_2[0,\infty)$ 空间的 m 维控制输入；$\boldsymbol{x}_0$ 为初始向量函数。

本书令 $\{\eta_t,t\geqslant 0\}$ 为取值于状态空间 $\mathcal{N}=\{1,2,\cdots,N\}$ 的半马尔可夫链，并且假设其时变转移概率满足：

$$P_r(\eta_{t+h}=j|\eta_t=i)=\begin{cases} \alpha_{ij}(h)h+o(h), & i\neq j \\ 1+\alpha_{ij}(h)h+o(h), & i=j \end{cases}$$

其中，$h(h>0)$ 称为不同模态间的逗留时间；$o(h)$ 为无穷小变量且满足 $\lim\limits_{h\to 0}\dfrac{o(h)}{h}=0$；$\alpha_{ij}(h)$ 为从 t 时刻的第 i 个子系统在 $t+h$ 时刻转移到第 j 子系统的逗留时间依赖的转移概率矩阵，且满足 $\alpha_{ij}(h)\geqslant 0(i,j\in\mathcal{N},i\neq j)$ 和 $\alpha_{ii}(h)=-\sum\limits_{j=1,j\neq i}^{N}\alpha_{ij}(h)$。

本书假设逗留时刻依赖的概率分布服从于韦布尔分布，也就是说，转移概率矩阵是有界的且上下界分别表示为常数标量 $\overline{\alpha}_{ij}$ 和 $\underline{\alpha}_{ij}$。根据上述假设，本书采用以下方式描述时变转移概率 $\alpha_{ij}(h)$：

$$\alpha_{ij}(h)=\alpha_{ij}+\Delta\alpha_{ij},\quad \alpha_{ij}=\frac{1}{2}(\overline{\alpha}_{ij}+\underline{\alpha}_{ij}),\quad |\Delta\alpha_{ij}|\leqslant\mathcal{K}_{ij}=\frac{1}{2}(\overline{\alpha}_{ij}-\underline{\alpha}_{ij})$$

本书考虑的转移概率部分可知，即转移概率矩阵部分元素不可知，部分元素时变，则

$$\mathcal{N}=\mathcal{N}_{\mathrm{UK}}+\mathcal{N}_{\mathrm{UC}}$$

其中，$\mathcal{N}_{\mathrm{UK}}$ 表示转移概率 $\alpha_{ij}(h)$ 不可知；$\mathcal{N}_{\mathrm{UC}}$ 表示转移概率 $\alpha_{ij}(h)$ 是不确定的。

为得到预期研究成果，针对上述数学模型本书用到以下定义和引理。

假设 5.1：式(5-1)中的原高阶半马尔可夫切换系统是渐近稳定且最小实现的。

定义 5.1：式(5-1)中的半马尔可夫切换系统是渐近稳定的，若

$$\mathrm{E}\left\{\int_0^{\infty}\|\boldsymbol{x}(t)\|^2\mathrm{d}t\mid\boldsymbol{x}_0,\boldsymbol{\eta}_0\right\}<\infty$$

对任意初始向量 $\boldsymbol{x}_0\in\mathbb{R}^n$，$\boldsymbol{\eta}_0\in\mathcal{N}$ 和 $\boldsymbol{u}(t)=0$ 均成立。

引理 5.1：式(5-1)中的半马尔可夫切换系统是渐近稳定的，当且仅当存在一组正定矩阵 $\boldsymbol{Q}_i$ 满足以下不等式：

$$\boldsymbol{A}_i^{\mathrm{T}}\boldsymbol{Q}_i+\boldsymbol{Q}_i\boldsymbol{A}_i+\sum_{j=1}^{N}\alpha_{ij}(h)\boldsymbol{Q}_j<0,\quad i\in\mathcal{N}$$

或对偶地存在一组正定对称矩阵 $\boldsymbol{P}_i$ 满足

$$\boldsymbol{A}_i\boldsymbol{P}_i+\boldsymbol{P}_i\boldsymbol{A}_i^{\mathrm{T}}+\sum_{j=1}^{N}\alpha_{ij}(h)\boldsymbol{P}_j<0,\quad i\in\mathcal{N}$$

同时，本书采用以下引理处理逗留时间依赖的时变转移概率。

引理 5.2：对给定的任意标量 ϵ 和矩阵 $\boldsymbol{\Gamma}\in\mathbb{R}^{n\times n}$ ，以下不等式：

$$\epsilon\left(\boldsymbol{\Gamma}+\boldsymbol{\Gamma}^{\mathrm{T}}\right)\leqslant\epsilon^2\boldsymbol{X}+\boldsymbol{\Gamma}\boldsymbol{X}^{-1}\boldsymbol{\Gamma}^{\mathrm{T}}$$

对任意正定对称矩阵 $\boldsymbol{X}\in\mathbb{R}^{n\times n}$ 均成立。

5.1.2 有限时间区间的格拉姆矩阵定义

给出有限时间区间 $\mathcal{T}=[t_1,t_2]$ 内半马尔可夫切换系统格拉姆矩阵的定义。

定义 5.2：有限时间区间 $\mathcal{T}=[t_1,t_2]$ 内，式(5-1)中的半马尔可夫切换系统的能控性和能观性格拉姆矩阵定义如下：

$$\mathcal{P}_i\triangleq\int_{t_1}^{t_2}\mathrm{e}^{\boldsymbol{A}_i\tau}\boldsymbol{B}_i\boldsymbol{B}_i^{\mathrm{T}}\mathrm{e}^{\boldsymbol{A}_i^{\mathrm{T}}\tau}\,\mathrm{d}\tau,\quad \mathcal{Q}_i\triangleq\int_{t_1}^{t_2}\mathrm{e}^{\boldsymbol{A}_i^{\mathrm{T}}\tau}\boldsymbol{C}_i^{\mathrm{T}}\boldsymbol{C}_i\mathrm{e}^{\boldsymbol{A}_i\tau}\,\mathrm{d}\tau$$

满足

$$\mathcal{P}_i=\hat{\boldsymbol{P}}_i(t_1)-\hat{\boldsymbol{P}}_i(t_2),\quad \hat{\boldsymbol{P}}_i(t)=\boldsymbol{P}_i-\mathrm{e}^{\boldsymbol{A}_it}\boldsymbol{P}_i\mathrm{e}^{\boldsymbol{A}_i^{\mathrm{T}}t}$$

$$\mathcal{Q}_i=\hat{\boldsymbol{Q}}_i(t_1)-\hat{\boldsymbol{Q}}_i(t_2),\quad \hat{\boldsymbol{Q}}_i(t)=\boldsymbol{Q}_i-\mathrm{e}^{\boldsymbol{A}_i^{\mathrm{T}}t}\boldsymbol{Q}_i\mathrm{e}^{\boldsymbol{A}_it}$$

其中，$\boldsymbol{P}_i\triangleq\int_0^{\infty}\mathrm{e}^{\boldsymbol{A}_i\tau}\boldsymbol{B}_i\boldsymbol{B}_i^{\mathrm{T}}\mathrm{e}^{\boldsymbol{A}_i^{\mathrm{T}}\tau}\,\mathrm{d}\tau$ 和 $\boldsymbol{Q}_i\triangleq\int_0^{\infty}\mathrm{e}^{\boldsymbol{A}_i^{\mathrm{T}}\tau}\boldsymbol{C}_i^{\mathrm{T}}\boldsymbol{C}_i\mathrm{e}^{\boldsymbol{A}_i\tau}\,\mathrm{d}\tau$（$i\in\mathcal{N}$）。

5.1.3 问题描述

如图 5-1 所示，本书旨在寻找一个低阶的系统模型来近似逼近式(5-1)中的半马尔可夫切换系统，且具有以下状态空间实现：

$$\begin{cases}\dot{\hat{\boldsymbol{x}}}(t)=\hat{\boldsymbol{A}}(\eta_t)\hat{\boldsymbol{x}}(t)+\hat{\boldsymbol{B}}(\eta_t)\boldsymbol{u}(t)\\ \hat{\boldsymbol{y}}(t)=\hat{\boldsymbol{C}}(\eta_t)\hat{\boldsymbol{x}}(t)+\hat{\boldsymbol{D}}(\eta_t)\boldsymbol{u}(t)\\ \hat{\boldsymbol{x}}(0)=\hat{\boldsymbol{x}}_0\end{cases}\tag{5-2}$$

其中，$\hat{\boldsymbol{x}}(t)\in\mathbb{R}^k(1\leqslant k<n)$ 和 $\hat{\boldsymbol{y}}(t)$ 分别为降阶后系统的状态向量和输出向量。矩阵 $\hat{\boldsymbol{A}}(\eta_t)$、$\hat{\boldsymbol{B}}(\eta_t)$、$\hat{\boldsymbol{C}}(\eta_t)$ 和 $\hat{\boldsymbol{D}}(\eta_t)$ 为待确定的降阶模型参数。

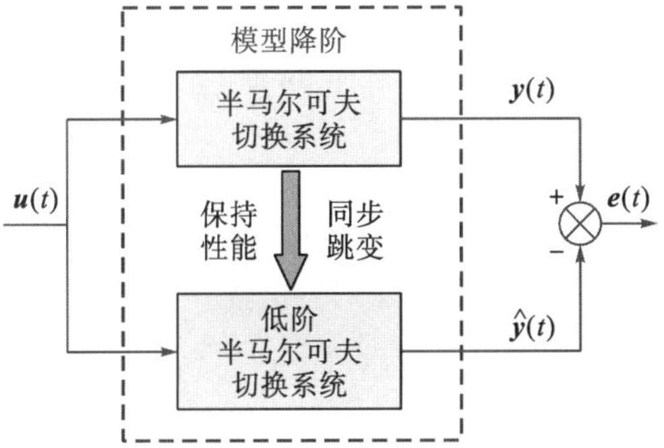

图 5-1　半马尔可夫切换系统的模型降阶基本框架

为评价模型降阶的精度，通过式(5-1)中原系统和式(5-2)中降阶模型引入如下误差系统：

$$\begin{cases}\dot{\boldsymbol{x}}_e(t)=\boldsymbol{A}_e(\eta_t)\boldsymbol{x}_e(t)+\boldsymbol{B}_e(\eta_t)\boldsymbol{u}(t)\\ \boldsymbol{e}(t)=\boldsymbol{C}_e(\eta_t)\boldsymbol{x}_e(t)+\boldsymbol{D}_e(\eta_t)\boldsymbol{u}(t)\end{cases}\tag{5-3}$$

其中，

$$\boldsymbol{x}_e(t)\triangleq\begin{bmatrix}\boldsymbol{x}^{\mathrm{T}}(t) & \hat{\boldsymbol{x}}^{\mathrm{T}}(t)\end{bmatrix}^{\mathrm{T}},\ \boldsymbol{e}(t)\triangleq\boldsymbol{y}(t)-\hat{\boldsymbol{y}}(t)$$

$$\boldsymbol{A}_e(\eta_t)\triangleq\begin{bmatrix}\boldsymbol{A}(\eta_t) & 0\\ 0 & \hat{\boldsymbol{A}}(\eta_t)\end{bmatrix},\ \boldsymbol{B}_e(\eta_t)\triangleq\begin{bmatrix}\boldsymbol{B}(\eta_t)\\ \hat{\boldsymbol{B}}(\eta_t)\end{bmatrix}$$

$$\boldsymbol{C}_e(\eta_t)\triangleq\begin{bmatrix}\boldsymbol{C}(\eta_t) & \hat{\boldsymbol{C}}(\eta_t)\end{bmatrix},\ \boldsymbol{D}_e(\eta_t)\triangleq\boldsymbol{D}(\eta_t)-\hat{\boldsymbol{D}}(\eta_t)$$

式(5-3)误差系统渐近稳定并且满足 $\mathcal{H}_\infty$ 性能指标 γ。

定义 5.3：对于给定标量 $\gamma>0$，式(5-3)中的误差系统在有限时间 $[t_1,t_2]$ 内是渐近稳定且满足 $\mathcal{H}_\infty$ 性能指标 γ 的，即系统稳定且在零初始条件下满足

$$\mathrm{E}\left\{\int_{t_1}^{t_2}\|\boldsymbol{e}(t)\|^2\,\mathrm{d}t\right\}<\gamma^2\int_{t_1}^{t_2}\|\boldsymbol{u}(t)\|^2\,\mathrm{d}t$$

对非零外部输入 $\boldsymbol{u}(t)\in\mathcal{L}_2[0,\infty)$ 均成立。

5.2 主要结论

5.2.1 半马尔可夫切换系统的有限时间格拉姆矩阵

本书提出一种新的基于有限时间格拉姆矩阵的平衡降阶算法，旨在解决半马尔可夫切换系统的模型降阶问题。首先以定理的形式给出有限时间格拉姆矩阵的求解算法。

定理 5.1：针对式(5-1)中的半马尔可夫切换系统，若有限时间区间$\mathcal{T}=[t_1,t_2]$内存在一组非奇异正定对称矩阵$\mathcal{P}_i$和任意矩阵$\boldsymbol{X}_{ij}$与$\boldsymbol{W}_i\,(i,j\in\mathcal{N})$满足

$$\begin{bmatrix} \boldsymbol{A}_i\mathcal{P}_i+\mathcal{P}_i\boldsymbol{A}_i^{\mathrm{T}}+\mathcal{X}_{\mathcal{P}_i}+\sum\limits_{j\in\mathcal{N}_{\mathrm{UC}}}^{N}\alpha_{ij}\left(\mathcal{P}_j-\boldsymbol{W}_i\right)+\sum\limits_{j\in\mathcal{N}_{\mathrm{UC}},j\neq i}^{N}\dfrac{\kappa_{ij}^2}{4}\boldsymbol{X}_{ij} & \mathcal{Z}_{\mathcal{P}_i} \\ * & -\boldsymbol{\Lambda}_{\mathcal{P}_i}\end{bmatrix}<0,\ j\in\mathcal{N}_{\mathrm{UC}} \tag{5-4}$$

$$\mathcal{P}_j-\boldsymbol{W}_i<0,\ j\in\mathcal{N}_{\mathrm{UK}},\ i\neq j \tag{5-5}$$

$$\mathcal{P}_j-\boldsymbol{W}_i>0,\ j\in\mathcal{N}_{\mathrm{UK}},\ i=j \tag{5-6}$$

其中，

$$\begin{cases} \mathcal{X}_{\mathcal{P}_i}\triangleq \mathrm{e}^{\boldsymbol{A}_it_1}\boldsymbol{B}_i\boldsymbol{B}_i^{\mathrm{T}}\mathrm{e}^{\boldsymbol{A}_i^{\mathrm{T}}t_1}-\mathrm{e}^{\boldsymbol{A}_it_2}\boldsymbol{B}_i\boldsymbol{B}_i^{\mathrm{T}}\mathrm{e}^{\boldsymbol{A}_i^{\mathrm{T}}t_2} \\ \mathcal{Z}_{\mathcal{P}_i}\triangleq\begin{bmatrix}\mathcal{P}_i-\mathcal{P}_1 & \cdots & \mathcal{P}_i-\mathcal{P}_{i-1} & \mathcal{P}_i-\mathcal{P}_{i+1} & \cdots & \mathcal{P}_i-\mathcal{P}_N\end{bmatrix} \\ \boldsymbol{\Lambda}_{\mathcal{P}_i}\triangleq\operatorname{diag}\left\{\boldsymbol{X}_{i1},\cdots,\boldsymbol{X}_{i(i-1)},\boldsymbol{X}_{i(i+1)},\cdots,\boldsymbol{X}_{iN}\right\}\end{cases}$$

则称半马尔可夫切换系统是渐近稳定的且驱动系统状态从$\boldsymbol{x}_{t_1}$到$\boldsymbol{x}_{t_2}$需要输入的能量有界，即满足

$$\mathrm{E}\left\{\int_{t_1}^{t_2}\boldsymbol{x}_t^{\mathrm{T}}\mathcal{P}_i^{-1}\boldsymbol{x}_t\,\mathrm{d}t\right\}\leqslant\inf_{\boldsymbol{u}\in\mathcal{L}_2[t_1,t_2]}\int_{t_1}^{t_2}\|\boldsymbol{u}(t)\|^2\,\mathrm{d}t \tag{5-7}$$

对任意非零外部输入$\boldsymbol{u}(t)\in\mathcal{L}_2[t_1,t_2]$均成立。

证明：首先，有引理 5-1 和式(5-4)～式(5-6)可得式(5-1)中的半马尔可夫切换系统是渐近稳定的。假设半马尔可夫切换系统驱动系统状态从$\boldsymbol{x}_{t_1}$到$\boldsymbol{x}_{t_2}$需要的外部输入$\boldsymbol{u}(t):[t_1,t_2]\to\mathbb{R}^m$为

$$\boldsymbol{u}(t)\triangleq\boldsymbol{B}_i^{\mathrm{T}}\mathrm{e}^{\boldsymbol{A}_i^{\mathrm{T}}t}\mathcal{P}_i^{-1}\boldsymbol{x}_t$$

则需要输入的能量为

$$\int_{t_1}^{t_2}\|\boldsymbol{u}(t)\|^2\,\mathrm{d}t=\int_{t_1}^{t_2}\boldsymbol{x}_t^{\mathrm{T}}\mathcal{P}_i^{-1}\mathrm{e}^{\boldsymbol{A}_i t}\boldsymbol{B}_i\boldsymbol{B}_i^{\mathrm{T}}\mathrm{e}^{\boldsymbol{A}_i^{\mathrm{T}}t}\mathcal{P}_i^{-1}\boldsymbol{x}_t\,\mathrm{d}t=\int_{t_1}^{t_2}\boldsymbol{x}_t^{\mathrm{T}}\mathcal{P}_i^{-1}\boldsymbol{x}_t\,\mathrm{d}t$$

因此式(5-7)得证。

进一步，选取参数依赖的李雅普诺夫函数

$$\boldsymbol{V}((\boldsymbol{x},t),\eta_t)=\boldsymbol{x}^{\mathrm{T}}(t)\mathcal{P}^{-1}\ \eta_t\ \boldsymbol{x}(t)$$

且矩阵 $\mathcal{P}(\eta_t)$ 为正定对称矩阵。令 $\mathcal{L}$ 为系统状态沿李雅普诺夫函数的无穷小算子，满足

$$\begin{aligned}\mathcal{L}\boldsymbol{V}(\boldsymbol{x},t,\eta_t=i)&=\lim_{\Delta\to 0}\frac{\mathrm{E}\{\boldsymbol{V}(\boldsymbol{x},t+\Delta,\eta_{t+\Delta})\mid\boldsymbol{x}(t),\eta_t\}-\boldsymbol{V}(\boldsymbol{x},t,\eta_t)}{\Delta}\\&=\frac{\partial\boldsymbol{V}}{\partial t}+\dot{\boldsymbol{x}}^{\mathrm{T}}(t)\frac{\partial\boldsymbol{V}}{\partial\boldsymbol{x}}+\sum_{j=1}^{N}\alpha_{ij}(h)\boldsymbol{V}(\boldsymbol{x},t,j)\end{aligned}$$

由式(5-7)可得

$$\mathcal{L}\boldsymbol{V}(\boldsymbol{x},t,i)-\boldsymbol{u}^{\mathrm{T}}(t)\boldsymbol{u}(t)=2\dot{\boldsymbol{x}}^{\mathrm{T}}(t)\mathcal{P}_i^{-1}\boldsymbol{x}(t)+\boldsymbol{x}^{\mathrm{T}}(t)\sum_{j=1}^{N}\left[\alpha_{ij}(h)\mathcal{P}_j^{-1}\right]\boldsymbol{x}(t)-\boldsymbol{u}^{\mathrm{T}}(t)\boldsymbol{u}(t)$$

定义 $\xi(t)=\left[\boldsymbol{x}^{\mathrm{T}}(t)\ \ \boldsymbol{u}^{\mathrm{T}}(t)\right]^{\mathrm{T}}$，同时左右同乘矩阵 $\mathcal{P}_i$ 可得

$$\begin{aligned}&\boldsymbol{A}_i\mathcal{P}_i+\mathcal{P}_i\boldsymbol{A}_i^{\mathrm{T}}+\sum_{j=1}^{N}\alpha_{ij}(h)\mathcal{P}_j\\&=\int_{t_1}^{t_2}\left(\boldsymbol{A}_i\mathrm{e}^{\boldsymbol{A}_i\tau}\boldsymbol{B}_i\boldsymbol{B}_i^{\mathrm{T}}\mathrm{e}^{\boldsymbol{A}_i^{\mathrm{T}}\tau}+\mathrm{e}^{\boldsymbol{A}_i\tau}\boldsymbol{B}_i\boldsymbol{B}_i^{\mathrm{T}}\mathrm{e}^{\boldsymbol{A}_i^{\mathrm{T}}\tau}\boldsymbol{A}_i^{\mathrm{T}}\right)\mathrm{d}\tau+\sum_{j=1}^{N}\alpha_{ij}(h)\mathcal{P}_j\\&=\int_{t_1}^{t_2}\mathrm{d}\left(\mathrm{e}^{\boldsymbol{A}_i\tau}\boldsymbol{B}_i\boldsymbol{B}_i^{\mathrm{T}}\mathrm{e}^{\boldsymbol{A}_i^{\mathrm{T}}\tau}\right)=-\mathcal{X}_{\mathcal{P}_i}\end{aligned}\tag{5-8}$$

另外，本书考虑的转移概率部分可知且满足 $\sum_{j=1}^{N}\alpha_{ij}(h)=0$，由式(5-8)可得

$$\begin{aligned}&\boldsymbol{A}_i\mathcal{P}_i+\mathcal{P}_i\boldsymbol{A}_i^{\mathrm{T}}+\mathcal{X}_{\mathcal{P}_i}+\sum_{j=1}^{N}\alpha_{ij}(h)\mathcal{P}_j-\sum_{j=1}^{N}\alpha_{ij}(h)\ \boldsymbol{W}_i\\&=\boldsymbol{A}_i\mathcal{P}_i+\mathcal{P}_i\boldsymbol{A}_i^{\mathrm{T}}+\mathcal{X}_{\mathcal{P}_i}+\sum_{j\in\mathcal{N}_{\mathrm{UC}}}\alpha_{ij}(h)(\mathcal{P}_j-\ \boldsymbol{W}_i)+\sum_{j\in\mathcal{N}_{\mathrm{UK}}}\alpha_{ij}(h)(\mathcal{P}_j-\ \boldsymbol{W}_i)\end{aligned}$$

其中，转移概率 $\alpha_{ij}(h)$ 是逗留时间依赖的，也就是说，上述等式包含无穷多个等式。

为解决此类问题，假设时变转移概率 $\alpha_{ij}(h)$ 满足：

$$\alpha_{ij}(h)=\alpha_{ij}+\Delta\alpha_{ij},\quad \alpha_{ij}=\frac{1}{2}(\bar{\alpha}_{ij}+\underline{\alpha}_{ij}),\quad |\Delta\alpha_{ij}|\leqslant\mathcal{K}_{ij}=\frac{1}{2}(\bar{\alpha}_{ij}-\underline{\alpha}_{ij})$$

由引理 5.2 可得

$$
\begin{aligned}
&\boldsymbol{A}_i\mathcal{P}_i+\mathcal{P}_i\boldsymbol{A}_i^{\mathrm{T}}+\mathcal{X}_{\mathcal{P}_i}+\sum_{j\in\mathcal{N}_{\mathrm{UC}}}^{N}\alpha_{ij}\left(\mathcal{P}_j-\boldsymbol{W}_i\right)\\
&\quad+\sum_{j\in\mathcal{N}_{\mathrm{UC}},j\neq i}^{N}\left[\frac{1}{2}\Delta\alpha_{ij}\left(\mathcal{P}_j-\mathcal{P}_i\right)+\frac{1}{2}\Delta\alpha_{ij}\left(\mathcal{P}_j-\mathcal{P}_i\right)\right]\\
&\leqslant\boldsymbol{A}_i\mathcal{P}_i+\mathcal{P}_i\boldsymbol{A}_i^{\mathrm{T}}+\mathcal{X}_{\mathcal{P}_i}+\sum_{j\in\mathcal{N}_{\mathrm{UC}}}^{N}\alpha_{ij}\left(\mathcal{P}_j-\boldsymbol{W}_i\right)\\
&\quad+\sum_{j\in\mathcal{N}_{\mathrm{UC}},j\neq i}^{N}\left[\frac{\mathcal{K}_{ij}^2}{4}\boldsymbol{X}_{ij}+\left(\mathcal{P}_j-\mathcal{P}_i\right)\boldsymbol{X}_{ij}^{-1}\left(\mathcal{P}_j-\mathcal{P}_i\right)\right]
\end{aligned}
$$

进一步利用 Schur 补引理，式(5-4)～式(5-6)得证。

定理 5.2：针对式(5-1)中的半马尔可夫切换系统，若有限时间区间 $\mathcal{T}=[t_1,t_2]$ 内存在一组非奇异正定对称矩阵 $\mathcal{Q}_i$ 和任意矩阵 $\boldsymbol{Y}_{ij}$ 与 $\boldsymbol{V}_i\,(i,j\in\mathcal{N})$ 满足

$$
\begin{bmatrix}
\boldsymbol{A}_i^{\mathrm{T}}\mathcal{Q}_i+\mathcal{Q}_i\boldsymbol{A}_i+\mathcal{X}_{\mathcal{Q}_i}+\sum\limits_{j\in\mathcal{N}_{\mathrm{UC}}}^{N}\alpha_{ij}\left(\mathcal{Q}_j-\boldsymbol{V}_i\right)+\sum\limits_{j\in\mathcal{N}_{\mathrm{UC}},j\neq i}^{N}\dfrac{\kappa_{ij}^2}{4}\boldsymbol{Y}_{ij} & \mathcal{Z}_{\mathcal{Q}_i}\\
* & -\boldsymbol{\Lambda}_{\mathcal{Q}_i}
\end{bmatrix}<0,\ j\in\mathcal{N}_{\mathrm{UC}} \tag{5-9}
$$

$$
\mathcal{Q}_j-\boldsymbol{V}_i<0,\ j\in\mathcal{N}_{\mathrm{UK}},\ i\neq j \tag{5-10}
$$

$$
\mathcal{Q}_j-\boldsymbol{V}_i>0,\ j\in\mathcal{N}_{\mathrm{UK}},\ i=j \tag{5-11}
$$

其中，

$$
\begin{cases}
\mathcal{X}_{\mathcal{Q}_i}\triangleq \mathrm{e}^{\boldsymbol{A}_i^{\mathrm{T}}t_1}\boldsymbol{C}_i^{\mathrm{T}}\boldsymbol{C}_i\,\mathrm{e}^{\boldsymbol{A}_it_1}-\mathrm{e}^{\boldsymbol{A}_i^{\mathrm{T}}t_2}\boldsymbol{C}_i^{\mathrm{T}}\boldsymbol{C}_i\,\mathrm{e}^{\boldsymbol{A}_it_2}\\
\mathcal{Z}_{\mathcal{Q}_i}\triangleq\left[\ \mathcal{Q}_i-\mathcal{Q}_1\quad\cdots\quad\mathcal{Q}_i-\mathcal{Q}_{i-1}\quad\mathcal{Q}_i-\mathcal{Q}_{i+1}\quad\cdots\quad\mathcal{Q}_i-\mathcal{Q}_N\right]\\
\boldsymbol{\Lambda}_{\mathcal{Q}_i}\triangleq\mathrm{diag}\left\{\boldsymbol{Y}_{i1},\cdots,\boldsymbol{Y}_{i(i-1)},\boldsymbol{Y}_{i(i+1)},\cdots,\boldsymbol{Y}_{iN}\right\}
\end{cases}
$$

则称半马尔可夫切换系统是渐近稳定且当系统仅受初始条件激发时的输出平均能量是有界的，即满足

$$
\mathrm{E}\left\{\int_{t_1}^{t_2}\left\|\boldsymbol{y}\left(t,\boldsymbol{x}_{t_1},0,i\right)\right\|^2\mathrm{d}t\right\}<\mathrm{E}\left\{\boldsymbol{x}_{t_1}^{\mathrm{T}}\mathcal{Q}_i\boldsymbol{x}_{t_1}\right\} \tag{5-12}
$$

对任意初始向量 $\boldsymbol{x}_{t_1}\in\mathbb{R}^n$ 均成立。

证明：定理 5.2 与定理 5.1 对偶，由于篇幅所限，证明过程略。

值得提出的是，半马尔可夫切换系统得到了 N 个有限时间格拉姆矩阵 $\mathcal{P}_i$ 和 $\mathcal{Q}_i$。本书采用以下优化算法：

$$
\min\ \mathrm{trace}(\mathcal{P}_i\mathcal{Q}_j)
$$
$$
\text{s.t.式(5-4)～式(5-6)和式(5-9)～式(5-11)}
$$

取得的最优值 $\mathcal{P}_g$ 和 $\mathcal{Q}_g$ 表示广义有限时间能控性和能观性格拉姆矩阵。

5.2.2　模型降阶算法

本书利用等价变换只能改变系统参数矩阵，并不能改变原系统输入-输出性能的特性，在有限时间 $[t_1,t_2]$ 内将原系统按照能控能观能力转化为一种平衡形式，即能控性较弱的状态能观性也较弱。若将能控性和能观性较弱的状态截断，得到降阶以后的系统，则具体降阶过程详见表 5-1。

表 5-1　有限时间 $[t_1,t_2]$ 内半马尔可夫切换系统的模型降阶算法

第一步：	考虑原高阶半马尔可夫切换系统： $\boldsymbol{G}_i=\begin{bmatrix}\boldsymbol{A}_i & \boldsymbol{B}_i\\ \boldsymbol{C}_i & \boldsymbol{D}_i\end{bmatrix}, i\in\mathcal{N}$　(5-13) 分别利用定理 5-1 和定理 5-2 求解半马尔可夫切换系统 N 个子系统的有限时间格拉姆矩阵 $\mathcal{P}_i$ 和 $\mathcal{Q}_i$
第二步：	利用以下优化算法 $\min\ \mathrm{trace}(\mathcal{P}_i\mathcal{Q}_j)$　(5-14) s.t.式(5-4)～式(5-6)和式(5-9)～式(5-11) 求解广义有限时间 $[t_1,t_2]$ 内的能控性和能观性格拉姆矩阵 $\mathcal{P}_g$ 和 $\mathcal{Q}_g$
第三步：	寻找能利用等价变换将原系统转换为平衡形式的转移矩阵 $\boldsymbol{T}_e$，满足 $\boldsymbol{T}_e\mathcal{P}_g\boldsymbol{T}_e^{\mathrm{T}}=\boldsymbol{T}_e^{-\mathrm{T}}\mathcal{Q}_g\boldsymbol{T}_e^{-1}=\boldsymbol{\Sigma}=\mathrm{diag}\{\sigma_1\boldsymbol{I}_1,\sigma_2\boldsymbol{I}_2,\cdots,\sigma_n\boldsymbol{I}_n\}$　(5-15) 其中，$\sigma_1\geqslant\sigma_2\geqslant\cdots\geqslant\sigma_n>0$ 为系统的 Hankel 奇异值。 值得提出的是，式(5-11)很难直接求解转移矩阵 $\boldsymbol{T}_e$，我们采用以下算法求解。 ■ 采用 Cholesky 因式分解对有限时间 $[t_1,t_2]$ 内的矩阵 $\mathcal{P}_g$ 进行分解： $\mathcal{P}_g=\boldsymbol{R}^{\mathrm{T}}\boldsymbol{R}$ ■ 对正定对称矩阵 $\boldsymbol{R}\mathcal{Q}_g\boldsymbol{R}^{\mathrm{T}}$ 进行对角化处理： $\boldsymbol{R}\mathcal{Q}_g\boldsymbol{R}^{\mathrm{T}}=\boldsymbol{U}\boldsymbol{\Sigma}^2\boldsymbol{U}^{\mathrm{T}}$，$\boldsymbol{U}^{\mathrm{T}}\boldsymbol{U}=\boldsymbol{I}$ ■ 转移矩阵 $\boldsymbol{T}_e$ 为 $\boldsymbol{T}_e=\boldsymbol{\Sigma}^{-1/2}\boldsymbol{U}^{\mathrm{T}}\boldsymbol{R}$　(5-16)
第四步：	利用上述获得的转移矩阵 $\boldsymbol{T}_e$，将原高阶系统转换为以下平衡形式： $\tilde{\boldsymbol{G}}_i=\begin{bmatrix}\tilde{\boldsymbol{A}}_i & \tilde{\boldsymbol{B}}_i\\ \tilde{\boldsymbol{C}}_i & \tilde{\boldsymbol{D}}_i\end{bmatrix}=\begin{bmatrix}\boldsymbol{T}_e\boldsymbol{A}_i\boldsymbol{T}_e^{-1} & \boldsymbol{T}_e\boldsymbol{B}_i\\ \boldsymbol{C}_i\boldsymbol{T}_e^{-1} & \boldsymbol{D}_i\end{bmatrix}=\begin{bmatrix}\tilde{\boldsymbol{A}}_{11i} & \tilde{\boldsymbol{A}}_{12i} & \tilde{\boldsymbol{B}}_{1i}\\ \tilde{\boldsymbol{A}}_{21i} & \tilde{\boldsymbol{A}}_{22i} & \tilde{\boldsymbol{B}}_{2i}\\ \tilde{\boldsymbol{C}}_{1i} & \tilde{\boldsymbol{C}}_{2i} & \tilde{\boldsymbol{D}}_i\end{bmatrix}$　(5-17) 此时新的状态向量分解为 $\tilde{\boldsymbol{x}}(t)=\left[\tilde{\boldsymbol{x}}_1^{\mathrm{T}}(t)\quad\tilde{\boldsymbol{x}}_2^{\mathrm{T}}(t)\right]^{\mathrm{T}}$ 其中，$\tilde{\boldsymbol{x}}_1(t)\in\mathbb{R}^k$ 为要保留的状态；$\tilde{\boldsymbol{x}}_2(t)\in\mathbb{R}^{n-k}$ 为要截断的状态
第五步：	降阶后的系统模型为 $\hat{\boldsymbol{G}}_i=\begin{bmatrix}\hat{\boldsymbol{A}}_i & \hat{\boldsymbol{B}}_i\\ \hat{\boldsymbol{C}}_i & \hat{\boldsymbol{D}}_i\end{bmatrix}=\begin{bmatrix}\tilde{\boldsymbol{A}}_{11i} & \tilde{\boldsymbol{B}}_{1i}\\ \tilde{\boldsymbol{C}}_{1i} & \tilde{\boldsymbol{D}}_i\end{bmatrix}$

5.2.3 降阶误差

接下来讨论，原系统与降阶系统之间的降阶误差存在一个上界。

定理 5.3：针对式(5-1)中的半马尔可夫切换系统，若有限时间$[t_1,t_2]$内广义格拉姆矩阵满足

$$\mathcal{P}_g=\mathcal{Q}_g=\boldsymbol{\Sigma}=\operatorname{diag}\{\boldsymbol{\Sigma}_k,\boldsymbol{\Sigma}_l\}$$

其中，

$$\boldsymbol{\Sigma}_l=\operatorname{diag}\{\sigma_{k+1}\boldsymbol{I}_{l_1},\sigma_{k+2}\boldsymbol{I}_{l_2},\cdots,\sigma_n\boldsymbol{I}_{l_s}\}$$

$$\sigma_{k+1}\geqslant\sigma_{k+2}\geqslant\cdots\geqslant\sigma_n>0,\ \ l_1+l_2+\cdots+l_s=n-k$$

那么截断后$n-k$个状态得到的低阶系统能保持原系统的稳定性且误差被限制在$\mathcal{H}_\infty$范数内

$$\|\boldsymbol{G}_i-\hat{\boldsymbol{G}}_i\|_\infty\leqslant 2\sum_{j=k+1}^{n}\sigma_j \tag{5-18}$$

证明：首先，假设截断最后第l_s个状态，也就是需要证明$\|\boldsymbol{G}_i-\hat{\boldsymbol{G}}_{l_s i}\|_\infty\leqslant 2\sigma_n$。由定义 5-3 可知，即寻找一个二次储能函数$\boldsymbol{V}[\cdot]\geqslant 0$满足

$$\mathrm{E}\left\{\int_{t_1}^{t_2}\|\boldsymbol{e}(t)\|^2\mathrm{d}t\right\}+\mathrm{E}\left\{\int_{t_1}^{t_2}\mathcal{L}\boldsymbol{V}(t)\mathrm{d}t+\boldsymbol{V}[t_1]-\boldsymbol{V}[t_2]\right\}<4\sigma_n^2\int_{t_1}^{t_2}\|\boldsymbol{u}(t)\|^2\mathrm{d}t \tag{5-19}$$

在开始证明之前，取$\boldsymbol{E}_{l_s}=\begin{bmatrix}\boldsymbol{0} & \boldsymbol{0}\\ \boldsymbol{0} & \boldsymbol{I}_{l_s}\end{bmatrix}$，利用$\boldsymbol{I}_n-\boldsymbol{E}_{l_s}$项将式(5-2)中的低阶系统改写为

$$\begin{cases}\dot{\hat{\boldsymbol{x}}}_{l_s}(t)=(\boldsymbol{I}_n-\boldsymbol{E}_{l_s})[\boldsymbol{A}_i\hat{\boldsymbol{x}}_{l_s}(t)+\boldsymbol{B}_i\boldsymbol{u}(t)]\\ \hat{\boldsymbol{y}}_{l_s}(t)=\boldsymbol{C}_i\hat{\boldsymbol{x}}_{l_s}(t)+\boldsymbol{D}_i\boldsymbol{u}(t)\end{cases} \tag{5-20}$$

其中，$\hat{\boldsymbol{x}}(t)\in\mathbb{R}^{n-l_s},\hat{\boldsymbol{x}}_{l_s}(t)=\begin{bmatrix}\hat{\boldsymbol{x}}^{\mathrm{T}}(t) & \boldsymbol{0}\end{bmatrix}^{\mathrm{T}}$。此时取

$$\epsilon_{l_s}(t)=\boldsymbol{x}(t)-\hat{\boldsymbol{x}}_{l_s}(t)$$

$$\boldsymbol{h}_{l_s}(t)=\boldsymbol{x}(t)+\hat{\boldsymbol{x}}_{l_s}(t)$$

$$\boldsymbol{\mu}_{l_s}(t)=\boldsymbol{A}_i\hat{\boldsymbol{x}}_{l_s}(t)+\boldsymbol{B}_i\boldsymbol{u}(t)$$

则降阶误差表示为

$$\begin{cases}\dot{\boldsymbol{h}}_{l_s}(t)=\boldsymbol{A}_i\boldsymbol{h}_{l_s}(t)+2\boldsymbol{B}_i\boldsymbol{u}(t)-\boldsymbol{E}_{l_s}\boldsymbol{\mu}_{l_s}(t)\\ \dot{\epsilon}_{l_s}(t)=\boldsymbol{A}_i\epsilon_{l_s}(t)+\boldsymbol{E}_{l_s}\boldsymbol{\mu}_{l_s}(t)\\ \boldsymbol{e}_{l_s}(t)=\boldsymbol{C}_i\epsilon_{l_s}(t)\end{cases} \tag{5-21}$$

对应式(5-19)表示为

$$
\begin{aligned}
&\mathrm{E}\left\{\int_{t_1}^{t_2}\mathcal{L}\boldsymbol{V}\left(\boldsymbol{x}(t),\hat{\boldsymbol{x}}_{l_s}(t)\right)\mathrm{d}t+\boldsymbol{V}\left[\boldsymbol{x}(t_1),\hat{\boldsymbol{x}}_{l_s}(t_1)\right]-\boldsymbol{V}\left[\boldsymbol{x}(t_2),\hat{\boldsymbol{x}}_{l_s}(t_2)\right]\right\}\\
&+\mathrm{E}\left\{\int_{t_1}^{t_2}\left\|\boldsymbol{e}_{l_s}(t)\right\|^2\mathrm{d}t\right\}<4\sigma_n^2\int_{t_1}^{t_2}\left\|\boldsymbol{u}(t)\right\|^2\mathrm{d}t
\end{aligned}
\tag{5-22}
$$

若取二次储能函数

$$
\begin{aligned}
\boldsymbol{V}\left(\boldsymbol{x}(t),\hat{\boldsymbol{x}}_{l_s}(t)\right)&=\sigma_n^2\left[\boldsymbol{x}(t)+\hat{\boldsymbol{x}}_{l_s}(t)\right]^{\mathrm{T}}\boldsymbol{P}_i\left[\boldsymbol{x}(t)+\hat{\boldsymbol{x}}_{l_s}(t)\right]+\left[\boldsymbol{x}(t)-\hat{\boldsymbol{x}}_{l_s}(t)\right]^{\mathrm{T}}\boldsymbol{Q}_i\left[\boldsymbol{x}(t)-\hat{\boldsymbol{x}}_{l_s}(t)\right]\\
&=\sigma_n^2\boldsymbol{h}_{l_s}^{\mathrm{T}}(t)\boldsymbol{P}_i\boldsymbol{h}_{l_s}(t)+\boldsymbol{\epsilon}_{l_s}^{\mathrm{T}}(t)\boldsymbol{Q}_i\boldsymbol{\epsilon}_{l_s}(t)
\end{aligned}
$$

可知

$$
\begin{aligned}
&\mathrm{E}\left\{\int_{t_1}^{t_2}\mathcal{L}\boldsymbol{V}\left[\boldsymbol{x}(t),\hat{\boldsymbol{x}}_{l_s}(t)\right]\mathrm{d}t+\boldsymbol{V}\left[\boldsymbol{x}(t_1),\hat{\boldsymbol{x}}_{l_s}(t_1)\right]-\boldsymbol{V}\left[\boldsymbol{x}(t_2),\hat{\boldsymbol{x}}_{l_s}(t_2)\right]\right\}\\
=&\mathrm{E}\left\{\int_{t_1}^{t_2}\left[2\sigma_n^2\dot{\boldsymbol{h}}_{l_s}^{\mathrm{T}}(t)\boldsymbol{P}_i\boldsymbol{h}_{l_s}(t)+2\dot{\boldsymbol{\epsilon}}_{l_s}^{\mathrm{T}}(t)\boldsymbol{Q}_i\boldsymbol{\epsilon}_{l_s}(t)+\sigma_n^2\boldsymbol{h}_{l_s}^{\mathrm{T}}(t)\left(\sum_{j=1}^{N}\alpha_{ij}(h)\boldsymbol{P}_j\right)\boldsymbol{h}_{l_s}(t)\right.\right.\\
&\left.+\boldsymbol{\epsilon}_{l_s}^{\mathrm{T}}(t)\left(\sum_{j=1}^{N}\alpha_{ij}(h)\boldsymbol{Q}_j\right)\boldsymbol{\epsilon}_{l_s}(t)\right]\mathrm{d}t+\sigma_n^2\left[\boldsymbol{h}_{l_s}^{\mathrm{T}}(t_1)\boldsymbol{P}_i\boldsymbol{h}_{l_s}(t_1)-\boldsymbol{h}_{l_s}^{\mathrm{T}}(t_2)\boldsymbol{P}_i\boldsymbol{h}_{l_s}(t_2)\right]\\
&\left.+\boldsymbol{\epsilon}_{l_s}^{\mathrm{T}}(t_1)\boldsymbol{Q}_i\boldsymbol{\epsilon}_{l_s}(t_1)-\boldsymbol{\epsilon}_{l_s}^{\mathrm{T}}(t_2)\boldsymbol{Q}_i\boldsymbol{\epsilon}_{l_s}(t_2)\right\}\\
=&\mathrm{E}\left\{\int_{t_1}^{t_2}\left\{2\sigma_n^2\left[\boldsymbol{A}_i\boldsymbol{h}_{l_s}(t)+2\boldsymbol{B}_i\boldsymbol{u}(t)-\boldsymbol{E}_{l_s}\boldsymbol{\mu}_{l_s}(t)\right]^{\mathrm{T}}\boldsymbol{P}_i\boldsymbol{h}_{l_s}(t)\right.\right.\\
&+\sigma_n^2\boldsymbol{h}_{l_s}^{\mathrm{T}}(t)\left(\sum_{j=1}^{N}\alpha_{ij}(h)\boldsymbol{P}_j\right)\boldsymbol{h}_{l_s}(t)+2\left[\boldsymbol{A}_i\boldsymbol{\epsilon}_{l_s}(t)+\boldsymbol{E}_{l_s}\boldsymbol{\mu}_{l_s}(t)\right]^{\mathrm{T}}\boldsymbol{Q}_i\boldsymbol{\epsilon}_{l_s}(t)\\
&\left.+\boldsymbol{\epsilon}_{l_s}^{\mathrm{T}}(t)\left(\sum_{j=1}^{N}\alpha_{ij}(h)\boldsymbol{Q}_j\right)\boldsymbol{\epsilon}_{l_s}(t)\right\}\mathrm{d}t+\sigma_n^2\left[\boldsymbol{h}_{l_s}^{\mathrm{T}}(t_1)\boldsymbol{P}_i\boldsymbol{h}_{l_s}(t_1)-\boldsymbol{h}_{l_s}^{\mathrm{T}}(t_2)\boldsymbol{P}_i\boldsymbol{h}_{l_s}(t_2)\right]\\
&\left.+\boldsymbol{\epsilon}_{l_s}^{\mathrm{T}}(t_1)\boldsymbol{Q}_i\boldsymbol{\epsilon}_{l_s}(t_1)-\boldsymbol{\epsilon}_{l_s}^{\mathrm{T}}(t_2)\boldsymbol{Q}_i\boldsymbol{\epsilon}_{l_s}(t_2)\right\}\\
=&\mathrm{E}\left\{\int_{t_1}^{t_2}\left\{2\sigma_n^2\left[\boldsymbol{A}_i\boldsymbol{h}_{l_s}(t)+2\boldsymbol{B}_i\boldsymbol{u}(t)\right]^{\mathrm{T}}\boldsymbol{P}_i\boldsymbol{h}_{l_s}(t)+\sigma_n^2\boldsymbol{h}_{l_s}^{\mathrm{T}}(t)\left(\sum_{j=1}^{N}\alpha_{ij}(h)\boldsymbol{P}_j\right)\boldsymbol{h}_{l_s}(t)\right.\right.\\
&+2\boldsymbol{\epsilon}_{l_s}^{\mathrm{T}}(t)\boldsymbol{A}_i^{\mathrm{T}}\boldsymbol{Q}_i\boldsymbol{\epsilon}_{l_s}(t)+\boldsymbol{\epsilon}_{l_s}^{\mathrm{T}}(t)\left(\sum_{j=1}^{N}\alpha_{ij}(h)\boldsymbol{Q}_j\right)\boldsymbol{\epsilon}_{l_s}(t)\\
&\left.+2\boldsymbol{\mu}_{l_s}^{\mathrm{T}}(t)\boldsymbol{E}_{l_s}\left[\boldsymbol{Q}_i\boldsymbol{\epsilon}_{l_s}(t)-\sigma_n^2\boldsymbol{P}_i\boldsymbol{h}_{l_s}(t)\right]\right\}\mathrm{d}t\\
&+\sigma_n^2\left[\boldsymbol{h}_{l_s}^{\mathrm{T}}(t_1)\boldsymbol{P}_i\boldsymbol{h}_{l_s}(t_1)-\boldsymbol{h}_{l_s}^{\mathrm{T}}(t_2)\boldsymbol{P}_i\boldsymbol{h}_{l_s}(t_2)\right]\\
&\left.+\boldsymbol{\epsilon}_{l_s}^{\mathrm{T}}(t_1)\boldsymbol{Q}_i\boldsymbol{\epsilon}_{l_s}(t_1)-\boldsymbol{\epsilon}_{l_s}^{\mathrm{T}}(t_2)\boldsymbol{Q}_i\boldsymbol{\epsilon}_{l_s}(t_2)\right\}
\end{aligned}
$$

$$\leqslant 4\sigma_n^2\int_{t_1}^{t_2}\left\|\boldsymbol{u}(t)\right\|^2\mathrm{d}t-\mathrm{E}\left\{\int_{t_1}^{t_2}\boldsymbol{\epsilon}_{l_s}^{\mathrm{T}}(t)\boldsymbol{C}_i^{\mathrm{T}}\boldsymbol{C}_i\boldsymbol{\epsilon}_{l_s}(t)\mathrm{d}t\right\}$$
$$+\mathrm{E}\left\{\int_{t_1}^{t_2}2\boldsymbol{\mu}_{l_s}^{\mathrm{T}}(t)\boldsymbol{E}_{l_s}\left[\boldsymbol{\epsilon}_{l_s}(t)-\boldsymbol{h}_{l_s}(t)\right]\mathrm{d}t\right\}$$

其中，$2\boldsymbol{\mu}_{l_s}^{\mathrm{T}}(t)\boldsymbol{E}_{l_s}\left[\boldsymbol{\epsilon}_{l_s}(t)-\boldsymbol{h}_{l_s}(t)\right]=0$，即

$$\mathrm{E}\left\{\int_{t_1}^{t_2}\mathcal{L}\boldsymbol{V}\left(\boldsymbol{x}(t),\hat{\boldsymbol{x}}_{l_s}(t)\right)\mathrm{d}t+\boldsymbol{V}[t_1]-\boldsymbol{V}[t_2]\right\}<4\sigma_n^2\int_{t_1}^{t_2}\left\|\boldsymbol{u}(t)\right\|^2\mathrm{d}t-\mathrm{E}\left\{\int_{t_1}^{t_2}\left\|\boldsymbol{e}_{l_s}(t)\right\|^2\mathrm{d}t\right\}$$

式(5-22)得证。同理，截断最后 l_{s-1} 个状态，满足

$$\left\|\hat{\boldsymbol{G}}_{l_s i}-\hat{\boldsymbol{G}}_{l_{s-1}i}\right\|_\infty\leqslant 2\sigma_{n-1}$$

以此类推

$$\vdots$$

$$\left\|\hat{\boldsymbol{G}}_{l_{s-j}i}-\hat{\boldsymbol{G}}_{l_{s-j-1}i}\right\|_\infty\leqslant 2\sigma_{n-j-1}$$

$$\vdots$$

$$\left\|\hat{\boldsymbol{G}}_{l_2 i}-\hat{\boldsymbol{G}}_{l_1 i}\right\|_\infty\leqslant 2\sigma_{k+1}$$

综上可得

$$\left\|\boldsymbol{G}_i-\hat{\boldsymbol{G}}_i\right\|_\infty\leqslant\left\|\boldsymbol{G}_i-\hat{\boldsymbol{G}}_{l_{s=i}}\right\|_\infty+\left\|\hat{\boldsymbol{G}}_{l_s i}-\hat{\boldsymbol{G}}_{l_{s-1}i}\right\|_\infty+\cdots+\left\|\hat{\boldsymbol{G}}_{l_{s-j}i}-\hat{\boldsymbol{G}}_{l_{s-j-1}i}\right\|_\infty+\cdots+\left\|\hat{\boldsymbol{G}}_{l_2 i}-\hat{\boldsymbol{G}}_{l_1 i}\right\|_\infty$$
$$=2\sigma_n+2\sigma_{n-1}+\cdots+2\sigma_{n-j-1}+\cdots+2\sigma_{k+1}=2\sum_{j=k+1}^{n}\sigma_j$$

至此定理得证。

5.3 仿真结果与性能比较

考虑具有 4 个子系统的半马尔可夫切换系统，具有以下状态矩阵参数：

$$\boldsymbol{A}_1=\begin{bmatrix}-3.0 & 0.5 & 0.6 & 0.2\\ 0.0 & -2.5 & 0.1 & 0.3\\ 0.4 & 0.0 & -3.4 & 0.3\\ 0.5 & -0.3 & 0.2 & -1.8\end{bmatrix},\boldsymbol{A}_2=\begin{bmatrix}-2.1 & 0.2 & 0.0 & 0.2\\ 0.4 & -3.8 & 0.1 & 0.6\\ 0.1 & 0.0 & -2.0 & 0.4\\ 0.3 & -0.2 & 0.0 & -1.5\end{bmatrix}$$

$$A_3=\begin{bmatrix}-4.0 & 0.5 & -0.6 & 0.2\\ 0.0 & -2.5 & 0.1 & 0.3\\ 0.4 & 0.0 & -3.4 & 0.3\\ 0.5 & -0.3 & 0.2 & -1.8\end{bmatrix},A_4=\begin{bmatrix}-2.1 & 0.2 & 0.0 & 0.2\\ 0.4 & -2.8 & 0.1 & 0.6\\ 0.1 & 0.0 & -2.0 & 0.4\\ 0.3 & -0.2 & 0.0 & -1.5\end{bmatrix}$$

$$B_1=\begin{bmatrix}5\\0\\-1\\3\end{bmatrix},B_2=\begin{bmatrix}3\\-1\\2\\4\end{bmatrix},B_3=\begin{bmatrix}2\\0\\1\\3\end{bmatrix},B_4=\begin{bmatrix}5\\1\\0\\3\end{bmatrix}$$

$$C_1=\begin{bmatrix}1.0 & 0.1 & 0.2 & -0.3\end{bmatrix}，C_2=\begin{bmatrix}3.0 & 0.0 & 0.2 & -0.3\end{bmatrix}$$

$$C_3=\begin{bmatrix}1.0 & -0.1 & 0.2 & 0.3\end{bmatrix}，C_4=\begin{bmatrix}2.0 & 0.1 & -1.2 & -0.3\end{bmatrix}$$

$$D_1=4.5，D_2=1.2，D_3=3.3，D_4=2.5$$

假设各模态间切换过程服从半马尔可夫过程，转移概率矩阵 $\boldsymbol{\alpha}_{ij}(h)$ 满足：

$$\boldsymbol{\alpha}_{ij}(h)=\begin{bmatrix}(-1.4,-1.2) & (0.1,0.3) & ? & ?\\ ? & ? & (0.2,0.4) & (0.2,0.4)\\ (0.5,0.7) & ? & (-1.6,-1.4) & ?\\ (0.3,0.5) & ? & ? & ?\end{bmatrix}$$

通过引理 5.1 可知原系统是渐近稳定的。

本书旨在利用表 5-1，在有限时间[0,4]内求解上述数学模型的低阶近似逼近问题。利用 MATLAB 多次仿真试验，得到如下降阶系统。

三阶模型：

$$A_1=\begin{bmatrix}-2.412 & -0.024 & -0.19\\ 0.120 & -3.872 & 0.439\\ 0.186 & 0.148 & -4.64\end{bmatrix},A_2=\begin{bmatrix}-2.028 & -0.199 & -0.016\\ 0.351 & -3.442 & -0.400\\ -0.127 & -0.386 & -3.621\end{bmatrix}$$

$$A_3=\begin{bmatrix}-2.705 & -0.634 & 0.248\\ -0.338 & -4.826 & 1.123\\ 0.185 & 0.146 & -4.64\end{bmatrix},A_4=\begin{bmatrix}-2.018 & -0.181 & 0.006\\ 0.489 & -3.208 & -0.121\\ 0.028 & -0.125 & -3.309\end{bmatrix}$$

$$B_1=\begin{bmatrix}-4.354\\-1.162\\-0.953\end{bmatrix},B_2=\begin{bmatrix}-5.171\\-1.009\\-1.118\end{bmatrix},B_3=\begin{bmatrix}-3.648\\-0.391\\0.513\end{bmatrix},B_4=\begin{bmatrix}-4.736\\-2.716\\-1.742\end{bmatrix}$$

$$C_1=\begin{bmatrix}-0.069 & -0.96 & 0.062\end{bmatrix},C_2=\begin{bmatrix}-0.48 & -2.569 & -0.661\end{bmatrix}$$

$$C_3=\begin{bmatrix}-0.517 & -0.495 & 0.042\end{bmatrix},C_4=\begin{bmatrix}0.200 & -1.175 & -1.48\end{bmatrix}$$

$$D_1=4.888,D_2=1.943,D_3=3.406,D_4=3.630$$

二阶模型：

$$A_1=\begin{bmatrix}-2.42 & -0.030\\ 0.138 & -3.858\end{bmatrix}, A_2=\begin{bmatrix}-2.028 & -0.197\\ 0.365 & -3.400\end{bmatrix}$$

$$A_3=\begin{bmatrix}-2.695 & -0.627\\ -0.293 & -4.790\end{bmatrix}, A_4=\begin{bmatrix}-2.018 & -0.181\\ 0.488 & -3.203\end{bmatrix}$$

$$B_1=\begin{bmatrix}-4.315\\ -1.252\end{bmatrix},\ B_2=\begin{bmatrix}-5.175\\ -1.132\end{bmatrix},\ B_3=\begin{bmatrix}-3.621\\ -0.267\end{bmatrix},\ B_4=\begin{bmatrix}-4.740\\ -2.653\end{bmatrix}$$

$$C_1=\begin{bmatrix}-0.067 & -0.958\end{bmatrix},\ C_2=\begin{bmatrix}-0.457 & -2.498\end{bmatrix}$$

$$C_3=\begin{bmatrix}-0.515 & -0.494\end{bmatrix},\ C_4=\begin{bmatrix}0.188 & -1.119\end{bmatrix}$$

$$D_1=4.875,\ D_2=1.738,\ D_3=3.411,\ D_4=4.409$$

一阶模型：

$$A_1=-2.421,\ A_2=-2.049,\ A_3=-2.657,\ A_4=-2.045,\ B_1=-4.305$$

$$B_2=-5.110,\ B_3=-3.586,\ B_4=-4.590,\ C_1=-0.101,\ C_2=-0.725$$

$$C_3=-0.485,\ C_4=0.017,\ D_1=5.186,\ D_2=2.570,\ D_3=3.439,\ D_4=5.336$$

为展示原系统与降阶模型的性能和降阶误差，选取外界输入向量 $\boldsymbol{u}(t)=\mathrm{e}^{-t}\sin t,\ t\geqslant 0$，得到如图 5-2 和图 5-3 所示的结果。图 5-2 描述了原系统(四阶)和降阶模型(三阶、二阶、一阶)在相同外界控制输入下的输出响应，可以看出，降阶模型与原系统同步切换并且能实现近似逼近。图 5-3 描述了原系统与降阶模型间的降阶误差，可以看出，降阶误差存在一个上界，并且降的阶数越低，降阶误差越大。可见，本书介绍的基于有限时间格拉姆矩阵的模型降阶方法，实质上是以牺牲系统的输入-输出性能为代价获取降低的阶数。

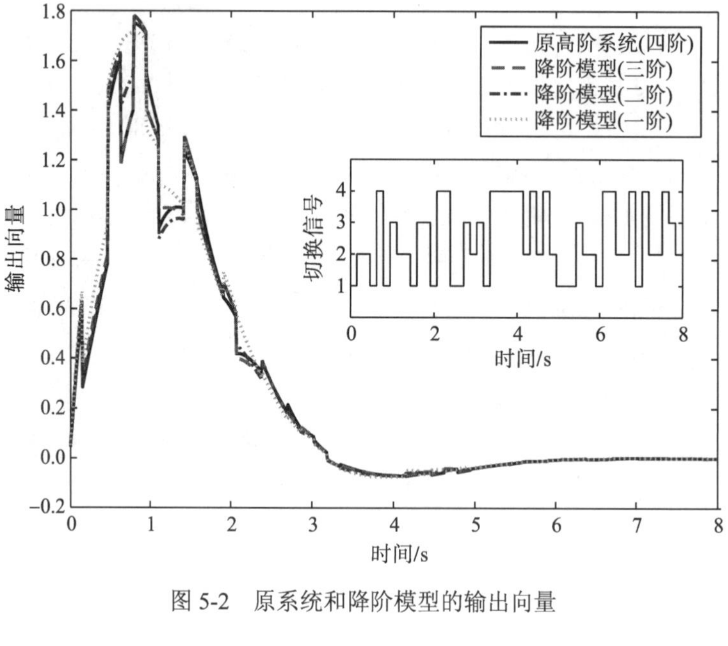

图 5-2　原系统和降阶模型的输出向量

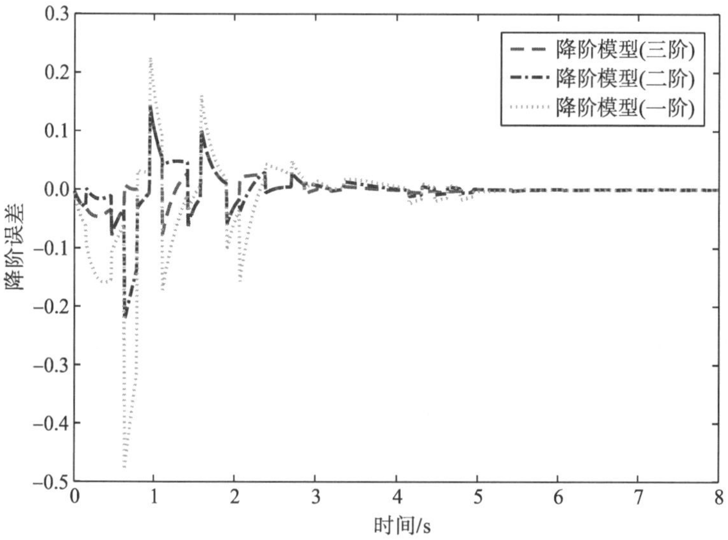

图 5-3　降阶误差(三阶、二阶、一阶)

为进一步验证本书提出的有限时间模型降阶的性能，与平衡截断方法进行对比实验，得到相应的实验结果，如图 5-4 和图 5-5 所示。图 5-4 描述了原系统(四阶)、基于有限时间格拉姆矩阵模型降阶(TL-G MR)和基于平衡截断模型降阶(BT MR)下降阶模型(三阶)的输出响应。可以看出，两种降阶方法均能实现半马尔可夫切换系统的近似逼近，能保持原系统的主要结构和稳定性。图 5-5 描述了两种降阶方法下的降阶误差，可以看出，有限时间区间[0,4]的模型降阶方法得到的误差较小。经过两种降阶方法的对比实验可知，本书提出的基于有限时间区间的格拉姆矩阵的模型降阶方法，能解决半马尔可夫切换系统的模型降阶问题，并且保持原系统的主要结构和稳定性。

5.4　本 章 小 结

本章针对一类逗留时间服从韦布尔分布的连续半马尔可夫切换系统，提出基于参数依赖李雅普诺夫函数的有限时间模型降阶算法。值得提出的是，本章考虑的转移概率矩阵同时包含完全未知和不确定性两种类型，并提出引理 5.2 来处理转移概率部分可知的情形。通过定义新的有限时间区间内的广义格拉姆矩阵，给出了基于参数依赖的李雅普诺夫方程的求解方法。然后通过表 5-1 详细描述了本章提出的基于有限时间区间内半马尔可夫切换系统的模型降阶算法。最后，通过与平衡截断方法的对比实验，验证本章提出的方法的可行性和有效性。

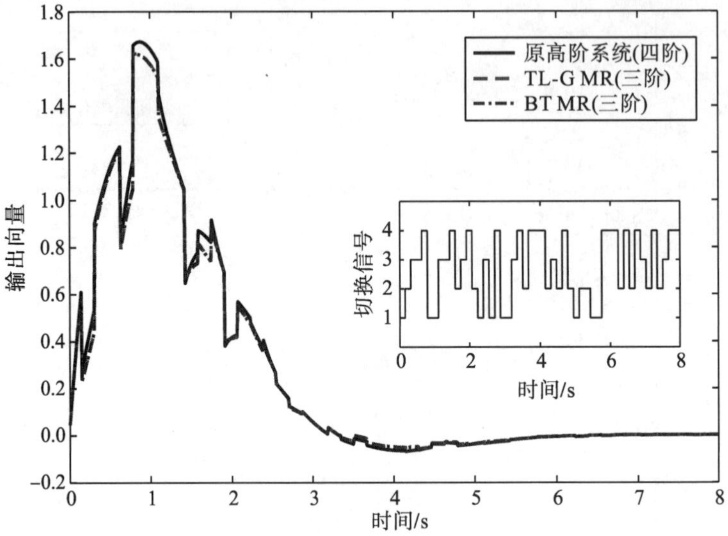

图 5-4 TL-G MR 和 BT MR 的输出向量比较

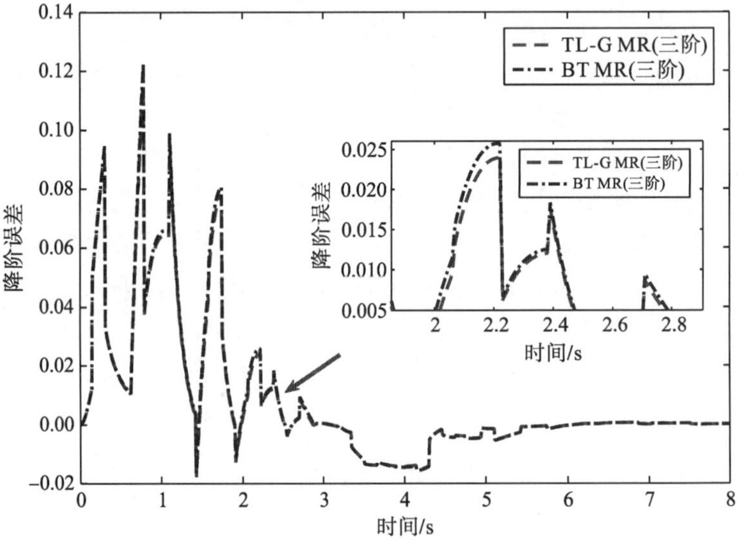

图 5-5 TL-G MR 和 BT MR 的降阶误差比较

第三篇　随机切换系统的降阶综合研究

第 6 章　半马尔可夫切换系统的降阶动态输出反馈控制器设计

随机切换系统控制问题的本质是设计一个反馈控制器，使得闭环系统在随机切换的前提下仍然保持随机稳定或者满足某种性能指标[191]。解决半马尔可夫切换系统控制问题的基本方法是通过构造模态独立或者模态依赖的李雅普诺夫函数来得到控制器存在的充分条件[72]，再结合 LMI 方法、投影定理和锥补线性化相结合、模型变换等算法来得到控制器参数。正如第 1 章讨论的，模态独立控制器设计方法不用考虑复杂随机切换系统的精准切换信息而易于执行、操作简单、易于实现[107]，然而由于完全忽略了所有模态的信息必然导致较大的保守性，甚至无法得到满足需求的控制器。状态控制器设计的前提是系统是可观测的，而在实际应用过程中具有一定的局限性。本章关注半马尔可夫切换系统模态依赖的动态输出反馈控制器设计方法。

近年来，Su 和 Ye[192]、De Oliveira 等[193]分别针对欺骗攻击下的离散隐马尔可夫切换系统和部分信息环境下的离散马尔可夫切换系统，设计 $\mathcal{H}_\infty$ 和 $\mathcal{H}_2/\mathcal{H}_\infty$ 混合静态输出反馈控制器，使得闭环系统渐近稳定且其 $\mathcal{H}_\infty$ 和 $\mathcal{H}_2/\mathcal{H}_\infty$ 范数有界。Park 等[194,195]分别针对连续马尔可夫切换系统、连续奇异马尔可夫切换系统和部分转移概率可知的马尔可夫切换系统，提出基于LMI的动态输出反馈控制器设计方法，避免控制器参数和李雅普诺夫参数解耦过程，因而具有较低的保守性。Tartaglione 等[196]针对连续马尔可夫切换系统，研究基于观测器的有限时间输出反馈控制器设计问题。而大部分研究成果集中于马尔可夫切换系统的输出反馈控制器，关于半马尔可夫切换系统的输出反馈控制器设计问题鲜有成效。值得提出的是，Tian 等[197]针对不完全信息环境下的离散半马尔可夫切换系统，提出基于自适应模态依赖的动态输出反馈控制器设计策略，并将获得的结论在 F-404 飞机发动机系统中进行有效性验证。

本章考虑一类具有随机发生的不确定性和转移概率部分可知的连续半马尔可夫切换系统的动态输出反馈控制器设计问题。值得提出的是，本章考虑的不确定性服从互相独立的伯努利分布白序列，逗留时间服从韦布尔分布且转移概率以凸胞型形式给出。系统的耗散性是从能量的角度研究系统的稳定性，并且包含多种性能指标而更具有一般性。首先，提出采用参数依赖和模态依赖的李雅普诺夫函数的方法得到动态输出反馈控制器的充分条件；其次，提出了该动态输出反馈控制器的增益可以通过矩阵变换和引入疏松矩阵的方法求解，同时相应的低阶控制器模型可以通过截断弱能控能观的状态得到；最后，通过仿真结果来验证本章提出的降阶耗散动态输出反馈控制器设计方法的有效性和潜力。

6.1 问题描述及前言

本节主要介绍一些关于必要的系统模型、输出反馈控制器设计以及耗散性理论的概念。

6.1.1 转移概率部分未知的半马尔可夫切换系统的系统描述

本章考虑完全概率空间（$\mho,\mathcal{F},P_r$）中下列连续时间半马尔可夫切换系统：

$$\begin{cases}\dot{\boldsymbol{x}}(t)=\boldsymbol{A}(\eta_t,t)\boldsymbol{x}(t)+\boldsymbol{B}_1(\eta_t,t)\boldsymbol{\omega}(t)+\boldsymbol{B}_2(\eta_t,t)\boldsymbol{u}(t)\\ \boldsymbol{z}(t)=\boldsymbol{C}_1(\eta_t)\boldsymbol{x}(t)+\boldsymbol{D}_{11}(\eta_t)\boldsymbol{\omega}(t)+\boldsymbol{D}_{12}(\eta_t)\boldsymbol{u}(t)\\ \boldsymbol{y}(t)=\boldsymbol{C}_2(\eta_t)\boldsymbol{x}(t)+\boldsymbol{D}_{21}(\eta_t)\boldsymbol{\omega}(t)\end{cases} \tag{6-1}$$

其中，$\boldsymbol{u}(t)\in\mathbb{R}^m$ 是系统的控制输入；$\boldsymbol{x}(t)\in\mathbb{R}^n$ 是 n 维状态向量；$\boldsymbol{y}(t)\in\mathbb{R}^q$ 和 $\boldsymbol{z}(t)\in\mathbb{R}^p$ 分别是系统的控制输出和测量输出；$\boldsymbol{\omega}(t)\in\mathbb{R}^l$ 是定义在 $\mathcal{L}_2[0,\infty)$ 上的外部干扰输入向量。

假设系统各模态之间通过一个连续时间、离散状态的半马尔可夫过程进行切换。定义该半马尔可夫过程为 $\{\eta_t,t\geqslant 0\}$，具有右连续轨迹并且在有限集 $\mathcal{N}\triangleq\{1,2,\cdots,N\}$ 中取值。本章考虑的半马尔可夫过程的转移概率依赖于模态的逗留时间，即满足

$$P_r(\eta_{t+h}=j\,|\,\eta_t=i)=\begin{cases}\alpha_{ij}(h)h+o(h), & i\neq j\\ 1+\alpha_{ij}(h)h+o(h), & i=j\end{cases}$$

其中，h 定义为模态切换过程的逗留时间，且满足条件 $h>0$；$o(h)$ 为逗留时间相关的无穷小变量，且满足 $\lim\limits_{h\to 0}\dfrac{o(h)}{h}=0$；$\alpha_{ij}(h)$ 为从 t 时刻模态 i 转移到 $t+h$ 时刻模态 j 的转移速率且满足 $\alpha_{ij}(h)\geqslant 0(i,j\in\mathcal{N},i\neq j)$ 和 $\alpha_{ii}(h)=-\sum\limits_{j=1,j\neq i}^{N}\alpha_{ij}(h)$。

值得提出的是，本章考虑的转移概率矩阵是依赖于逗留时间、时变的。现有研究结论中有多种时变转移概率矩阵形式，在此本书考虑其中一种并且能够扩展到其他情形。本章中，假设该半马尔可夫过程的转移概率矩阵 $\Lambda(h)\triangleq\alpha_{ij}(h)$ 属于关

于向量 $\Lambda^{(r)}(r=1,2,\cdots,S)$ 的多胞型 $\boldsymbol{P}_\Lambda$，即

$$\boldsymbol{P}_\Lambda \triangleq \left\{\Lambda \mid \Lambda(h)=\sum_{r=1}^{S} k_r \Lambda^r,\ \sum_{r=1}^{S} k_r = 1,\ k_r \geqslant 0\right\}$$

另外，本章中考虑的转移概率为部分可知，也就是说转移概率矩阵中一些元素未知，其余元素不确定。在此以具有 4 个模态的半马尔可夫切换系统为例，该转移概率矩阵可以表示为

$$\Lambda^r = \begin{bmatrix} \alpha_{11}^r & \alpha_{12}^r & ? & ? \\ ? & ? & \alpha_{23}^r & \alpha_{24}^r \\ \alpha_{31}^r & ? & \alpha_{33}^r & ? \\ \alpha_{41}^r & ? & ? & ? \end{bmatrix}$$

其中，? 表示转移概率矩阵中未知的元素。

为了符号简化，对任意的 $i \in \mathcal{N}$ 我们进一步定义 $\mathcal{N} = \mathcal{N}_{\mathrm{UK}}^i \cup \mathcal{N}_{\mathrm{UC}}^i$，其中

$$\begin{cases} \mathcal{N}_{\mathrm{UK}}^i \triangleq \{ j : \alpha_{ij}(h)\text{是不可知的} \} \\ \mathcal{N}_{\mathrm{UC}}^i \triangleq \{ j : \alpha_{ij}(h)\text{是不确定的} \} \\ \alpha_{\mathrm{UC}}^{ir} \triangleq \sum_{j \in \mathcal{N}_{\mathrm{UC}}^i} \alpha_{ij}^r,\ \ \forall r = 1,2,\cdots,S \end{cases} \tag{6-2}$$

注释 6.1：值得提出的是，本章考虑的马尔可夫切换系统的时变转移概率包含完全可知、不确定、完全不可知元素，因而更具有一般性。本章提出的动态输出反馈控制器的设计方法可以降低设计过程的时间成本和评估或者测量所有精确的转移概率的复杂性，具有更低的保守性。

矩阵 $\boldsymbol{A}(\eta_t,t)$、$\boldsymbol{B}_1(\eta_t,t)$和$\boldsymbol{B}_2(\eta_t,t)$ 是带有随机发生的不确定性的适当维数状态矩阵，也就是

$$\begin{cases} \boldsymbol{A}(\eta_t,t) = \boldsymbol{A}(\eta_t) + \beta_1(t)\Delta\boldsymbol{A}(\eta_t) \\ \boldsymbol{B}_1(\eta_t,t) = \boldsymbol{B}_1(\eta_t) + \beta_2(t)\Delta\boldsymbol{B}_1(\eta_t) \\ \boldsymbol{B}_2(\eta_t,t) = \boldsymbol{B}_2(\eta_t) + \beta_3(t)\Delta\boldsymbol{B}_2(\eta_t) \end{cases}$$

其中，矩阵 $\boldsymbol{A}(\eta_t)$、$\boldsymbol{B}_1(\eta_t,t)$、$\boldsymbol{B}_2(\eta_t,t)$ 是具有适当维数的描述系统式(6-1)的标称系统，是已知的常矩阵；矩阵 $\Delta\boldsymbol{A}(\eta_t)$、$\Delta\boldsymbol{B}_1(\eta_t)$、$\Delta\boldsymbol{B}_2(\eta_t)$ 表示系统式(6-1)相应的时变不确定性部分。

为了更好地处理系统状态矩阵中的随机不确定性，假设该不确定性是范数有界的，即

$$\begin{bmatrix} \Delta\boldsymbol{A}(\eta_t,t) & \Delta\boldsymbol{B}_1(\eta_t,t) & \Delta\boldsymbol{B}_2(\eta_t,t) \end{bmatrix} = \boldsymbol{M}_1(\eta_t)\boldsymbol{F}(t)\begin{bmatrix} \boldsymbol{N}_1(\eta_t) & \boldsymbol{N}_2(\eta_t) & \boldsymbol{N}_3(\eta_t) \end{bmatrix}$$

其中，矩阵 $\boldsymbol{M}_1(\eta_t)$、$\boldsymbol{N}_1(\eta_t)$、$\boldsymbol{N}_2(\eta_t)$、$\boldsymbol{N}_3(\eta_t)$ 表示该时变不确定性部分的已知常矩阵；矩阵 $\boldsymbol{F}(t)$ 表示该时变不确定性的未知的时变矩阵，并且满足

$$F^{\mathrm{T}}(\eta_t,t)F(\eta_t,t)\leqslant I,\ \ \forall t\geqslant 0 \tag{6-3}$$

此时引进随机变量 $\beta_{\varpi}(t)(\varpi=1,2,3)$ 来表示系统矩阵中的不确定性随机发生的现象。本章假设该随机变量是互相独立的服从伯努利分布白序列，并且遵从以下概率分布率：

$$P_r(\beta_{\varpi}(t)=1)=\beta_{\varpi},\ \ P_r(\beta_{\varpi}(t)=0)=1-\beta_{\varpi} \tag{6-4}$$

其中，$\beta_{\varpi}\in[0,1]$ 为已知常数。

为了处理状态矩阵中随机产生的不确定性，在给出问题描述之前给出如下用到的相关引理。

引理 6.1[80]：对任意适当维数的实矩阵 E 和 H 以及满足式(6-3)的时变矩阵 $F(t)$，以下不等式

$$EF(t)H+H^{\mathrm{T}}F^{\mathrm{T}}(t)E^{\mathrm{T}}<\epsilon^{-1}EE^{\mathrm{T}}+\epsilon H^{\mathrm{T}}H$$

对任意标量 $\epsilon>0$ 均成立。

假设 6.1：假设本章考虑的半马尔可夫切换系统式(6-1)满足以下条件：①状态变量并不能全部可测；②矩阵组 $[A(\eta_t,t),B_2(\eta_t,t)]$ 对所有的 $\eta_t\in\mathcal{N}$ 是可镇定的；③矩阵组 $[C_2(\eta_t,t),A(\eta_t,t)]$ 对所有的 $\eta_t\in\mathcal{N}$ 是可观测的；④矩阵组 $[C_2(\eta_t),D_{21}(\eta_t)]$ 对所有的 $\eta_t\in\mathcal{N}$ 是行满秩的。

6.1.2 降阶动态输出反馈控制器设计的问题描述

针对上节讨论的式(6-1)中的半马尔可夫切换系统，首先设计如下全阶模态依赖的动态输出反馈控制器：

$$\begin{cases}\dot{x}_K(t)=A^K(\eta_t)x_K(t)+B^K(\eta_t)y(t)\\ u(t)=C^K(\eta_t)x_K(t)+D^K(\eta_t)y(t)\end{cases} \tag{6-5}$$

其中，$x_K(t)\in\mathbb{R}^{n_K}$ 为待设计的动态输出反馈控制器的状态向量且满足 $n_K=n$；矩阵 $A^K(\eta_t)\in\mathbb{R}^{n\times n}$、$B^K(\eta_t)\in\mathbb{R}^{n\times q}$、$C^K(\eta_t)\in\mathbb{R}^{m\times n}$ 和 $D^K(\eta_t)\in\mathbb{R}^{m\times q}$ 是该控制器的增益，并且在此假设该控制器与原系统同步切换，即 $\eta_t\in\mathcal{N}$。

对任意模态 $\eta_t=i\in\mathcal{N}$ 结合系统式(6-1)和控制器式(6-5)得到的闭环系统如下：

$$\begin{cases}\dot{\xi}_1(t)=A_i^W(t)\xi_1(t)+B_i^W(t)\omega(t)\\ z(t)=C_i^W\xi_1(t)+D_i^W\omega(t)\end{cases} \tag{6-6}$$

其中，$\xi_1(t)\in\mathbb{R}^{2n}\,|\,\xi_1(t)\triangleq[x^{\mathrm{T}}(t)\quad x_K^{\mathrm{T}}(t)]^{\mathrm{T}}$ 且

$$
\begin{cases}
\boldsymbol{A}_i^W(t) \triangleq \boldsymbol{A}_{0i}^W(t) + \left(\beta_1(t) - \beta_1\right)\Delta\tilde{\boldsymbol{A}}_i + \left(\beta_3(t) - \beta_3\right)\Delta\tilde{\boldsymbol{B}}_{2i}^A \\
\boldsymbol{B}_i^W(t) \triangleq \boldsymbol{B}_{0i}^W(t) + \left(\beta_2(t) - \beta_2\right)\Delta\tilde{\boldsymbol{B}}_{1i} + \left(\beta_3(t) - \beta_3\right)\Delta\tilde{\boldsymbol{B}}_{2i}^B \\
\boldsymbol{A}_{0i}^W(t) \triangleq \boldsymbol{A}_{0i}^W + \beta_1\Delta\tilde{\boldsymbol{A}}_i + \beta_3\Delta\tilde{\boldsymbol{B}}_{2i}^A,\ \boldsymbol{B}_{0i}^W(t) \triangleq \boldsymbol{B}_{0i}^W + \beta_2\Delta\tilde{\boldsymbol{B}}_{1i} + \beta_3\Delta\tilde{\boldsymbol{B}}_{2i}^B \\
\boldsymbol{C}_i^W \triangleq \begin{bmatrix} \boldsymbol{C}_{1i} + \boldsymbol{D}_{12i}\boldsymbol{D}_i^K\boldsymbol{C}_{2i} & \boldsymbol{D}_{12i}\boldsymbol{C}_i^K \end{bmatrix}, \boldsymbol{D}_i^W \triangleq \boldsymbol{D}_{11i} + \boldsymbol{D}_{12i}\boldsymbol{D}_i^K\boldsymbol{D}_{21i} \\
\boldsymbol{A}_{0i}^W \triangleq \begin{bmatrix} \boldsymbol{A}_i + \boldsymbol{B}_{2i}\boldsymbol{D}_i^K\boldsymbol{C}_{2i} & \boldsymbol{B}_{2i}\boldsymbol{C}_i^K \\ \boldsymbol{B}_i^K\boldsymbol{C}_{2i} & \boldsymbol{A}_i^K \end{bmatrix}, \boldsymbol{B}_{0i}^W \triangleq \begin{bmatrix} \boldsymbol{B}_{1i} + \boldsymbol{B}_{2i}\boldsymbol{D}_i^K\boldsymbol{D}_{21i} \\ \boldsymbol{B}_i^K\boldsymbol{D}_{21i} \end{bmatrix} \\
\Delta\tilde{\boldsymbol{A}}_i \triangleq \begin{bmatrix} \Delta\boldsymbol{A}_i & \boldsymbol{0} \\ \boldsymbol{0} & \boldsymbol{0} \end{bmatrix}, \Delta\tilde{\boldsymbol{B}}_{2i}^A \triangleq \begin{bmatrix} \Delta\boldsymbol{B}_{2i}\boldsymbol{D}_i^K\boldsymbol{C}_{2i} & \Delta\boldsymbol{B}_{2i}\boldsymbol{C}_i^K \\ \boldsymbol{0} & \boldsymbol{0} \end{bmatrix} \\
\Delta\tilde{\boldsymbol{B}}_{1i} \triangleq \begin{bmatrix} \Delta\boldsymbol{B}_{1i} \\ \boldsymbol{0} \end{bmatrix}, \Delta\tilde{\boldsymbol{B}}_{2i}^B \triangleq \begin{bmatrix} \Delta\boldsymbol{B}_{2i}\boldsymbol{D}_i^K\boldsymbol{D}_{21i} \\ \boldsymbol{0} \end{bmatrix}
\end{cases}
$$

本章旨在设计一个动态控制器式(6-5)，使得到的闭环系统式(6-6)满足特定的性能。为了评估闭环系统的性能，首先回顾关于马尔可夫切换系统稳定性和耗散性的定义。

定义 6.1[83]：考虑式(6-6)中的闭环系统，若存在常量$\kappa \geqslant 1$和$\psi > 0$使得

$$\mathrm{E}\left\{\left\|\xi_1(t)\right\|_2 \xi_1(0), \eta_0\right\} \leqslant \kappa\left\|\xi_1(0)\right\|_2 \mathrm{e}^{-\psi t},\quad \forall t \geqslant 0$$

对任意的初始时刻$(\xi_1(0), \eta_0)$均成立，则该闭环系统是均方指数稳定的。

给定系统耗散性定义之前，首先回顾 Zhang 等[77]介绍的系统供给率。我们假设闭环系统式(6-6)的供给率为

$$\boldsymbol{s}\left(\boldsymbol{\omega}(t), \boldsymbol{z}(t)\right) = \boldsymbol{z}^{\mathrm{T}}(t)\boldsymbol{\mathcal{X}}\boldsymbol{z}(t) + 2\boldsymbol{z}^{\mathrm{T}}(t)\boldsymbol{\mathcal{Y}}\boldsymbol{\omega}(t) + \boldsymbol{\omega}^{\mathrm{T}}(t)\boldsymbol{\mathcal{Z}}\boldsymbol{\omega}(t) \tag{6-7}$$

其中，矩阵$\boldsymbol{\mathcal{X}} \in \mathbb{R}^{p\times p}$、$\boldsymbol{\mathcal{Y}} \in \mathbb{R}^{p\times l}$和$\boldsymbol{\mathcal{Z}} \in \mathbb{R}^{l\times l}$是已知的，并且满足$\boldsymbol{\mathcal{X}} = \boldsymbol{\mathcal{X}}^{\mathrm{T}} < 0$和$\boldsymbol{\mathcal{Z}} = \boldsymbol{\mathcal{Z}}^{\mathrm{T}}$。

定义 6.2[77]：考虑式(6-6)的闭环系统和满足式(6-7)的供给率$\boldsymbol{s}\left(\boldsymbol{\omega}(t), \boldsymbol{z}(t)\right)$，若存在一个标量$\vartheta > 0$使得

$$\mathrm{E}\left\{\int_0^{t^*} \boldsymbol{s}\left(\boldsymbol{\omega}(t), \boldsymbol{z}(t)\right)\mathrm{d}t\right\} > \vartheta\mathrm{E}\left\{\int_0^{t^*} \boldsymbol{\omega}^{\mathrm{T}}(t)\boldsymbol{\omega}(t)\mathrm{d}t\right\} \tag{6-8}$$

对任意的$t^* \geqslant 0$和零初始条件均成立，则该系统是严格$(\boldsymbol{\mathcal{X}}, \boldsymbol{\mathcal{Y}}, \boldsymbol{\mathcal{Z}})$-$\vartheta$耗散的。并且若式(6-8)当且仅当$\vartheta = 0$时成立，则该系统是$(\boldsymbol{\mathcal{X}}, \boldsymbol{\mathcal{Y}}, \boldsymbol{\mathcal{Z}})$-耗散的。

进而，我们找到一个低阶的控制器来逼近得到的全阶动态输出反馈控制器：

$$
\begin{cases}
\dot{\hat{\boldsymbol{x}}}_K(t) = \hat{\boldsymbol{A}}_i^K\hat{\boldsymbol{x}}_K(t) + \hat{\boldsymbol{B}}_i^K\boldsymbol{y}(t) \\
\boldsymbol{u}(t) = \hat{\boldsymbol{C}}_i^K\hat{\boldsymbol{x}}_K(t) + \hat{\boldsymbol{D}}_i^K\boldsymbol{y}(t)
\end{cases} \tag{6-9}
$$

其中，$\hat{\boldsymbol{x}}_K(t) \in \mathbb{R}^{\hat{n}_K}$且满足$1 \leqslant \hat{n}_K < n_K$为低阶动态输出反馈控制器的状态向量。

在此，假设式(6-9)中获得的低阶控制器随式(6-5)中的全阶控制器同步切换。矩阵$\hat{A}_i^K$、$\hat{B}_i^K$、$\hat{C}_i^K$和$\hat{D}_i^K$为具有适当维数的待解矩阵。此时，相应的闭环系统更新为

$$\begin{cases}\dot{\xi}_2(t)=\hat{A}_i^W\xi_2(t)+\hat{B}_i^W(t)\omega(t)\\ \hat{z}(t)=\hat{C}_i^W\xi_2(t)+\hat{D}_i^W(t)\omega(t)\end{cases}\tag{6-10}$$

其中，$\xi_2(t)\in\mathbb{R}^{n+\hat{n}_K}\,|\,\xi_2(t)\triangleq[x^{\mathrm{T}}(t)\quad \hat{x}_K^{\mathrm{T}}(t)]^{\mathrm{T}}$。

利用矩阵($\hat{A}_i^W$，$\hat{B}_i^W$，$\hat{C}_i^W$，$\hat{D}_i^W$)代替矩阵(A_i^K，B_i^K，C_i^K，D_i^K)，可以得到矩阵$\hat{A}_i^W(t)$、$\hat{B}_i^W(t)$、$\hat{C}_i^W$和$\hat{D}_i^W$。

进一步可以得到，新的闭环系统式(6-10)保持了原闭环系统式(6-6)的主要结构和主要性能，如图6-1所示。

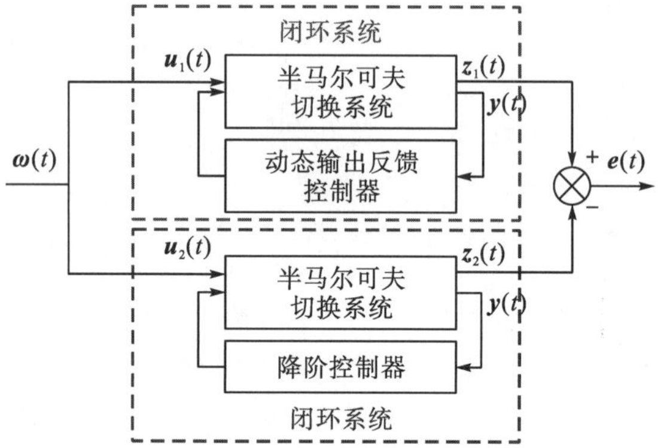

图6-1 半马尔可夫切换系统的基于耗散性的动态输出反馈控制器设计和降阶的概念框图

问题描述：对于给定的包含随机发生的不确定性和多胞型转移概率矩阵的连续时间半马尔可夫切换系统式(6-1)，本章旨在基于耗散性技术设计动态输出反馈控制器，并且保证相应的闭环系统式(6-6)是均方指数稳定且严格$(\mathcal{X},\mathcal{Y},\mathcal{Z})$-耗散的。

6.2 主要结论

6.2.1 均方指数稳定及严格耗散性能分析

首先给出式(6-6)中闭环系统均方指数稳定且严格耗散性的判定条件。

定理6.1：对于给定的标量$\epsilon_i>0$，$\psi>0$和满足式(6-7)的矩阵$\mathcal{X}$、$\mathcal{Y}$、$\mathcal{Z}$，存在一个标量$\vartheta>0$和正定对称矩阵$P_i>0(i\in\mathcal{N})$使得以下不等式成立：

$$\boldsymbol{\Lambda}_i + \sum_{j=1}^{N} \alpha_{ij}(h) \boldsymbol{H}^{\mathrm{T}} \boldsymbol{P}_j \boldsymbol{H} < 0 \tag{6-11}$$

其中，

$$\begin{cases} \boldsymbol{\Lambda}_i \triangleq \begin{bmatrix} \boldsymbol{\Lambda}_{1i} & \boldsymbol{\Lambda}_{2i} & \boldsymbol{\Lambda}_{3i} & \boldsymbol{\Lambda}_{4i} \\ * & -\epsilon_i \boldsymbol{I} & \boldsymbol{0} & \boldsymbol{0} \\ * & * & -\epsilon_i \boldsymbol{I} & \boldsymbol{0} \\ * & * & * & \boldsymbol{\mathcal{X}} \end{bmatrix} \\ \boldsymbol{\Lambda}_{1i} \triangleq \begin{bmatrix} \mathrm{sym}\{\boldsymbol{P}_i \boldsymbol{A}_{0i}^{W}\} + \psi \boldsymbol{P}_i & \boldsymbol{P}_i \boldsymbol{B}_{0i}^{W} - \boldsymbol{C}_i^{W\mathrm{T}} \boldsymbol{\mathcal{Y}} \\ * & -\boldsymbol{\mathcal{Z}} + \vartheta \boldsymbol{I} - 2\boldsymbol{D}_i^{W\mathrm{T}} \boldsymbol{\mathcal{Y}} \end{bmatrix} \\ \boldsymbol{\Lambda}_{2i} \triangleq \begin{bmatrix} \boldsymbol{P}_i \bar{\boldsymbol{M}}_i \\ \boldsymbol{0} \end{bmatrix},\ \boldsymbol{\Lambda}_{3i} \triangleq \begin{bmatrix} \epsilon_i \boldsymbol{N}_i^{A\mathrm{T}} \\ \epsilon_i \boldsymbol{N}_i^{B\mathrm{T}} \end{bmatrix},\ \boldsymbol{\Lambda}_{4i} \triangleq \begin{bmatrix} \boldsymbol{C}_i^{W\mathrm{T}} \\ \boldsymbol{D}_i^{W\mathrm{T}} \end{bmatrix} \boldsymbol{\mathcal{X}},\ \bar{\boldsymbol{M}}_{1i} \triangleq \begin{bmatrix} \boldsymbol{M}_{1i} \\ \boldsymbol{0} \end{bmatrix} \\ \boldsymbol{N}_i^{A} \triangleq \begin{bmatrix} \boldsymbol{\beta}_1 \boldsymbol{N}_{1i} + \boldsymbol{\beta}_3 \boldsymbol{N}_{3i} \boldsymbol{D}_i^{K} \boldsymbol{C}_{2i} & \boldsymbol{\beta}_3 \boldsymbol{N}_{3i} \boldsymbol{C}_i^{K} \end{bmatrix},\ \boldsymbol{N}_i^{B} \triangleq \boldsymbol{\beta}_2 \boldsymbol{N}_{2i} + \boldsymbol{\beta}_3 \boldsymbol{N}_{3i} \boldsymbol{D}_i^{K} \boldsymbol{D}_{21i} \end{cases}$$

矩阵 $\boldsymbol{H} \triangleq [\boldsymbol{I} \quad \boldsymbol{0} \quad \boldsymbol{0} \quad \boldsymbol{0} \quad \boldsymbol{0}]$，$\boldsymbol{A}_{0i}^{W}$和$\boldsymbol{B}_{0i}^{W}$如式(6-6)，则闭环系统式(6-6)是均方指数稳定且严格$(\boldsymbol{\mathcal{X}},\boldsymbol{\mathcal{Y}},\boldsymbol{\mathcal{Z}})$-耗散的。进一步，状态延迟可以由下式评估：

$$\mathrm{E}\left\{\|\xi_1(t)\|_2 \,\xi_1(0),\eta_0\right\} \leqslant \kappa \|\xi_1(0)\|_2 \,\mathrm{e}^{-\frac{1}{2}\psi t},\ \forall t \geqslant 0$$

其中，

$$\kappa \triangleq \sqrt{\frac{c}{b}} \geqslant 1,\ b \triangleq \min_{\forall i \in \mathcal{N}} \lambda_{\min}(\boldsymbol{P}_i),\ c \triangleq \max_{\forall i \in \mathcal{N}} \lambda_{\max}(\boldsymbol{P}_i)$$

证明：为了证明闭环系统式(6-6)是均方指数稳定且严格$(\boldsymbol{\mathcal{X}},\boldsymbol{\mathcal{Y}},\boldsymbol{\mathcal{Z}})$-耗散的，我们首先证明系统式(6-6)当满足$\omega(t)=0$时是均方指数稳定的，再证明系统式(6-6)当$\omega(t)\in\mathbb{R}^{l}$且零初始条件下满足不等式(6-8)。

(1)均方指数稳定$[\omega(t)=0]$：选取以下模态依赖随机李雅普诺夫-克拉索夫斯基泛函：

$$\boldsymbol{V}(\xi_1(t),\eta_t) \triangleq \xi_1^{\mathrm{T}}(t)\boldsymbol{P}(\eta_t)\xi_1(t) \tag{6-12}$$

其中，$\boldsymbol{P}(\eta_t)=\boldsymbol{P}^{\mathrm{T}}(\eta_t)>0$。

引入无穷小算子 $\mathcal{L}$ 表示上述李雅普诺夫-克拉索夫斯基泛函沿着半马尔可夫链$\{\eta_t,t>0\}$的变化率，可得

$$\mathcal{L}\boldsymbol{V}(\xi_1(t),\eta_t) = \lim_{\Delta\to 0} \frac{\mathrm{E}\{\boldsymbol{V}(\xi_1(t+\Delta),\eta_{t+\Delta}) \mid \xi_1(t),\eta_t\} - \boldsymbol{V}(\xi_1(t),\eta_t)}{\Delta}$$

其中，$\Delta>0$定义为无穷小标量且可得

$$\mathcal{L}\boldsymbol{V}(\xi_1(t),\eta_t) = \xi_1^{\mathrm{T}}(t)\boldsymbol{\Gamma}_i(t)\xi_1(t)$$

其中，$\boldsymbol{\Gamma}_i(t)\triangleq \mathrm{sym}\{\boldsymbol{P}_i\boldsymbol{A}_i^W(t)\}+\sum_{j=1}^{N}\alpha_{ij}(h)\boldsymbol{P}_j$。

对任意的$t^*>0$，我们应用 Dynkin 准则：

$$\mathrm{E}\{\mathrm{e}^{\psi t^*}V(\xi_1(t^*),\eta_{t^*})\}-\mathrm{E}\{V(\xi_1(0),\eta_0)\}=\mathrm{E}\left\{\int_0^{t^*}\mathrm{e}^{\psi t}(\mathcal{L}V(\xi_1(t),\eta_t)+\psi V(\xi_1(t))\mathrm{d}t)\right\}$$

其中，ψ 是待确定的正参数。

进一步，

$$\mathrm{E}\left\{\int_0^{t^*}\mathrm{e}^{\psi t}\left(\mathcal{L}V\left(\xi_1(t),\eta_t\right)+\psi V\left(\xi_1(t)\right)\mathrm{d}t\right)\right\}\leqslant a\mathrm{E}\left\{\int_0^{t^*}\mathrm{e}^{\psi t}\left\|\xi_1\left(t^*\right)\right\|_2\mathrm{d}t\right\}$$

其中，$a\triangleq\psi\lambda_{\max}(\boldsymbol{P}_i)-\lambda_{\max}(-\boldsymbol{\Gamma}_i(t))$，选择适当的$\psi>0$可得$a<0$。由式(6-12)可得

$$\begin{cases}\mathrm{E}\left\{V\left(\xi_1(t),\eta_t\right)\right\}\geqslant b\mathrm{E}\left\{\left\|\xi_1(t)\right\|_2\right\},\ b\triangleq\min\limits_{\forall i\in\mathcal{N}}\lambda_{\min}\left(\boldsymbol{P}_i\right)\\ \mathrm{E}\left\{V\left(\xi_1(0),\eta_0\right)\right\}\leqslant c\mathrm{E}\left\{\left\|\xi_1(0)\right\|_2\right\},\ c\triangleq\max\limits_{\forall i\in\mathcal{N}}\lambda_{\max}\left(\boldsymbol{P}_i\right)\end{cases}$$

也就是说，

$$b\mathrm{E}\left\{\left\|\xi_1(t)\right\|_2\right\}\leqslant\mathrm{E}\left\{V(\xi_1(t),\eta_t)\right\}\leqslant c\mathrm{e}^{-\psi t}\left\|\xi_1(0)\right\|_2$$

显然可知

$$\mathrm{E}\left\{\left\|\xi_1(t)\right\|_2\right\}\leqslant\sqrt{\frac{c}{b}}\mathrm{e}^{-\frac{1}{2}\psi t}\left\|\xi_1(0)\right\|_2$$

对任意的$t>0$成立。因此，根据定义 6.1 可知，当$\omega(t)=0$时闭环系统式(6-6)是均方指数稳定的。

(2)严格$(\mathcal{X},\mathcal{Y},\mathcal{Z})$-耗散的(零初始条件下)：在此，选择与式(6-12)相同的随机李雅普诺夫-克拉索夫斯基泛函并且当$\eta_t=i$时其无穷小$\mathcal{L}$算子可得

$$\begin{aligned}\mathcal{L}V(\xi_1(t),\eta_t)=&\lim_{\Delta\to0}\frac{1}{\Delta}\left[\sum_{j=1,j\neq i}^{N}P_r(\eta_{t+\Delta}=j\mid\eta_t=i)\xi_1^{\mathrm{T}}(t+\Delta)\boldsymbol{P}_j\xi_1(t+\Delta)\right.\\&\left.-\xi_1^{\mathrm{T}}(t)\boldsymbol{P}_i\xi_1(t)+P_r(\eta_{t+\Delta}=i\mid\eta_t=i)\xi_1^{\mathrm{T}}(t+\Delta)\boldsymbol{P}_i\xi_1(t+\Delta)\right]\\=&\lim_{\Delta\to0}\frac{1}{\Delta}\left[\sum_{j=1,j\neq i}^{N}\frac{q_{ij}(G_i(h+\Delta)-G_i(h))}{1-G_i(h)}\xi_1^{\mathrm{T}}(t+\Delta)\boldsymbol{P}_j\xi_1(t+\Delta)\right.\\&\left.-\xi_1^{\mathrm{T}}(t)\boldsymbol{P}_i\xi_1(t)+\frac{1-G_i(h+\Delta)}{1-G_i(h)}\xi_1^{\mathrm{T}}(t+\Delta)\boldsymbol{P}_i\xi_1(t+\Delta)\right]\end{aligned}$$

其中，q_{ij}表示该半马尔可夫切换系统从模态i到模态j的转移概率密度；h表示系统自上次切换在模态i的驻留时间；$G_i(h)$表示该系统停留在模态i的驻留时间h的累积分布函数。

另外，$\xi_1(t+\Delta)$的一阶近似表示为

$$\xi_1(t+\Delta)=\xi_1(t)+\Delta\dot{\xi}_1(t)+o(\Delta)=\left[\boldsymbol{I}+\Delta\boldsymbol{A}_i^W(t)\quad \Delta\boldsymbol{B}_i^W(t)\right]\xi(t)+o(\Delta)$$

其中，Δ 为充分小正数且定义 $\boldsymbol{\xi}(t)\triangleq[\xi_1^{\mathrm{T}}(t)\quad \boldsymbol{\omega}^{\mathrm{T}}(t)]^{\mathrm{T}}$。那么

$$\begin{aligned}&\mathcal{L}V\left(\xi_1(t),\eta_t\right)\\&=\lim_{\Delta\to 0}\frac{1}{\Delta}\left\{\sum_{j=1,j\neq i}^{N}\frac{q_{ij}\left(G_i\left(h+\Delta\right)-G_i\left(h\right)\right)}{1-G_i\left(h\right)}\boldsymbol{\xi}^{\mathrm{T}}\left(t\right)\begin{bmatrix}\boldsymbol{I}+\Delta\boldsymbol{A}_i^{W\mathrm{T}}\left(t\right)\\\Delta\boldsymbol{B}_i^{W\mathrm{T}}\left(t\right)\end{bmatrix}\boldsymbol{P}_j\begin{bmatrix}\boldsymbol{I}+\Delta\boldsymbol{A}_i^{W\mathrm{T}}\left(t\right)\\\Delta\boldsymbol{B}_i^{W\mathrm{T}}\left(t\right)\end{bmatrix}^{\mathrm{T}}\xi\left(t\right)\right.\\&\left.\quad+\frac{1-G_i(h+\Delta)}{1-G_ih}\boldsymbol{\xi}^{\mathrm{T}}(t)\begin{bmatrix}\boldsymbol{I}+\Delta\boldsymbol{A}_i^{W\mathrm{T}}(t)\\\Delta\boldsymbol{B}_i^{W\mathrm{T}}(t)\end{bmatrix}\boldsymbol{P}_i\begin{bmatrix}\boldsymbol{I}+\Delta\boldsymbol{A}_i^{W\mathrm{T}}(t)\\\Delta\boldsymbol{B}_i^{W\mathrm{T}}(t)\end{bmatrix}^{\mathrm{T}}\xi(t)-\xi_1^{\mathrm{T}}(t)\boldsymbol{P}_i\xi_1(t)\right\}\end{aligned}$$

已知条件 $\lim\limits_{\Delta\to o}\dfrac{G_i(h+\Delta)-G_i(h)}{1-G_i(h)}=0$，可得

$$\begin{aligned}\mathcal{L}V\left(\xi_1\left(t\right),\eta_t\right)=\lim_{\Delta\to 0}&\left\{\xi_1^{\mathrm{T}}\left(t\right)\left[\sum_{j=1,j\neq i}^{N}\frac{q_{ij}(G_i\left(h+\Delta\right)-G_i\left(h\right))}{\Delta\left(1-G_i\left(h\right)\right)}\boldsymbol{P}_j\right.\right.\\&\left.+\frac{G_i\left(h\right)-G_i\left(h+\Delta\right)}{\Delta\left(1-G_i\left(h\right)\right)}\boldsymbol{P}_i\right]\xi_1\left(t\right)\\&\left.+\frac{1-G_i\left(h+\Delta\right)}{1-G_i\left(h\right)}\boldsymbol{\xi}^{\mathrm{T}}\left(t\right)\begin{bmatrix}\mathrm{sym}\left\{\boldsymbol{P}_i\boldsymbol{A}_i^W(t)\right\} & \boldsymbol{P}_i\boldsymbol{B}_i^W(t)\\\boldsymbol{B}_i^{W\mathrm{T}}(t)\boldsymbol{P}_i & \boldsymbol{0}\end{bmatrix}\xi\left(t\right)\right\}\end{aligned}$$

参考 Li 等[10]提出的类似方法:

$$\lim_{\Delta\to 0}\frac{1-G_i\left(h+\Delta\right)}{1-G_i\left(h\right)}=1,\quad \lim_{\Delta\to 0}\frac{G_i\left(h+\Delta\right)-G_i\left(h\right)}{\Delta\left(1-G_i\left(h\right)\right)}=\alpha_i(h)$$

其中，$\alpha_i(h)$ 定义为半马尔可夫切换系统从模态 i 切换的转移概率矩阵。

进一步，可得

$$\alpha_{ij}\left(h\right)\triangleq\alpha_i\left(h\right)q_{ij},\ j\neq i,\ \text{且}\alpha_{ij}(h)\triangleq-\sum_{j=1,j\neq i}^{N}\alpha_{ij}(h)$$

也就是说，李雅普诺夫-克拉索夫斯基泛函沿着半马尔可夫链 $\{\eta_t,t>0\}$ 的无穷小 $\mathcal{L}$ 算子表示为

$$\mathcal{L}V\left(\xi_1\left(t\right),\eta_t\right)=\boldsymbol{\xi}^{\mathrm{T}}(t)\hat{\boldsymbol{\Gamma}}_i(t)\boldsymbol{\xi}(t)\tag{6-13}$$

其中，

$$\hat{\boldsymbol{\Gamma}}_i\left(t\right)\triangleq\begin{bmatrix}\mathrm{sym}\left\{\boldsymbol{P}_i\boldsymbol{A}_i^W(t)\right\}+\sum\limits_{j=1}^{N}\alpha_{ij}(h)\boldsymbol{P}_j & \boldsymbol{P}_i\boldsymbol{B}_i^W(t)\\ * & \boldsymbol{0}\end{bmatrix}$$

另外，取矩阵 $\boldsymbol{A}_i^W(t)$ 和 $\boldsymbol{B}_i^W(t)$ 的期望，根据式(6-4)可得

$$\mathrm{E}\left\{\begin{bmatrix} \boldsymbol{A}_i^W(t) \\ \boldsymbol{B}_i^W(t) \end{bmatrix}\right\} = \mathrm{E}\left\{\begin{bmatrix} \boldsymbol{A}_{0i}^W(t) + (\beta_1(t) - \beta_1)\Delta\tilde{\boldsymbol{A}}_i + (\beta_3(t) - \beta_3)\Delta\tilde{\boldsymbol{B}}_{2i}^A \\ \boldsymbol{B}_{0i}^W(t) + (\beta_2(t) - \beta_2)\Delta\tilde{\boldsymbol{B}}_{1i} + (\beta_3(t) - \beta_3)\Delta\tilde{\boldsymbol{B}}_{2i}^B \end{bmatrix}\right\} = \mathrm{E}\left\{\begin{bmatrix} \boldsymbol{A}_{0i}^W(t) \\ \boldsymbol{B}_{0i}^W(t) \end{bmatrix}\right\}$$

为了评估闭环系统式(6-6)的严格$(\boldsymbol{\mathcal{X}},\boldsymbol{\mathcal{Y}},\boldsymbol{\mathcal{Z}})$-耗散性，我们引入以下指标：

$$\begin{aligned} J(\xi_1(t),\eta_t) &= \mathrm{E}\left\{\int_0^\infty \mathrm{e}^{\psi t}\left[\vartheta\boldsymbol{\omega}^{\mathrm{T}}(t)\boldsymbol{\omega}(t) - s(\boldsymbol{\omega}(t), z(t))\mathrm{d}t\right]\right\} \\ &= \mathrm{E}\left\{\int_0^\infty \mathrm{e}^{\psi t}\left[\vartheta\boldsymbol{\omega}^{\mathrm{T}}(t)\boldsymbol{\omega}(t) - s(\boldsymbol{\omega}(t), z(t)) + \mathcal{L}V(\xi_1(t),\eta_t)\right.\right. \\ &\quad \left.\left. + \psi V(\xi_1(t),\eta_t)\right]\mathrm{d}t\right\} - \mathrm{E}\left\{\mathrm{e}^{\psi t}V(\xi_1(t),\eta_t)\right\} \\ &\leqslant \mathrm{E}\left\{\int_0^\infty \mathrm{e}^{\psi t}\left[\vartheta\boldsymbol{\omega}^{\mathrm{T}}(t)\boldsymbol{\omega}(t) - s(\boldsymbol{\omega}(t), z(t)) + \mathcal{L}V(\xi_1(t),\eta_t) + \psi V(\xi_1(t),\eta_t)\right]\mathrm{d}t\right\} \end{aligned} \tag{6-14}$$

结合式(6-13)和式(6-14)，可知

$$J(\xi_1(t),\eta_t) \leqslant \mathrm{E}\left\{\int_0^\infty \xi^{\mathrm{T}}(t)\mathrm{e}^{\psi t}\psi_i(t)\xi(t)\mathrm{d}t\right\} \tag{6-15}$$

其中，

$$\begin{aligned} \psi_i(t) \triangleq & \begin{bmatrix} \mathrm{sym}\left\{\boldsymbol{P}_i\boldsymbol{A}_{0i}^W\right\} + \psi\boldsymbol{P}_i + \sum_{j=1}^N \alpha_{ij}(h)\boldsymbol{P}_j & \boldsymbol{P}_i\boldsymbol{B}_{0i}^W \\ * & -\boldsymbol{\mathcal{Z}} + \vartheta\boldsymbol{I} \end{bmatrix} \\ & + \begin{bmatrix} \boldsymbol{P}_i\bar{\boldsymbol{M}}_i \\ \boldsymbol{0} \end{bmatrix}\boldsymbol{F}(t)\begin{bmatrix} \boldsymbol{N}_i^A & \boldsymbol{N}_i^B \end{bmatrix} + \begin{bmatrix} \boldsymbol{N}_i^{A\mathrm{T}} \\ \boldsymbol{N}_i^{B\mathrm{T}} \end{bmatrix}\boldsymbol{F}^{\mathrm{T}}(t)\begin{bmatrix} \bar{\boldsymbol{M}}_i^{\mathrm{T}}\boldsymbol{P}_i & \boldsymbol{0} \end{bmatrix} \\ & - \begin{bmatrix} \boldsymbol{C}_i^{W\mathrm{T}} \\ \boldsymbol{D}_i^{W\mathrm{T}} \end{bmatrix}\boldsymbol{\mathcal{X}}\begin{bmatrix} \boldsymbol{C}_i^{W\mathrm{T}} \\ \boldsymbol{D}_i^{W\mathrm{T}} \end{bmatrix}^{\mathrm{T}} - \begin{bmatrix} \boldsymbol{0} & \boldsymbol{C}_i^{W\mathrm{T}}\boldsymbol{\mathcal{Y}} \\ * & \boldsymbol{D}_i^{W\mathrm{T}}\boldsymbol{\mathcal{Y}} + \boldsymbol{\mathcal{Y}}^{\mathrm{T}}\boldsymbol{D}_i^W \end{bmatrix} \end{aligned}$$

应用 Schur 补引理和引理 6.1，可以从式(6-11)得到$\psi_i(t) < 0$，也就是得到$J(\xi_1(t),\eta_t) < 0$对所有非零$\omega(t) \in \mathbb{R}^l$均成立，进而

$$\mathrm{E}\left\{\int_0^\infty \mathrm{e}^{\psi t}\left(s(\boldsymbol{\omega}(t), z(t)) - \vartheta\boldsymbol{\omega}^{\mathrm{T}}(t)\boldsymbol{\omega}(t)\right)\mathrm{d}t\right\} > 0$$

也就是式(6-8)成立。因此，闭环系统式(6-6)的严格$(\boldsymbol{\mathcal{X}},\boldsymbol{\mathcal{Y}},\boldsymbol{\mathcal{Z}})$-升耗散性能得到保证。至此定理得证。

注释 6.2：值得提出的是，本书得到的闭环系统的性能指标条件同时包含现有研究结论中已得到的结论而更加具有一般性。也就是说，当满足$\boldsymbol{\mathcal{X}} = -\boldsymbol{I}, \boldsymbol{\mathcal{Y}} = \boldsymbol{0}$, $\boldsymbol{\mathcal{Z}} = \gamma^2\boldsymbol{I}$时，闭环系统式(6-6)是均方指数稳定且满足$\mathcal{H}_\infty$性能；当满足$\boldsymbol{\mathcal{X}} = \boldsymbol{0}, \boldsymbol{\mathcal{Y}} = \boldsymbol{I}$, $\boldsymbol{\mathcal{Z}} = \boldsymbol{0}$时，闭环系统式(6-6)是指数无源的；当满足$\boldsymbol{\mathcal{X}} = -\gamma^{-1}\boldsymbol{\theta}, \boldsymbol{\mathcal{Y}} = 1 - \boldsymbol{\theta}, \boldsymbol{\mathcal{Z}} = \gamma\boldsymbol{\theta}$时，

闭环系统式(6-6)是均方指数稳定且满足无源性和 $\mathcal{H}_\infty$混合性能。

由于转移概率 $\alpha_{ij}(h)$ 是时变的，定理 6.1 存在无穷多个不等式需要求解，这样为动态输出反馈控制器的设计带来困难。在此，我们假设转移概率矩阵满足式(6-2)，进而对定理 6.1 进行改进。

定理 6.2：对于给定标量 $\epsilon_i > 0$，$\psi > 0$ 和满足式(6-7)的矩阵 $\mathcal{X}$、$\mathcal{Y}$、$\mathcal{Z}$，如果存在标量 $\vartheta > 0$ 和对称矩阵 $\boldsymbol{P}_i^r > 0$ 和 $\boldsymbol{R}_i^r > 0 (i \in \mathcal{N})$ 满足

$$\boldsymbol{\Lambda}_i^r + \sum_{j \in \mathcal{N}_{\mathrm{UC}}^i} \alpha_{ij}^r \boldsymbol{H}^{\mathrm{T}} \left(\boldsymbol{P}_j^r - \boldsymbol{R}_i^r \right) \boldsymbol{H} < 0, \quad r = 1, 2, \cdots, S \tag{6-16}$$

$$\boldsymbol{P}_j^r - \boldsymbol{R}_i^r < 0, \quad j \in \mathcal{N}_{\mathrm{UK}}^i, \quad i \neq j \tag{6-17}$$

$$\boldsymbol{P}_j^r - \boldsymbol{R}_i^r > 0, \quad j \in \mathcal{N}_{\mathrm{UK}}^i, \quad i = j \tag{6-18}$$

其中，

$$\begin{cases} \boldsymbol{\Lambda}_i^r \triangleq \begin{bmatrix} \boldsymbol{\Lambda}_{1i}^r & \boldsymbol{\Lambda}_{2i}^r & \boldsymbol{\Lambda}_{3i} & \boldsymbol{\Lambda}_{4i} \\ * & -\epsilon_i \boldsymbol{I} & \boldsymbol{0} & \boldsymbol{0} \\ * & * & -\epsilon_i \boldsymbol{I} & \boldsymbol{0} \\ * & * & * & \mathcal{X} \end{bmatrix} \\ \boldsymbol{\Lambda}_{1i}^r \triangleq \begin{bmatrix} \mathrm{sym}\left\{ \boldsymbol{P}_i^r \boldsymbol{A}_{0i}^W \right\} + \psi \boldsymbol{P}_i^r & \boldsymbol{P}_i^r \boldsymbol{B}_{0i}^W - \boldsymbol{C}_i^{W\mathrm{T}} \mathcal{Y} \\ * & -\mathcal{Z} + \vartheta \boldsymbol{I} - 2\boldsymbol{D}_i^{W\mathrm{T}} \mathcal{Y} \end{bmatrix}, \boldsymbol{\Lambda}_{2i}^r \triangleq \begin{bmatrix} \boldsymbol{P}_i^r \bar{\boldsymbol{M}}_i \\ \boldsymbol{0} \end{bmatrix} \end{cases}$$

矩阵 $\boldsymbol{\Lambda}_{3i}$、$\boldsymbol{\Lambda}_{4i}$ 和 $\boldsymbol{H}$ 的定义见定理 6.1。那么称闭环系统式(6-6)是均方指数稳定且严格$(\mathcal{X},\mathcal{Y},\mathcal{Z})$-耗散的。

证明：根据式(6-2)和 $\sum_{j=1}^{N} \alpha_{ij}(h) = 0$，式(6-11)中的不等式可以重新写为

$$\begin{aligned} & \boldsymbol{\Lambda}_i + \sum_{j=1}^{N} \alpha_{ij}(h) \boldsymbol{H}^{\mathrm{T}} \boldsymbol{P}_j \boldsymbol{H} - \sum_{j=1}^{N} \alpha_{ij}(h) \boldsymbol{H}^{\mathrm{T}} \boldsymbol{R}_i \boldsymbol{H} \\ = & \boldsymbol{\Lambda}_i^r + \sum_{j \in \mathcal{N}_{\mathrm{UC}}^i} \alpha_{ij}^r \boldsymbol{H}^{\mathrm{T}} (\boldsymbol{P}_j^r - \boldsymbol{R}_i^r) \boldsymbol{H} + \sum_{j \in \mathcal{N}_{\mathrm{UK}}^i} \alpha_{ij}^r \boldsymbol{H}^{\mathrm{T}} (\boldsymbol{P}_j^r - \boldsymbol{R}_i^r) \boldsymbol{H} < 0 \end{aligned}$$

通过将时变的驻留时间 h 分割为 r 个区间，式(6-1)中的具有不确定性的半马尔可夫切换系统可以视为 r 个独立的半马尔可夫切换系统。由 $\alpha_{ij}^r \geqslant 0 (j \in \mathcal{N}_{\mathrm{UK}}^{ir}, i \neq j)$ 和 $\alpha_{ii}^r = -\sum_{j=1, j \neq i}^{N} \alpha_{ij}^r < 0$ 可知式(6-16)～式(6-18)均成立。因此，得到 $\psi_i(t) < 0$，进而保证了闭环系统是均方指数稳定且严格$(\mathcal{X},\mathcal{Y},\mathcal{Z})$-耗散的。至此定理得证。

6.2.2 基于耗散性的动态输出控制器设计

基于定理 6.2 中给出的结论，本节将给出动态输出控制器设计方法。

定理 6.3: 考虑具有不确定性的半马尔可夫切换系统式(6-1)。给定标量 $\epsilon_i > 0$，$\psi > 0$ 和满足式(6-7)的矩阵 $\mathcal{X}$、$\mathcal{Y}$、$\mathcal{Z}$，如果存在对称矩阵 $\boldsymbol{X}_i^r > 0$、$\boldsymbol{Y}_i^r > 0$、$\bar{\boldsymbol{P}}_i^r > 0$，$\bar{\boldsymbol{R}}_i^r > 0$ 和矩阵 $\boldsymbol{\mathcal{A}}_i^r$、$\boldsymbol{\mathcal{B}}_i^r$、$\boldsymbol{\mathcal{C}}_i^r$、$\boldsymbol{\mathcal{D}}_i^r (i \in \mathcal{N})$ 满足

$$\begin{bmatrix} \Xi_{1i}^r & \Xi_{2i}^r & \Xi_{3i}^r & \Xi_{4i}^r & \Xi_{5i}^r \\ * & \Xi_{6i}^r & \mathbf{0} & \Xi_{7i}^r & \Xi_{8i}^r \\ * & * & -\epsilon_i \boldsymbol{I} & \mathbf{0} & \mathbf{0} \\ * & * & * & -\epsilon_i \boldsymbol{I} & \mathbf{0} \\ * & * & * & * & \mathcal{X} \end{bmatrix} < 0, \quad r = 1,2,\cdots,S \tag{6-19}$$

$$\bar{\boldsymbol{P}}_j^r - \bar{\boldsymbol{R}}_i^r < 0, \quad j \in \mathcal{N}_{\mathrm{UK}}^i, \quad i \neq j \tag{6-20}$$

$$\bar{\boldsymbol{P}}_j^r - \bar{\boldsymbol{P}}_i^r > 0, \quad j \in \mathcal{N}_{\mathrm{UK}}^i, \quad i = j \tag{6-21}$$

$$\Upsilon_i^r > 0 \tag{6-22}$$

其中，

$$\begin{cases} \Xi_{1i}^r \triangleq \mathrm{sym}\left\{\Xi_{0i}^r\right\} + \Psi \Upsilon_i^r + \sum\limits_{j \in \mathcal{N}_{\mathrm{UC}}^i} \alpha_{ij}^r \left(\bar{\boldsymbol{P}}_j^r - \bar{\boldsymbol{R}}_i^r\right) \\ \Xi_{0i}^r \triangleq \begin{bmatrix} \boldsymbol{A}_i \boldsymbol{X}_i^r + \boldsymbol{B}_{2i} \boldsymbol{\mathcal{C}}_i^r & \boldsymbol{A}_i + \boldsymbol{B}_{2i} \boldsymbol{\mathcal{D}}_i^r \boldsymbol{C}_{2i} \\ \boldsymbol{\mathcal{A}}_i^r & \boldsymbol{Y}_i^r \boldsymbol{A}_i + \boldsymbol{\mathcal{B}}_i^r \boldsymbol{C}_{2i} \end{bmatrix}, \quad \Upsilon_i^r \triangleq \begin{bmatrix} \boldsymbol{X}_i^r & \boldsymbol{I} \\ * & \boldsymbol{Y}_i^r \end{bmatrix} \\ \Xi_{2i}^r \triangleq \begin{bmatrix} \boldsymbol{B}_{1i} + \boldsymbol{B}_{2i} \boldsymbol{\mathcal{D}}_i^r \boldsymbol{D}_{21i} \\ \boldsymbol{Y}_i^r \boldsymbol{B}_{1i} + \boldsymbol{\mathcal{B}}_i^r \boldsymbol{D}_{21i} \end{bmatrix} - \begin{bmatrix} \boldsymbol{X}_i^r \boldsymbol{C}_{1i}^{\mathrm{T}} + \boldsymbol{\mathcal{C}}_i^{r\mathrm{T}} \boldsymbol{D}_{12i}^{\mathrm{T}} \\ \boldsymbol{C}_{1i}^{\mathrm{T}} + \boldsymbol{C}_{2i}^{\mathrm{T}} \boldsymbol{\mathcal{D}}_i^{r\mathrm{T}} \boldsymbol{D}_{12i}^{\mathrm{T}} \end{bmatrix} \mathcal{Y}, \quad \Xi_{3i}^r \triangleq \begin{bmatrix} \boldsymbol{M}_{1i} \\ \boldsymbol{Y}_i^r \boldsymbol{M}_{1i} \end{bmatrix} \\ \Xi_{4i}^r \triangleq \begin{bmatrix} \beta_1 \boldsymbol{X}_i^r \boldsymbol{N}_{1i}^{\mathrm{T}} + \beta_3 \boldsymbol{\mathcal{C}}_i^{r\mathrm{T}} \boldsymbol{N}_{3i}^{\mathrm{T}} \\ \beta_1 \boldsymbol{N}_{1i}^{\mathrm{T}} + \beta_3 \boldsymbol{C}_{2i}^{\mathrm{T}} \boldsymbol{\mathcal{D}}_i^{r\mathrm{T}} \boldsymbol{N}_{3i}^{\mathrm{T}} \end{bmatrix} \epsilon_i, \quad \Xi_{5i}^r \triangleq \begin{bmatrix} \boldsymbol{X}_i^r \boldsymbol{C}_{1i}^{\mathrm{T}} + \boldsymbol{\mathcal{C}}_i^{r\mathrm{T}} \boldsymbol{D}_{12i}^{\mathrm{T}} \\ \boldsymbol{C}_{1i}^{\mathrm{T}} + \boldsymbol{C}_{2i}^{\mathrm{T}} \boldsymbol{\mathcal{D}}_i^{r\mathrm{T}} \boldsymbol{\mathcal{D}}_{12i}^{\mathrm{T}} \end{bmatrix} \mathcal{X} \\ \Xi_{6i}^r \triangleq -\mathcal{Z} + \vartheta \boldsymbol{I} - 2 \boldsymbol{D}_i^{W\mathrm{T}} \mathcal{Y}, \quad \Xi_{7i}^r \triangleq \epsilon_i \boldsymbol{N}_i^{B\mathrm{T}}, \quad \Xi_{8i}^r \triangleq \boldsymbol{D}_i^{W\mathrm{T}} \mathcal{X} \\ \boldsymbol{D}_i^W \triangleq \boldsymbol{D}_{11i} + \boldsymbol{D}_{12i} \boldsymbol{\mathcal{D}}_i^r \boldsymbol{D}_{21i}, \quad \boldsymbol{N}_i^B \triangleq \beta_2 \boldsymbol{N}_{2i} + \beta_3 \boldsymbol{N}_{3i} \boldsymbol{\mathcal{D}}_i^r \boldsymbol{D}_{21i} \end{cases}$$

则存在一个式(6-5)中的动态输出反馈控制器，确保闭环系统式(6-6)是均方指数稳定且严格$(\mathcal{X},\mathcal{Y},\mathcal{Z})$-耗散的。同时，该动态输出反馈控制器的增益可以由下式求解：

$$
\begin{cases}
\boldsymbol{A}_i^K = (\boldsymbol{V}_i^r)^{-1}\left[\boldsymbol{\mathcal{A}}_i^r - \boldsymbol{Y}_i^r\left(\boldsymbol{A}_i + \boldsymbol{B}_{2i}\boldsymbol{D}_i^K\boldsymbol{C}_{2i}\right)\boldsymbol{X}_i^r\right](\boldsymbol{U}_i^r)^{-\mathrm{T}} \\
\qquad -\boldsymbol{B}_i^K\boldsymbol{C}_{2i}\boldsymbol{X}_i^r\left(\boldsymbol{U}_i^r\right)^{-\mathrm{T}} - (\boldsymbol{V}_i^r)^{-1}\boldsymbol{Y}_i^r\boldsymbol{B}_{2i}\boldsymbol{C}_i^K \\
\boldsymbol{B}_i^K = (\boldsymbol{V}_i^r)^{-1}(\boldsymbol{\mathcal{B}}_i^r - \boldsymbol{Y}_i^r\boldsymbol{B}_{2i}\boldsymbol{D}_i^K) \\
\boldsymbol{C}_i^K = (\boldsymbol{\mathcal{C}}_i^r - \boldsymbol{D}_i^K\boldsymbol{C}_{2i}\boldsymbol{X}_i^r)(\boldsymbol{U}_i^r)^{-\mathrm{T}} \\
\boldsymbol{D}_i^K = \boldsymbol{\mathcal{D}}_i^r,\ \boldsymbol{U}_i^r\boldsymbol{V}_i^{r\mathrm{T}} = I - \boldsymbol{X}_i^r\boldsymbol{Y}_i^r
\end{cases}
$$

证明：根据定理 6.2 中的结论，可知如果存在对称矩阵 $\boldsymbol{P}_i^r > 0$ 满足不等式(6-16)～式(6-18)，那么可以获得一个式(6-5)中全阶的动态输出反馈控制器确保闭环系统是均方指数稳定且严格耗散的。

在此，将对称正定矩阵 $\boldsymbol{P}_i^r$ 和 $(\boldsymbol{P}_i^r)^{-1}$ 分解为一种特殊形式：

$$
\boldsymbol{P}_i^r \triangleq \begin{bmatrix} \boldsymbol{Y}_i^r & \boldsymbol{V}_i^r \\ * & \boldsymbol{W}_i^r \end{bmatrix}, \left(\boldsymbol{P}_i^r\right)^{-1} \triangleq \begin{bmatrix} \boldsymbol{X}_i^r & \boldsymbol{U}_i^r \\ * & \boldsymbol{Z}_i^r \end{bmatrix}
$$

其中，$\boldsymbol{Y}_i^r \in \mathbb{R}^{n\times n}$，$\boldsymbol{V}_i^r \in \mathbb{R}^{n\times n}$，$\boldsymbol{W}_i^r \in \mathbb{R}^{n\times n}$，$\boldsymbol{X}_i^r \in \mathbb{R}^{n\times n}$，$\boldsymbol{U}_i^r \in \mathbb{R}^{n\times n}$，$\boldsymbol{Z}_i^r \in \mathbb{R}^{n\times n}$。

不失一般性，假设矩阵 $\boldsymbol{Y}_i^r$ 和 $\boldsymbol{X}_i^r$ 是正定对称矩阵。为了对式(6-16)中的条件进行线性化处理，我们定义以下非奇异矩阵：

$$
\boldsymbol{\Pi}_{1i}^r \triangleq \begin{bmatrix} \boldsymbol{X}_i^r & \boldsymbol{I} \\ \boldsymbol{U}_i^{r\mathrm{T}} & \boldsymbol{0} \end{bmatrix},\ \boldsymbol{\Pi}_{2i}^r \triangleq \begin{bmatrix} \boldsymbol{I} & \boldsymbol{Y}_i^r \\ \boldsymbol{0} & \boldsymbol{V}_i^{r\mathrm{T}} \end{bmatrix}
$$

由 $\boldsymbol{P}_i^r(\boldsymbol{P}_i^r)^{-1}=\boldsymbol{I}$ 可得 $\boldsymbol{P}_i^r\boldsymbol{\Pi}_{1i}^r = \boldsymbol{\Pi}_{2i}^r$。进一步定义

$$
\begin{cases}
\boldsymbol{\mathcal{A}}_i^r \triangleq \boldsymbol{Y}_i^r\left(\boldsymbol{A}_i + \boldsymbol{B}_{2i}\boldsymbol{D}_i^K\boldsymbol{C}_{2i}\right)\boldsymbol{X}_i^r + \boldsymbol{V}_i^r\boldsymbol{B}_i^K\boldsymbol{C}_{2i}\boldsymbol{X}_i^r + \boldsymbol{Y}_i^r\boldsymbol{B}_{2i}\boldsymbol{C}_i^K\boldsymbol{U}_i^{r\mathrm{T}} + \boldsymbol{V}_i^r\boldsymbol{A}_i^K\boldsymbol{U}_i^{r\mathrm{T}} \\
\boldsymbol{\mathcal{B}}_i^r \triangleq \boldsymbol{Y}_i^r\boldsymbol{B}_{2i}\boldsymbol{D}_i^K + \boldsymbol{V}_i^r\boldsymbol{B}_i^K \\
\boldsymbol{\mathcal{C}}_i^r \triangleq \boldsymbol{D}_i^K\boldsymbol{C}_{2i}\boldsymbol{X}_i^r + \boldsymbol{C}_i^K\boldsymbol{U}_i^{r\mathrm{T}} \\
\boldsymbol{\mathcal{D}}_i^r \triangleq \boldsymbol{D}_i^K
\end{cases}
$$

那么，可以得到

$$
\boldsymbol{\Pi}_{1i}^{r\mathrm{T}}\boldsymbol{P}_i^r\boldsymbol{A}_{0i}^W\boldsymbol{\Pi}_{1i}^r = \begin{bmatrix} \boldsymbol{A}_i\boldsymbol{X}_i^r + \boldsymbol{B}_{2i}\boldsymbol{\mathcal{C}}_i^r & \boldsymbol{A}_i + \boldsymbol{B}_{2i}\boldsymbol{\mathcal{D}}_i^r\boldsymbol{C}_{2i} \\ \boldsymbol{\mathcal{A}}_i^r & \boldsymbol{Y}_i^r\boldsymbol{A}_i + \boldsymbol{\mathcal{B}}_i^r\boldsymbol{C}_{2i} \end{bmatrix}
$$

$$
\boldsymbol{\Pi}_{1i}^{r\mathrm{T}}\boldsymbol{P}_i^r\boldsymbol{B}_{0i}^W = \begin{bmatrix} \boldsymbol{B}_{1i} + \boldsymbol{B}_{2i}\boldsymbol{\mathcal{D}}_i^r\boldsymbol{D}_{21i} \\ \boldsymbol{Y}_i^r\boldsymbol{B}_{1i} + \boldsymbol{\mathcal{B}}_i^r\boldsymbol{D}_{21i} \end{bmatrix}
$$

$$
\boldsymbol{\Pi}_{1i}^{r\mathrm{T}}\boldsymbol{P}_i^r\bar{\boldsymbol{M}}_i = \begin{bmatrix} \boldsymbol{M}_{1i} \\ \boldsymbol{Y}_i^r\boldsymbol{M}_{1i} \end{bmatrix},\ \boldsymbol{\Pi}_{1i}^{r\mathrm{T}}\boldsymbol{P}_i^r\boldsymbol{\Pi}_{1i}^r = \begin{bmatrix} \boldsymbol{X}_i^r & \boldsymbol{I} \\ \boldsymbol{I} & \boldsymbol{Y}_i^r \end{bmatrix}
$$

$$
\sum_{j\in\mathcal{N}_{\mathrm{UC}}^i}\alpha_{ij}^r\boldsymbol{\Pi}_{1i}^{r\mathrm{T}}\boldsymbol{P}_j^r\boldsymbol{\Pi}_{1i}^r = \sum_{j\in\mathcal{N}_{\mathrm{UC}}^i}\alpha_{ij}^r\bar{\boldsymbol{P}}_j^r
$$

$$
\epsilon_i\boldsymbol{\Pi}_{1i}^{r\mathrm{T}}\boldsymbol{N}_i^{A\mathrm{T}} = \epsilon_i\begin{bmatrix} \beta_1\boldsymbol{X}_i^r\boldsymbol{N}_{1i}^{\mathrm{T}} + \beta_3\boldsymbol{\mathcal{C}}_i^{r\mathrm{T}}\boldsymbol{N}_{3i}^{\mathrm{T}} \\ \beta_1\boldsymbol{N}_{1i}^{\mathrm{T}} + \beta_3\boldsymbol{C}_{2i}^{\mathrm{T}}\boldsymbol{\mathcal{D}}_i^{r\mathrm{T}}\boldsymbol{N}_{3i}^{\mathrm{T}} \end{bmatrix}
$$

$$
\boldsymbol{\mathcal{Y}}\boldsymbol{C}_i^W\boldsymbol{\Pi}_{1i}^r = \boldsymbol{\mathcal{Y}}\left[\boldsymbol{C}_{1i}\boldsymbol{X}_i^r + \boldsymbol{D}_{12i}\boldsymbol{\mathcal{C}}_i^r \quad \boldsymbol{C}_{1i} + \boldsymbol{D}_{12i}\boldsymbol{\mathcal{D}}_i^r\boldsymbol{C}_{2i}\right]
$$

$$\boldsymbol{\Pi}_{1i}^{r\mathrm{T}}\boldsymbol{R}_i^r\boldsymbol{\Pi}_{1i}^r=\bar{\boldsymbol{R}}_i$$

进而，利用矩阵 $\mathrm{diag}\{\boldsymbol{\Pi}_{1i}^r,\boldsymbol{I},\boldsymbol{I},\boldsymbol{I},\boldsymbol{I}\}$ 对 $\boldsymbol{\Lambda}_i^r$ 进行等价变换得到

$$\mathrm{diag}\left\{\boldsymbol{\Pi}_{1i}^r,\boldsymbol{I},\boldsymbol{I},\boldsymbol{I},\boldsymbol{I}\right\}^{\mathrm{T}}\boldsymbol{\Lambda}_i\,\mathrm{diag}\left\{\boldsymbol{\Pi}_{1i}^r,\boldsymbol{I},\boldsymbol{I},\boldsymbol{I},\boldsymbol{I}\right\}=\begin{bmatrix}\mathrm{sym}\left\{\boldsymbol{\Xi}_{0i}^r\right\}+\psi\boldsymbol{\Upsilon}_i^r & \boldsymbol{\Xi}_{2i}^r & \boldsymbol{\Xi}_{3i}^r & \boldsymbol{\Xi}_{4i}^r & \boldsymbol{\Xi}_{5i}^r\\ * & \boldsymbol{\Xi}_{6i}^r & \boldsymbol{0} & \boldsymbol{\Xi}_{7i}^r & \boldsymbol{\Xi}_{8i}^r\\ * & * & -\epsilon_i\boldsymbol{I} & \boldsymbol{0} & \boldsymbol{0}\\ * & * & * & -\epsilon_i\boldsymbol{I} & \boldsymbol{0}\\ * & * & * & * & \boldsymbol{\mathcal{X}}\end{bmatrix}$$

其中，$\boldsymbol{\Xi}_{0i}$、$\boldsymbol{\Xi}_{2i}$、$\boldsymbol{\Xi}_{3i}$、$\boldsymbol{\Xi}_{4i}$、$\boldsymbol{\Xi}_{5i}$、$\boldsymbol{\Xi}_{6i}$、$\boldsymbol{\Xi}_{7i}$、$\boldsymbol{\Xi}_{8i}$ 和 $\boldsymbol{\Upsilon}_i^r$ 如定理 6.3 中定义，且有 $\bar{\boldsymbol{P}}_j^r=\boldsymbol{\Pi}_{1i}^{r\mathrm{T}}\boldsymbol{P}_j\boldsymbol{\Pi}_{1i}^r$ 和 $\bar{\boldsymbol{R}}_i^r=\boldsymbol{\Pi}_{1i}^{r\mathrm{T}}\boldsymbol{R}_i\boldsymbol{\Pi}_{1i}^r$。至此定理得证。

然后，就可以利用如下优化问题给出基于耗散性的全阶动态输出反馈控制器设计问题的解：

$$\min\ \mathrm{trace}(\boldsymbol{X}_i^r\boldsymbol{Y}_i^r)$$

$$\text{s.t.式(6-19)～式(6-22)}$$

注释 6.3：值得提出的是，定理 6.3 中我们利用矩阵 $\bar{\boldsymbol{P}}_j^r=\boldsymbol{\Pi}_{1i}^{r\mathrm{T}}\boldsymbol{P}_j\boldsymbol{\Pi}_{1i}^r$ 来求解待求的全阶控制器参数，这样忽略了 i 和 j 的耦合而具有较高的保守性。为了解决这个问题，本书参考 Shi 等[36]和 Shen 等[82]提出的方法，采用一个具有特殊结构的松弛的李雅普诺夫函数矩阵 $\boldsymbol{P}_i^r$ 来求解该全阶控制器的参数。

定理 6.4：考虑式(6-1)中具有不确定性的半马尔可夫切换系统。针对给定的标量 $\epsilon_i>0$，$\psi>0$ 和满足式(6-7)的矩阵 $\boldsymbol{\mathcal{X}}$、$\boldsymbol{\mathcal{Y}}$、$\boldsymbol{\mathcal{Z}}$，如果存在对称矩阵 $\boldsymbol{X}^r>0$、$\boldsymbol{Y}^r>0$、$\hat{\boldsymbol{P}}_i^r>0$、$\hat{\boldsymbol{R}}_i^r>0$和矩阵 $\boldsymbol{\mathcal{A}}_i^r$、$\boldsymbol{\mathcal{B}}_i^r$、$\boldsymbol{\mathcal{C}}_i^r$、$\boldsymbol{\mathcal{D}}_i^r(i\in\mathcal{N})$ 满足

$$\begin{bmatrix}\hat{\boldsymbol{\Xi}}_{1i}^r & \hat{\boldsymbol{\Xi}}_{2i}^r & \boldsymbol{\Xi}_{3i}^r & \hat{\boldsymbol{\Xi}}_{4i}^r & \hat{\boldsymbol{\Xi}}_{5i}^r\\ * & \boldsymbol{\Xi}_{6i}^r & \boldsymbol{0} & \boldsymbol{\Xi}_{7i}^r & \boldsymbol{\Xi}_{8i}^r\\ * & * & -\epsilon_i\boldsymbol{I} & \boldsymbol{0} & \boldsymbol{0}\\ * & * & * & -\epsilon_i\boldsymbol{I} & \boldsymbol{0}\\ * & * & * & * & \boldsymbol{\mathcal{X}}\end{bmatrix}<0,\ r=1,2,\cdots,S \tag{6-23}$$

$$\hat{\boldsymbol{P}}_j^r-\hat{\boldsymbol{R}}_i^r<0,\ j\in\mathcal{N}_{\mathrm{UK}}^i,\ i\neq j \tag{6-24}$$

$$\hat{\boldsymbol{P}}_j^r-\hat{\boldsymbol{R}}_i^r>0,\ j\in\mathcal{N}_{\mathrm{UK}}^i,\ i=j \tag{6-25}$$

$$\boldsymbol{X}^r\boldsymbol{Y}^r=\boldsymbol{I} \tag{6-26}$$

其中，矩阵 $\boldsymbol{\Xi}_{6i}^r$、$\boldsymbol{\Xi}_{7i}^r$、$\boldsymbol{\Xi}_{8i}^r$、$\boldsymbol{D}_i^w$和$\boldsymbol{N}_i^B$ 如定理 6.3 中定义，且

$$
\begin{cases}
\hat{\boldsymbol{\varXi}}_{1i}^r \triangleq \mathrm{sym}\left\{\hat{\boldsymbol{\varXi}}_{0i}^r\right\}+\psi\hat{\boldsymbol{\varUpsilon}}_i^r+\sum\limits_{j\in\mathcal{N}_{\mathrm{UC}}^i}\alpha_{ij}^r(\hat{\boldsymbol{P}}_j^r-\hat{\boldsymbol{R}}_i^r) \\
\hat{\boldsymbol{\varXi}}_{0i}^r \triangleq \begin{bmatrix} \frac{1}{2}\boldsymbol{A}_i\boldsymbol{X}^r+\boldsymbol{B}_{2i}\boldsymbol{\mathcal{C}}_i^r & \boldsymbol{A}_i+\boldsymbol{B}_{2i}\boldsymbol{\mathcal{D}}_i^r\boldsymbol{C}_{2i} \\ \boldsymbol{\mathcal{A}}_i^r & \boldsymbol{Y}^r\boldsymbol{A}_i+\boldsymbol{\mathcal{B}}_i^r\boldsymbol{C}_{2i} \end{bmatrix},\quad \hat{\boldsymbol{\varUpsilon}}_i^r \triangleq \begin{bmatrix} \frac{1}{2}\boldsymbol{X}^r & \boldsymbol{I} \\ \frac{1}{2}\boldsymbol{I} & \boldsymbol{Y}^r \end{bmatrix} \\
\hat{\boldsymbol{\varXi}}_{2i}^r \triangleq \begin{bmatrix} \boldsymbol{B}_{1i}+\boldsymbol{B}_{2i}\boldsymbol{\mathcal{D}}_i^r\boldsymbol{D}_{21i} \\ \boldsymbol{Y}^r\boldsymbol{B}_{1i}+\boldsymbol{\mathcal{B}}_i^r\boldsymbol{D}_{21i} \end{bmatrix}-\begin{bmatrix} \frac{1}{2}\boldsymbol{X}^r\boldsymbol{C}_{1i}^{\mathrm{T}}+\boldsymbol{\mathcal{C}}_i^{r\mathrm{T}}\boldsymbol{D}_{12i}^{\mathrm{T}} \\ \boldsymbol{C}_{1i}^{\mathrm{T}}+\boldsymbol{C}_{2i}^{\mathrm{T}}\boldsymbol{\mathcal{D}}_i^{r\mathrm{T}}\boldsymbol{D}_{12i}^{\mathrm{T}} \end{bmatrix}\boldsymbol{\mathcal{Y}} \\
\hat{\boldsymbol{\varXi}}_{4i}^r \triangleq \begin{bmatrix} \frac{1}{2}\beta_1\boldsymbol{X}^r\boldsymbol{N}_{1i}^{\mathrm{T}}+\beta_3\boldsymbol{\mathcal{C}}_i^{r\mathrm{T}}\boldsymbol{N}_{3i}^{\mathrm{T}} \\ \beta_1\boldsymbol{N}_{1i}^T+\beta_3\boldsymbol{C}_{2i}^T\boldsymbol{\mathcal{D}}_i^{rT}\boldsymbol{N}_{3i}^T \end{bmatrix}\epsilon_i \\
\hat{\boldsymbol{\varXi}}_{5i}^r \triangleq \begin{bmatrix} \frac{1}{2}\boldsymbol{X}^r\boldsymbol{C}_{1i}^{\mathrm{T}}+\boldsymbol{\mathcal{C}}_i^{r\mathrm{T}}\boldsymbol{D}_{12i}^{\mathrm{T}} \\ \boldsymbol{C}_{1i}^{\mathrm{T}}+\boldsymbol{C}_{2i}^{\mathrm{T}}\boldsymbol{\mathcal{D}}_i^{r\mathrm{T}}\boldsymbol{D}_{12i}^{\mathrm{T}} \end{bmatrix}\boldsymbol{\mathcal{X}}
\end{cases}
$$

那么存在一个式(6-5)中的全阶动态输出反馈控制器，确保闭环系统式(6-6)是均方指数稳定且严格$(\boldsymbol{\mathcal{X}},\boldsymbol{\mathcal{Y}},\boldsymbol{\mathcal{Z}})$-耗散的。控制器参数为

$$
\begin{cases}
\boldsymbol{A}_i^K=2(\boldsymbol{Y}^r)^{-1}\boldsymbol{\mathcal{A}}_i^r(\boldsymbol{X}^r)^{-1}-(\boldsymbol{A}_i+\boldsymbol{B}_{2i}\boldsymbol{D}_i^K\boldsymbol{C}_{2i})-\boldsymbol{B}_i^K\boldsymbol{C}_{2i}-\boldsymbol{B}_{2i}\boldsymbol{C}_i^K \\
\boldsymbol{B}_i^K=(\boldsymbol{Y}^r)^{-1}\boldsymbol{\mathcal{B}}_i^r-\boldsymbol{B}_{2i}\boldsymbol{D}_i^K \\
\boldsymbol{C}_i^K=2\boldsymbol{\mathcal{C}}_i^r(\boldsymbol{X}^r)^{-1}-\boldsymbol{D}_i^K\boldsymbol{C}_{2i} \\
\boldsymbol{D}_i^K=\boldsymbol{\mathcal{D}}_i^r
\end{cases}
\tag{6-27}
$$

证明：令李雅普诺夫函数矩阵$\boldsymbol{P}_i^r$和$(\boldsymbol{P}_i^r)^{-1}$按如下形式进行分解：

$$
\boldsymbol{P}_i^r \triangleq \begin{bmatrix} \boldsymbol{Y}^r & \boldsymbol{Y}^r \\ * & \boldsymbol{W}_i^r \end{bmatrix},\quad \left(\boldsymbol{P}_i^r\right)^{-1} \triangleq \begin{bmatrix} \frac{1}{2}\boldsymbol{X}^r & \frac{1}{2}\boldsymbol{X}^r \\ * & \boldsymbol{Z}_i^r \end{bmatrix}
$$

其中，矩阵$\boldsymbol{Y}^r$和$\boldsymbol{X}^r$为n维对称正定矩阵。

同时定义以下非奇异矩阵：

$$
\hat{\boldsymbol{\varPi}}_1^r \triangleq \begin{bmatrix} \frac{1}{2}\boldsymbol{X}^r & \boldsymbol{I} \\ \frac{1}{2}\boldsymbol{X}^r & \boldsymbol{0} \end{bmatrix},\quad \hat{\boldsymbol{\varPi}}_2^r \triangleq \begin{bmatrix} \boldsymbol{I} & \boldsymbol{Y}^r \\ \boldsymbol{0} & \boldsymbol{Y}^r \end{bmatrix},\quad \boldsymbol{P}_i^r\hat{\boldsymbol{\varPi}}_1^r=\hat{\boldsymbol{\varPi}}_2^r
$$

类似于定理 6.3 的证明过程，利用矩阵$\mathrm{diag}\{\hat{\boldsymbol{\varPi}}_1^r,\boldsymbol{I},\boldsymbol{I},\boldsymbol{I},\boldsymbol{I}\}$对$\boldsymbol{\varLambda}_i^r$进行等价变换可得式(6-19)～式(6-22)等价于式(6-23)～式(6-26)。至此定理得证。

值得提出的是，上述定理引入一个具有特殊结构的松弛矩阵$\boldsymbol{P}_i^r$求得该控制器的参数来降低保守性。然而，定理 6.4 中给出的条件并非都是 LMI 形式，不能直接用 MATLAB 工具箱进行求解。为了解决这个问题，引入以下优化问题，设计全阶动

态输出反馈控制器：

$$\min \operatorname{trace}(\boldsymbol{X}^r\boldsymbol{Y}^r)$$
$$\text{s.t.式(6-23)～式(6-26)}$$

为了解决基于耗散性的全阶动态输出反馈控制器设计问题，我们将引入基于锥补线性化的优化算法 6.1（表 6-1）。

表 6-1 基于锥补线性化的全阶动态输出反馈控制器设计方法

算法 6.1：基于锥补线性化的全阶动态输出反馈控制器设计方法
第一步：给定一组可行的初始解 $(\boldsymbol{X}_0^r, \boldsymbol{Y}_0^r, \hat{\boldsymbol{P}}_{0i}^r, \hat{\boldsymbol{R}}_{0i}^r, \mathcal{A}_{0i}^r, \mathcal{B}_{0i}^r, \mathcal{C}_{0i}^r, \mathcal{D}_{0i}^r)(i\in\mathcal{N})$ 满足式(6-23)～式(6-25)。同时令 $\nu=0$
第二步：利用下列最小优化问题来得到变量 $(\boldsymbol{X}^r, \boldsymbol{Y}^r, \hat{\boldsymbol{P}}_i^r, \hat{\boldsymbol{R}}_i^r, \mathcal{A}_i^r, \mathcal{B}_i^r, \mathcal{C}_i^r, \mathcal{D}_i^r)$ 的解： $$\min \operatorname{trace}(\boldsymbol{X}_\nu^r\boldsymbol{Y}^r+\boldsymbol{X}^r\boldsymbol{Y}_\nu^r)$$ $$\text{s.t.式(6-23)～式(6-26)}$$ 然后定义 f^* 为相应优化值且令 $$(\boldsymbol{X}_{\nu+1}^r,\boldsymbol{Y}_{\nu+1}^r,\hat{\boldsymbol{P}}_{(\nu+1)i}^r,\hat{\boldsymbol{R}}_{(\nu+1)i}^r)=(\boldsymbol{X}^r,\boldsymbol{Y}^r,\hat{\boldsymbol{P}}_i^r,\hat{\boldsymbol{R}}_i^r)$$ $$(\mathcal{A}_{(\nu+1)i}^r,\mathcal{B}_{(\nu+1)i}^r,\mathcal{C}_{(\nu+1)i}^r,\mathcal{D}_{(\nu+1)i}^r)=(\mathcal{A}_i^r,\mathcal{B}_i^r,\mathcal{C}_i^r,\mathcal{D}_i^r)$$
第三步：若得到的变量 $(\boldsymbol{X}^r, \boldsymbol{Y}^r, \hat{\boldsymbol{P}}_i^r, \hat{\boldsymbol{R}}_i^r, \mathcal{A}_i^r, \mathcal{B}_i^r, \mathcal{C}_i^r, \mathcal{D}_i^r)$ 对下列不等式： $$\begin{bmatrix}\breve{\boldsymbol{\Xi}}_{1i}^r & \breve{\boldsymbol{\Xi}}_{2i}^r & \breve{\boldsymbol{\Xi}}_{3i}^r & \hat{\boldsymbol{\Xi}}_{4i}^r & \hat{\boldsymbol{\Xi}}_{5i}^r\\ * & \boldsymbol{\Xi}_{6i}^r & 0 & \boldsymbol{\Xi}_{7i}^r & \boldsymbol{\Xi}_{8i}^r\\ * & * & -\epsilon_i\boldsymbol{I} & 0 & 0\\ * & * & * & -\epsilon_i\boldsymbol{I} & 0\\ * & * & * & * & \mathcal{X}\end{bmatrix}<0,\quad r=1,2,\cdots,S \tag{6-28}$$ 其中，$\hat{\boldsymbol{\Xi}}_{4i}^r$ 和 $\hat{\boldsymbol{\Xi}}_{5i}^r$ 均定义在定理 6.4 中，且 $$\begin{cases}\breve{\boldsymbol{\Xi}}_{1i}^r \triangleq \operatorname{sym}\left\{\breve{\boldsymbol{\Xi}}_{0i}^r\right\}+\psi\breve{\boldsymbol{\Upsilon}}_i^r+\sum\limits_{j\in\mathcal{N}_{\mathrm{UC}}^i}\alpha_{ij}^r\left(\hat{\boldsymbol{P}}_j^r-\hat{\boldsymbol{R}}_i^r\right)\\ \breve{\boldsymbol{\Xi}}_{0i}^r \triangleq \begin{bmatrix}\frac{1}{2}\boldsymbol{A}_i\boldsymbol{X}^r+\boldsymbol{B}_{2i}\mathcal{C}_i^r & \boldsymbol{A}_i+\boldsymbol{B}_{2i}\mathcal{D}_i^r\boldsymbol{C}_{2i}\\ \mathcal{A}_i^r & (\boldsymbol{X}^r)^{-1}\boldsymbol{A}_i+\mathcal{B}_i^r\boldsymbol{C}_{2i}\end{bmatrix},\ \breve{\boldsymbol{\Upsilon}}_i^r\triangleq\begin{bmatrix}\frac{1}{2}\boldsymbol{X}^r & \boldsymbol{I}\\ \frac{1}{2}\boldsymbol{I} & (\boldsymbol{X}^r)^{-1}\end{bmatrix}\\ \breve{\boldsymbol{\Xi}}_{2i}^r\triangleq\begin{bmatrix}\boldsymbol{B}_{1i}+\boldsymbol{B}_{2i}\mathcal{D}_i^r\boldsymbol{D}_{21i}\\ (\boldsymbol{X}^r)^{-1}\boldsymbol{B}_{1i}+\mathcal{B}_i^r\boldsymbol{D}_{21i}\end{bmatrix}-\begin{bmatrix}\frac{1}{2}\boldsymbol{X}^r\boldsymbol{C}_{1i}^{\mathrm{T}}+\mathcal{C}_i^{r\mathrm{T}}\boldsymbol{D}_{12i}^{\mathrm{T}}\\ \boldsymbol{C}_{1i}^{\mathrm{T}}+\boldsymbol{C}_{2i}^{\mathrm{T}}\mathcal{D}_i^{r\mathrm{T}}\boldsymbol{D}_{12i}^{\mathrm{T}}\end{bmatrix}\mathcal{Y},\ \breve{\boldsymbol{\Xi}}_{2i}^r\triangleq\begin{bmatrix}\boldsymbol{M}_{1i}\\ \left(\boldsymbol{X}^r\right)^{-1}\boldsymbol{M}_{1i}\end{bmatrix}\end{cases}$$ 是可行的，且下列条件 $$\left\|f^*-2n\right\|<\Delta$$ 对于一个充分小的标量 $\Delta>0$ 是成立的，那么终止
第四步：否则，令 $\nu=\nu+1$ 和 $\boldsymbol{X}_\nu^r=\boldsymbol{X}^r$，$\boldsymbol{Y}_\nu^r=\boldsymbol{Y}^r$，$\hat{\boldsymbol{P}}_{(\nu)}^r=\hat{\boldsymbol{P}}_i^r$，$\hat{\boldsymbol{R}}_{(\nu)}^r=\hat{\boldsymbol{R}}_i^r$，$\mathcal{A}_{(\nu)i}^r=\mathcal{A}_i^r$，$\mathcal{B}_{(\nu)i}^r=\mathcal{B}_i^r$，$\mathcal{C}_{(\nu)i}^r=\mathcal{C}_i^r$，$\mathcal{D}_{(\nu)i}=\mathcal{D}_i^r$，然后跳到第二步

6.2.3　基于耗散性和奇异摄动的控制器降阶方法

本节将研究基于耗散性和奇异摄动的动态输出反馈控制器降阶方法。首先，利用输入和输出耗散不等式来得到能控性和能观性格拉姆矩阵。

定理 6.5：考虑式(6-1)中带不确定性的半马尔可夫切换系统。对给定的标量 $\epsilon_{1i}>0$ 和 $\psi>0$，如果存在一组非奇异对称矩阵 $\boldsymbol{P}_i^r=\operatorname{diag}\{\boldsymbol{P}_{1i}^r,\boldsymbol{P}_{2i}^r\}>0(i\in\mathcal{N})$ 满足

$$\boldsymbol{\Omega}_{Pi}^r+\sum_{j\in\mathcal{N}_{\mathrm{UC}}^i}\alpha_{ij}^r\boldsymbol{H}^{\mathrm{T}}\left(\boldsymbol{P}_j^r-\boldsymbol{R}_i^r\right)\boldsymbol{H}<0,\ r=1,2,\cdots,S \tag{6-29}$$

$$\boldsymbol{P}_j^r-\boldsymbol{R}_i^r<0,\ j\in\mathcal{N}_{\mathrm{UK}}^i,\ i\neq j \tag{6-30}$$

$$\boldsymbol{P}_j^r-\boldsymbol{R}_i^r>0,\ j\in\mathcal{N}_{\mathrm{UK}}^i,\ i=j \tag{6-31}$$

其中，

$$\boldsymbol{\Omega}_{Pi}^r\triangleq\begin{bmatrix}\operatorname{sym}\left\{\boldsymbol{P}_i^r\boldsymbol{A}_{0i}^W\right\}+\psi\boldsymbol{P}_i^r & \boldsymbol{P}_i^r\boldsymbol{B}_{0i}^W & \boldsymbol{P}_i^r\bar{\boldsymbol{M}}_i & \epsilon_{1i}\boldsymbol{N}_i^{A\mathrm{T}}\\ * & -\boldsymbol{I} & \boldsymbol{0} & \epsilon_{1i}\boldsymbol{N}_i^{B\mathrm{T}}\\ * & * & -\epsilon_{1i}\boldsymbol{I} & \boldsymbol{0}\\ * & * & * & -\epsilon_{1i}\boldsymbol{I}\end{bmatrix}$$

那么闭环系统式(6-6)是均方指数稳定的且 $\boldsymbol{\omega}(t)\neq 0$ 条件下相应的能达集能量是有界的。

证明：Kotsalis 等[152]详细地给出了类似的证明过程，我们可以令 $s(\boldsymbol{\omega}(t),\boldsymbol{z}(t))=\boldsymbol{\omega}^{\mathrm{T}}(t)\boldsymbol{\omega}(t)$、$\vartheta=0$ 和 $\boldsymbol{z}(t)=0$ 来得到输入耗散不等式。由于篇幅所限，证明过程略。

定理 6.6：考虑式(6-1)中带有不确定性的半马尔可夫切换系统。如果存在一组非奇异对称矩阵 $\boldsymbol{Q}_i^r=\operatorname{diag}\{\boldsymbol{Q}_{1i}^r,\boldsymbol{Q}_{2i}^r\}>0(i\in\mathcal{N})$ 满足

$$\boldsymbol{\Omega}_{Qi}^r+\sum_{j\in\mathcal{N}_{\mathrm{UC}}^i}\alpha_{ij}^r\boldsymbol{H}^{\mathrm{T}}\left(\boldsymbol{Q}_j^r-\boldsymbol{R}_i^r\right)\boldsymbol{H}<0,\ r=1,2,\cdots,S \tag{6-32}$$

$$\boldsymbol{Q}_j^r-\boldsymbol{R}_i^r<0,\ j\in\mathcal{N}_{\mathrm{UK}}^i,\ i\neq j \tag{6-33}$$

$$\boldsymbol{Q}_j^r-\boldsymbol{R}_i^r>0,\ j\in\mathcal{N}_{\mathrm{UK}}^i,\ i=j \tag{6-34}$$

其中，

$$\boldsymbol{\Omega}_{Qi}^r\triangleq\begin{bmatrix}\operatorname{sym}\left\{\boldsymbol{Q}_i^r\boldsymbol{A}_{0i}^W\right\}+\psi\boldsymbol{Q}_i^r & \boldsymbol{Q}_i^r\bar{\boldsymbol{M}}_i & \epsilon_{2i}\boldsymbol{N}_i^{A\mathrm{T}} & \boldsymbol{C}_i^{W\mathrm{T}}\\ * & -\epsilon_{2i}\boldsymbol{I} & \boldsymbol{0} & \boldsymbol{0}\\ * & * & -\epsilon_{2i}\boldsymbol{I} & \boldsymbol{0}\\ * & * & * & -\boldsymbol{I}\end{bmatrix}$$

那么闭环系统式(6-6)是均方指数稳定的且在 $\boldsymbol{\omega}\left(t\right)=0$ 和零初始条件下相应的输出能量是有界的。

证明：Kotsalis 等[152]详细地给出了类似的证明过程，我们可以利用 $s(\omega(t),z(t))=-z^{\mathrm{T}}(t)z(t)$、$\vartheta=0$ 和 $\omega(t)=0$ 来得到输出耗散不等式。由于篇幅所限，证明过程略。

由上述定理可知，满足式(6-29)～式(6-31)的矩阵 $\mathcal{W}_{ci}^r \triangleq (\boldsymbol{P}_i^r)^{-1}$ 称为闭环系统的能控性格拉姆矩阵，满足式(6-32)～式(6-34)的矩阵 $\mathcal{W}_{oi}^r \triangleq \mathcal{Q}_i^r$ 称为闭环系统的能观性格拉姆矩阵。为了找到统一的转换矩阵来平衡闭环系统，我们引入下列最小化优化问题：

$$\min \operatorname{trace}(\mathcal{W}_{ci}^r \mathcal{W}_{oi}^r)$$
$$\text{s.t.式(6-29)～式(6-34)}$$

若矩阵 $\mathcal{W}_c^r$ 和 $\mathcal{W}_o^r$ 表示上述优化问题的优化值，则我们称该矩阵为闭环系统的广义能控性和能观性格拉姆矩阵。

另外，正如定理 6.5 和定理 6.6 中的假设条件，得到的能控性和能观性格拉姆矩阵具有以下特殊的结构：

$$\begin{aligned}\mathcal{W}_c^r &= \operatorname{diag}\left\{\mathcal{W}_{1c}^r, \mathcal{W}_{2c}^r\right\} > 0 \\ \mathcal{W}_o^r &= \operatorname{diag}\left\{\mathcal{W}_{1o}^r, \mathcal{W}_{2o}^r\right\} > 0\end{aligned} \tag{6-35}$$

其中，矩阵 $\mathcal{W}_{2c}^r$ 和 $\mathcal{W}_{2o}^r$ 可以同时平衡全阶动态输出反馈控制器。为了求解基于耗散性和奇异摄动方法的控制器降阶问题，我们引入算法 6.2(表 6-2)。

表 6-2 基于奇异摄动的动态输出反馈控制器降阶

算法 6.2：基于奇异摄动的动态输出反馈控制器降阶
第一步：给定式(6-1)中带有不确定性的连续时间半马尔可夫切换系统，首先根据定理 6.4 设计一个式(6-5)中的全阶动态输出反馈控制器
第二步：根据定理 6.5 和定理 6.6 求解闭环系统式(6-6)的能控性格拉姆矩阵 $\mathcal{W}_{ci}^r$ 和能观性格拉姆矩阵 $\mathcal{W}_{oi}^r$
第三步：引入以下优化问题： $\min \operatorname{trace}(\mathcal{W}_{ci}^r \mathcal{W}_{oi}^r)$ s.t.式(6-29)～式(6-34) 来求解式(6-35)中具有特殊结构的广义格拉姆矩阵 $\mathcal{W}_c^r$ 和 $\mathcal{W}_o^r$
第四步：同时对角化和均等化矩阵 $\mathcal{W}_{2c}^r$ 和 $\mathcal{W}_{2o}^r$ 来求解平衡转换矩阵 $\mathcal{T}$，也就是说 $\mathcal{T}\mathcal{W}_{2c}^r\mathcal{T}^{\mathrm{T}} = \mathcal{T}^{-\mathrm{T}}\mathcal{W}_{2o}^r\mathcal{T}^{-1} = \operatorname{diag}\left\{\sigma_1^r \boldsymbol{I}_1, \cdots, \sigma_{n_K}^r \boldsymbol{I}_{n_K}\right\}$ 其中，$\sigma_1^r, \cdots, \sigma_{n_K}^r$ 为全阶动态输出反馈控制器的 Hankel 奇异值且假设 $\sigma_1^r \geqslant \sigma_2^r \geqslant \cdots \geqslant \sigma_{n_K}^r \geqslant 0$
第五步：利用第四步得到的平衡转换矩阵 $\mathcal{T}$ 来平衡得到的全阶控制器： $\begin{bmatrix}\tilde{\boldsymbol{A}}_i^K & \tilde{\boldsymbol{B}}_i^K \\ \tilde{\boldsymbol{C}}_i^K & \tilde{\boldsymbol{D}}_i^K\end{bmatrix} = \begin{bmatrix}\mathcal{T}\boldsymbol{A}_i^K\mathcal{T}^{-1} & \mathcal{T}\boldsymbol{B}_i^K \\ \boldsymbol{C}_i^K\mathcal{T}^{-1} & \boldsymbol{D}_i^K\end{bmatrix}$ 该平衡状态的闭环系统式(6-6)的状态按照能控性和能观性的程度进行分类排序
第六步：通过截断该状态中最难控制同时最难观测的部分，得到降阶后的控制器模型：

续表

算法 6.2：基于奇异摄动的动态输出反馈控制器降阶
$\begin{cases} \hat{A}_i^K \triangleq \tilde{A}_{i11}^K - \tilde{A}_{i12}^K\left(\tilde{A}_{i22}^K\right)^{-1}\tilde{A}_{i21}^K \\ \hat{B}_i^K \triangleq \tilde{B}_{i11}^K - \tilde{A}_{i12}^K\left(\tilde{A}_{i22}^K\right)^{-1}\tilde{B}_{i2}^K \\ \hat{C}_i^K \triangleq \tilde{C}_{i1}^K - \tilde{C}_{i2}^K\left(\tilde{A}_{i22}^K\right)^{-1}\tilde{A}_{i21}^K \\ \hat{D}_i^K \triangleq \tilde{D}_i^K - \tilde{C}_{i2}^K\left(\tilde{A}_{i22}^K\right)^{-1}\tilde{B}_{i2}^K \end{cases}$
第七步：该控制器降阶算法的逼近精度可以由以下误差界来评估： $\left\Vert z(t)-\hat{z}\right\Vert_\infty \leqslant 2\sum_{j=\hat{n}_K+1}^{n_K}\sigma_j^r$

6.3　数 值 算 例

为了验证本章给出的动态输出反馈控制器的设计和降阶算法，本节引入一个数值算例来验证算法的可行性和有效性。考虑以下具有 4 个模态的连续时间半马尔可夫切换系统：

$$\begin{bmatrix} A_1 & B_{11} & B_{21} \\ C_{11} & D_{11} & D_{121} \\ C_{21} & D_{211} & \end{bmatrix} = \begin{bmatrix} -0.13 & 2.03 & 1.3 & 0.3 \\ 1.44 & -0.98 & 0.7 & 0.6 \\ 1.3 & 0.6 & 0.4 & 0.1 \\ 0.7 & 0.8 & 0.2 & \end{bmatrix}, M_{11} = \begin{bmatrix} 0.0 \\ 0.1 \end{bmatrix}, N_{11} = \begin{bmatrix} 0.1 & 0 \end{bmatrix}$$

$$\begin{bmatrix} A_2 & B_{12} & B_{22} \\ C_{12} & D_{12} & D_{122} \\ C_{22} & D_{212} & \end{bmatrix} = \begin{bmatrix} -0.64 & -0.38 & 0.6 & 0.5 \\ 0.52 & 1.99 & 0.4 & 0.6 \\ 1.1 & 1.6 & 0.3 & 0.1 \\ 0.1 & 1.0 & 0.5 & \end{bmatrix}, M_{12} = \begin{bmatrix} 0.1 \\ 0.0 \end{bmatrix}, N_{12} = \begin{bmatrix} 0.1 & 0.1 \end{bmatrix}$$

$$\begin{bmatrix} A_3 & B_{13} & B_{23} \\ C_{13} & D_{13} & D_{123} \\ C_{23} & D_{213} & \end{bmatrix} = \begin{bmatrix} 1.64 & 0.56 & 0.2 & 0.5 \\ 0.56 & -0.34 & 1.5 & 0.4 \\ 1.6 & 1.0 & 0.3 & 0.3 \\ 0.8 & 0.5 & 0.3 & \end{bmatrix}, M_{13} = \begin{bmatrix} 0.0 \\ 0.1 \end{bmatrix}, N_{13} = \begin{bmatrix} 0.1 & 0.1 \end{bmatrix}$$

$$\begin{bmatrix} A_4 & B_{14} & B_{24} \\ C_{14} & D_{14} & D_{124} \\ C_{24} & D_{214} & \end{bmatrix} = \begin{bmatrix} 0.76 & 0.14 & 0.5 & 0.4 \\ 1.13 & 1.93 & 0.5 & 0.5 \\ 1.2 & 0.8 & 0.5 & 0.1 \\ 1.0 & 0.5 & 0.5 & \end{bmatrix}, M_{14} = \begin{bmatrix} 0.1 \\ 0.0 \end{bmatrix}, N_{14} = \begin{bmatrix} 0 & 0.1 \end{bmatrix}$$

$$N_{21} = N_{22} = N_{23} = N_{24} = N_{31} = N_{32} = N_{33} = N_{34} = 0.1,\quad \epsilon_1 = \epsilon_2 = \epsilon_3 = \epsilon_4 = 1.5,\quad \psi = 2$$

且 $F(t) = 0.1\sin t$ 。假设该系统的转移概率矩阵 $\Lambda(h)$ 为包含两个向量的凸胞型

$\Lambda^r (r=1,2)$，即

$$\Lambda^{(1)}=\begin{bmatrix} -1.3 & 0.2 & ? & ? \\ ? & ? & 0.3 & 0.3 \\ 0.6 & ? & -1.5 & ? \\ 0.4 & ? & ? & ? \end{bmatrix},\ \Lambda^{(2)}=\begin{bmatrix} -1.0 & 0.4 & ? & ? \\ ? & ? & 0.3 & ? \\ 0.3 & ? & -1.5 & ? \\ 0.4 & ? & ? & -1.2 \end{bmatrix}$$

其中，?表示转移概率矩阵中不可知的元素。

对该带有不确定性的连续时间半马尔可夫切换系统，我们的主要目标是找到一个式(6-5)中的动态输出反馈控制器，确保闭环系统式(6-6)是均方指数稳定的且满足严格耗散性。首先，利用 MATLAB 中的 YALMIP 工具箱和算法 6.1 中的结论，得到全阶动态输出反馈控制器参数；然后，利用算法 6.2 对得到的全阶控制器进行降阶，得到降阶后的控制器。由于参数 $\beta_{\varpi}(\varpi=1,2,3)$ 为随机参数，我们实验了大量的仿真且得到了不同的耗散性性能指标 ϑ^*。因此，当选取 $\mathcal{X}=-1$，$\mathcal{Y}=2$，$\mathcal{Z}=10$ 时，我们用表 6-3 给出了针对不同随机参数得到的相应的优化性能指标 ϑ^*。值得提出的是，针对相同的 β_2 和 β_3 值，β_1 取值越大，闭环系统具有越小的优化耗散性性能指标 ϑ^*。也就是说，当随机产生的不确定性趋近于 1 时，优化值 $\vartheta_{\min}$ 降低(也就是耗散性性能变弱)。

表 6-3 对应不同 β_{ϖ} 的耗散性性能指标 ϑ^*

(β_2,β_3)	β_1				
	0.2	0.4	0.6	0.8	1.0
(0.2,0.6)	1.1411	1.1403	1.1006	1.0992	1.0557
(0.2,0.9)	1.1060	1.0802	1.0771	1.0739	1.0705
(0.8,0.6)	1.1418	1.1409	1.1011	1.0996	1.0561
(0.8,0.9)	1.1124	1.0865	1.0833	1.0801	1.0767

注释 6.2 中提到，本书提到的性能指标包含现有研究结论作为特殊情况。为了证实这点，我们做了大量的仿真并将得到的相关结论总结在表 6-4 中，从而可以证实本章讨论的动态输出反馈控制器设计方法在实际应用中具有更广泛的应用。

表 6-4 对应不同性能指标得到的优化值 $\vartheta_{\min}$（$\boldsymbol{\beta}_{\varpi}=[0.4\quad 0.2\quad 0.6]$）

$\mathcal{X}$	$\mathcal{Y}$	$\mathcal{Z}$	ϑ^*	性能指标
−1	2	10	1.1403	严格耗散性
0	1	0	0.1889	无源性

续表

$\mathcal{X}$	$\mathcal{Y}$	$\mathcal{Z}$	ϑ^*	性能指标
-1	0	γ^2	7.9574	$\mathcal{H}_\infty$ 性能（$\gamma_{\min}=5.3092$）
$-\gamma^{-1}\theta$	$1-\theta$	$\gamma\theta$	0.5209	混合 $\mathcal{H}_\infty$ 和无源性性能（令 $\gamma=4,\theta=0.8$）

值得提出的是，当选取 $\mathcal{X}=-1$，$\mathcal{Y}=2$，$\mathcal{Z}=10$，$\beta_{\bar{\varpi}}=\begin{bmatrix}0.4 & 0.2 & 0.6\end{bmatrix}$ 且 $\vartheta^*=1.1403$，利用分解时变逗留时间可以得到 r 组动态输出反馈控制器参数。由于篇幅的局限性，只列出了 $\boldsymbol{\Lambda}^{(1)}$ 中第一种情形下的动态输出反馈控制器参数：

$$\boldsymbol{A}_1^K=\begin{bmatrix}-1.0162 & -0.2331\\ 4.6728 & -7.8773\end{bmatrix},\ \boldsymbol{A}_2^K=\begin{bmatrix}-5.6387 & -0.2588\\ 14.0730 & -2.8808\end{bmatrix}$$

$$\boldsymbol{A}_3^K=\begin{bmatrix}-0.3553 & -0.1096\\ -7.7421 & -5.3623\end{bmatrix},\ \boldsymbol{A}_4^K=\begin{bmatrix}162.0276 & 24.6562\\ -2167.2876 & -295.071\end{bmatrix}$$

$$\boldsymbol{B}_1^K=\begin{bmatrix}-0.0778\\ 0.2006\end{bmatrix},\ \boldsymbol{B}_2^K=\begin{bmatrix}1.8933\\ 6.6967\end{bmatrix},\ \boldsymbol{B}_3^K=\begin{bmatrix}-0.0087\\ 0.3902\end{bmatrix},\ \boldsymbol{B}_4^K=\begin{bmatrix}-0.8124\\ -4.8155\end{bmatrix}$$

$$\boldsymbol{C}_1^K=\begin{bmatrix}140.4985 & -31.2486\end{bmatrix},\ \boldsymbol{C}_2^K=\begin{bmatrix}11.0722 & 2.4346\end{bmatrix}$$

$$\boldsymbol{C}_3^K=\begin{bmatrix}13.1896 & -7.6767\end{bmatrix},\ \boldsymbol{C}_4^K=\begin{bmatrix}15.6756 & -8.2034\end{bmatrix}$$

$$D_1^K=-8.5228,\ D_2^K=-10.5750,\ D_3^K=-7.0474,\ D_4^K=-6.0572$$

为了评估本章中给出的基于耗散性的动态输出反馈控制器设计算法的有效性，我们对该控制器作用下的闭环系统进行仿真并且在不同的非零初始状态下都能得到较满意的性能。在此，选择非零初始条件为 $\boldsymbol{x}_0=[0.5\quad 1]^{\mathrm{T}}$ 和外部干扰为 $\boldsymbol{\omega}(t)=\mathrm{e}^{-3t}\sin(0.15t)$。图 6-2 给出了概率为 $\boldsymbol{\beta}_{\bar{\varpi}}=\begin{bmatrix}0.4 & 0.2 & 0.6\end{bmatrix}$ 的系统状态矩阵中随机产生的不确定性；图 6-3 和图 6-4 分别描述了在转移概率矩阵为 $\boldsymbol{\Lambda}^{(1)}$ 的条件下相应开环和闭环系统的状态响应；图 6-5 给出了在外部控制信号 $\boldsymbol{\omega}(t)=\mathrm{e}^{-3t}\sin(0.15t)$ 条件下闭环系统的被控输出轨迹。由图 6-3 和图 6-5 给出的闭环系统的仿真曲线可知，即使状态矩阵带有随机产生的不确定性和部分可知多胞型转移概率，闭环系统仍可以由设计的动态输出反馈控制器镇定且满足要求的性能指标。

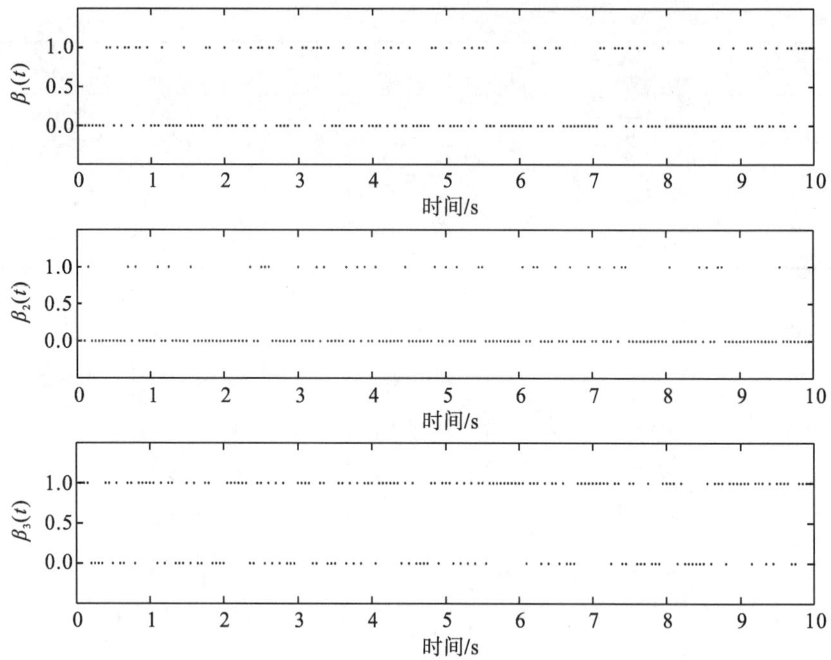

图 6-2　概率为 $\boldsymbol{\beta}_{\bar{\varpi}}=\begin{bmatrix}0.4 & 0.2 & 0.6\end{bmatrix}$ 的随机不确定性

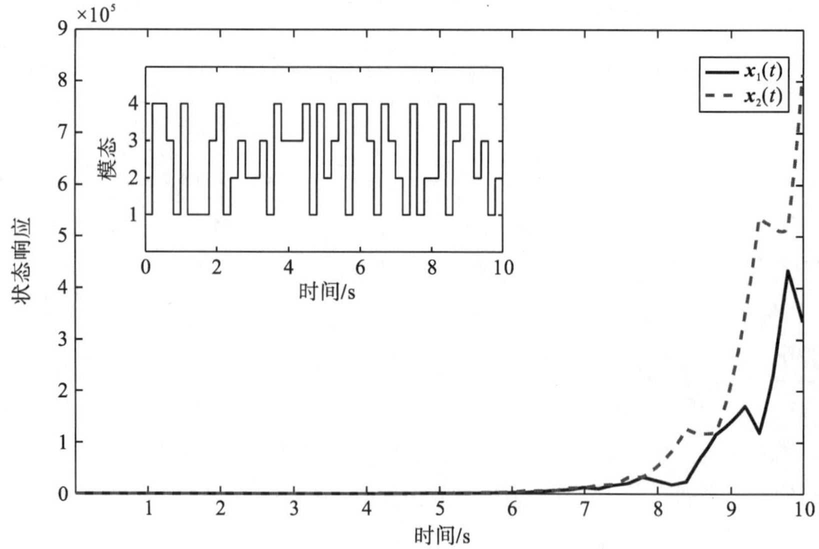

图 6-3　具有部分可知转移概率矩阵 $\boldsymbol{\Lambda}^{(1)}$ 的状态轨迹：开环系统

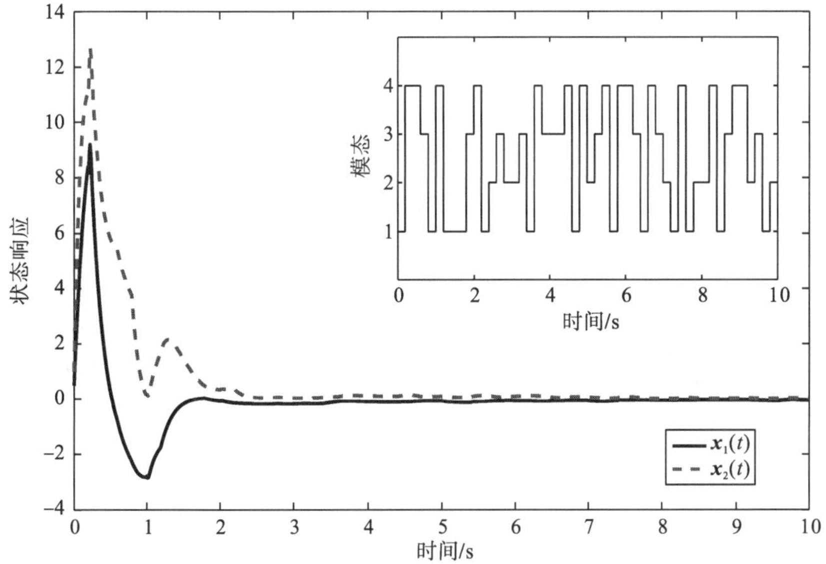

图 6-4　具有部分可知转移概率矩阵 $\boldsymbol{\Lambda}^{(1)}$ 的状态轨迹：闭环系统

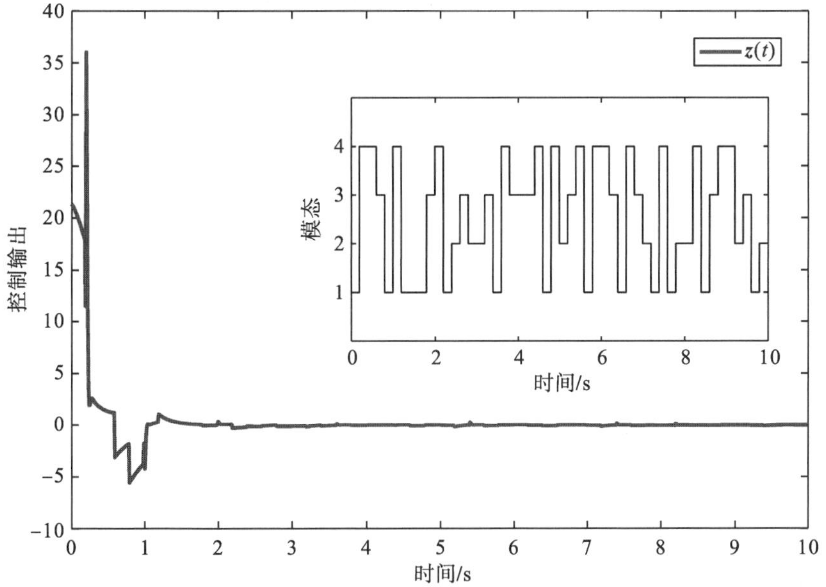

图 6-5　闭环系统的被控输出轨迹

6.4 本章小结

本章考虑了带随机产生的不确定性和部分可知凸胞型转移概率矩阵的半马尔可夫切换系统的基于耗散性的动态输出反馈控制器设计和降阶问题研究。值得提出的是，本章利用模型依赖和参数依赖李雅普诺夫-克拉索夫斯基泛函来得到不确定半马尔可夫切换系统一个全阶的动态输出反馈控制器，并且利用分解逗留时间方法来扩展设计方法；然后利用锥补线性化方法来得到相应的控制器参数；进一步利用奇异摄动方法来得到降阶后的控制器。最后，本章利用数值算例来验证本章提出的基于耗散性的低阶动态输出反馈控制器的设计方法。

第 7 章　半马尔可夫切换系统的基于事件驱动的降阶滤波器设计

实际应用中，噪声、外部干扰、时滞、随机突变等往往导致系统不稳定或者性能变差。滤波问题即根据测量到的输出信号设计一个滤波器，对系统不可测量的输出信号进行估计或者还原受噪声干扰的真实信号。早在 20 世纪 60 年代，Kalman[115]针对随机系统提出最优滤波理论，引起了控制领域学者的关注并且广泛应用于航空航天、工业生产过程及网络通信过程中[116-118]。值得提出的是，Kalman 滤波理论适用于具有精确数学模型，且噪声为高斯序列情形下的滤波问题中，然而实际应用过程中的噪声可能是不可测的或者说未知的，系统模型未必精确可知。针对这类系统，Kalman 滤波理论具有较高的保守性或是适用范围具有局限性。基于传统的 Kalman 滤波理论，尤其是线性矩阵不等式工具箱和 $\mathcal{H}_\infty$ 控制理论的发展，滤波器设计问题得到很好的解决并且提出了 $\mathcal{H}_\infty$ 滤波、$\mathcal{L}_2$ - $\mathcal{L}_\infty$ 滤波及 $\mathcal{L}_1$ 滤波等滤波方法。

另外，当系统输出信号经由时间触发从传感器传输到滤波器的过程中，所有的采样信号均经过传输网络传输到滤波器中，然而实际应用中并没有必要把携带极少信息的采样信号进行传输，因此越来越多的学者开始关注事件触发序列。Rakkiyappan 等[198]针对带量化器和离散半马尔可夫参数的神经网络，设计事件触发机制下的 $\mathcal{H}_\infty$ 状态估计策略。近年来，越来越多的人开始关注如何利用模型降阶的思路降低混杂系统在系统综合过程中的复杂性[199-201]。Morais 等[202]针对离散马尔可夫切换系统，提出基于 LMI 方法设计 $\mathcal{H}_2$ 和 $\mathcal{H}_\infty$ 降阶滤波器。值得提出的是，其考虑的马尔可夫切换系统的不确定性服从布朗分布。Huang 等[203]针对带马尔可夫跳变参数的时滞静态神经网络系统，提出基于 LMI 的 $\mathcal{H}_\infty$ 降阶滤波器设计。然而，现有的关于随机切换系统的降阶滤波器设计研究大部分集中于马尔可夫切换系统，而半马尔可夫切换系统降阶滤波器的设计研究问题亟待解决。

本章的目的是针对一类特殊的随机切换系统，设计一个混合阶的滤波器来估计真实的输出信号[204]。相比原阶滤波器，降阶滤波器在实际应用过程中无疑可以降低计算的复杂度和运算成本，尤其是针对复杂的切换系统。首先，提出了一种新的事件触发通信方案来确定当前传感器采样数据是否要进行宽频传输，以节省有限的通信资源。其次，对数量化器采用一种新颖的通信框架来量化和降低数据传输速率；通过参数依赖李雅普诺夫-克拉索夫斯基泛函和 Wirtinger 不等式相结合的方法来获得滤波误差系统满足鲁棒耗散性的充分条件。同时通过引入疏松矩阵的方法将非 LMI 的条件转变为 LMI 的形式，利用矩阵变换和 MATLAB 工具箱得到混合阶滤波器的参数。进一步，本章得到的系统的性能指标包含 $\mathcal{H}_\infty$ 性能、无源性及混合性能因而更具有一般性。最后，通过数值算例来验证本章提出的滤波器设计方法的有效性。

7.1 问 题 描 述

本节首先给出半马尔可夫切换系统降阶滤波器设计的结构框图及系统中随机产生的不确定性、时变转移概率矩阵、量化器、事件驱动器的基本介绍，如图 7-1 所示。

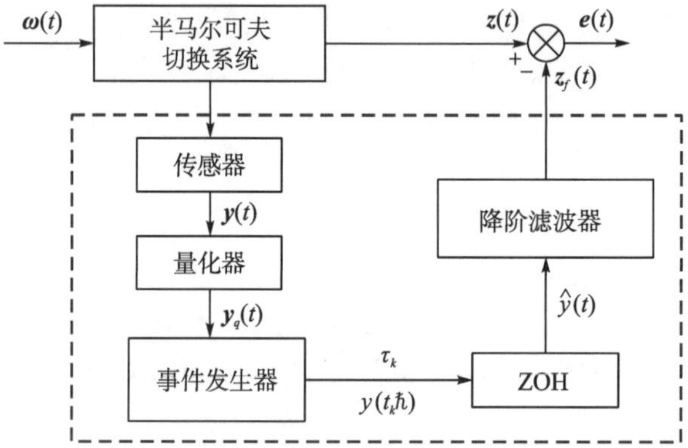

图 7-1 半马尔可夫切换系统的事件驱动降阶滤波器设计结构框图

7.1.1 连续半马尔可夫切换系统的系统描述

本章考虑完全概率空间 $(\mho,\mathcal{F},P_r)$ 中下列连续时间半马尔可夫切换系统：

$$\begin{cases}\dot{\boldsymbol{x}}(t)=\left(\boldsymbol{A}(\eta_t)+\beta_1(t)\boldsymbol{\Delta A}(\eta_t,t)\right)\boldsymbol{x}(t)+\left(\boldsymbol{B}(\eta_t)+\beta_2(t)\boldsymbol{\Delta B}(\eta_t,t)\right)\boldsymbol{\omega}(t)\\ \boldsymbol{z}(t)=\boldsymbol{E}(\eta_t)\boldsymbol{x}(t)+\boldsymbol{D}(\eta_t)\boldsymbol{\omega}(t)\\ \boldsymbol{y}(t)=\boldsymbol{C}(\eta_t)\boldsymbol{x}(t)\end{cases} \tag{7-1}$$

其中，$\boldsymbol{x}(t)\in\mathbb{R}^n$ 是 n 维状态向量；$\boldsymbol{y}(t)\in\mathbb{R}^q$ 是系统的测量输出；$\boldsymbol{z}(t)\in\mathbb{R}^p$ 是系统待估计的信号向量；$\boldsymbol{\omega}(t)\in\mathbb{R}^l$ 是定义在 $\mathcal{L}_2[0,\infty)$ 上的外部干扰输入向量。

假设系统各模态之间通过一个连续时间、离散状态的半马尔可夫过程进行切换。定义该半马尔可夫过程为 $\{\eta_t,t\geqslant0\}$，具有右连续轨迹并且在有限集 $\mathcal{N}\triangleq\{1,2,\cdots,N\}$

中取值。本章考虑的半马尔可夫过程的转移概率依赖于模态的逗留时间，即满足

$$P_r(\eta_{t+h}=j\mid\eta_t=i)=\begin{cases}\alpha_{ij}(h)h+o(h), & i\neq j\\ 1+\alpha_{ij}(h)h+o(h), & i=j\end{cases}$$

其中，h 定义为模态切换过程的逗留时间，且满足条件 $h>0$；$o(h)$ 为逗留时间相关的无穷小变量，且满足 $\lim\limits_{h\to 0}\dfrac{o(h)}{h}=0$；$\alpha_{ij}(h)$ 为从 t 时刻模态 i 转移到 $t+h$ 时刻模态 j 的转移速率且满足

$$\left\{\alpha_{ii}(h)=-\sum_{j=1,j\neq i}^{N}\alpha_{ij}(h),\alpha_{ij}(h)\geqslant 0(i,j\in\mathcal{N},i\neq j)\right\}$$

值得提出的是，本章考虑的转移概率矩阵是时变的。假设转移概率矩阵 $\boldsymbol{\Lambda}(h)\triangleq(\alpha_{ij}(h))$ 为多面体结构，即

$$\boldsymbol{P}_{\Lambda}\triangleq\left\{\boldsymbol{\Lambda}\mid\boldsymbol{\Lambda}(h)=\sum_{r=1}^{S}\boldsymbol{\rho}_r(t)\boldsymbol{\Lambda}^r,\ \sum_{r=1}^{S}\boldsymbol{\rho}_r(t)=1,\ \boldsymbol{\rho}_r(t)\geqslant 0\right\} \tag{7-2}$$

其中，$\boldsymbol{\Lambda}^r(r=1,2,\cdots,S)$ 表示多胞型向量，S 为向量 $\boldsymbol{\Lambda}^r$ 的数量；$\boldsymbol{\rho}_r(t)$（满足 $\boldsymbol{\rho}_r(t)\geqslant 0$）为时变且其导数具有上下界的参数向量，满足

$$-\bar{\boldsymbol{\rho}}_r\leqslant\dot{\boldsymbol{\rho}}_r(t)\leqslant\bar{\boldsymbol{\rho}}_r,\ \bar{\boldsymbol{\rho}}_r\geqslant 0,\ r=1,2,\cdots,S-1$$

根据上述转移概率矩阵的描述可知，由 $\sum\limits_{r=1}^{S}\boldsymbol{\rho}_r(t)=1$ 可得

$$\dot{\boldsymbol{\rho}}_S(t)=-\sum_{r=1}^{S-1}\dot{\boldsymbol{\rho}}_r(t)$$

注释 7.1：从实际应用的角度来讲，马尔可夫切换系统的逗留时间不一定服从指数分布，即转移概率矩阵可能是不确定的、部分可知的或者时变的。若在系统的分析与综合过程中，忽略转移概率矩阵的时变信息，得到的相应结论必然存在一定的保守性。本章受 Ding 和 Liu[93]的启发，充分考虑参数向量的信息及其变化率的约束条件，因而得到的降阶滤波器设计方法更具有一般性。

矩阵 $\boldsymbol{A}(\eta_t)$、$\boldsymbol{B}(\eta_t)$、$\boldsymbol{C}(\eta_t)$ 和 $\boldsymbol{E}(\eta_t)$ 表示具有适当维数的式(7-1)中半马尔可夫切换系统的常矩阵；矩阵 $\Delta\boldsymbol{A}(\eta_t,t)$ 和 $\Delta\boldsymbol{B}(\eta_t,t)$ 表示该系统相应的范数有界不确定性部分，即满足

$$\begin{bmatrix}\Delta\boldsymbol{A}(\eta_t,t) & \Delta\boldsymbol{B}(\eta_t,t)\end{bmatrix}=\boldsymbol{M}_1(\eta_t)\boldsymbol{F}(\eta_t,t)\begin{bmatrix}\boldsymbol{N}_1(\eta_t) & \boldsymbol{N}_2(\eta_t)\end{bmatrix} \tag{7-3}$$

其中，矩阵 $\boldsymbol{M}_1(\eta_t)$、$\boldsymbol{N}_1(\eta_t)$ 和 $\boldsymbol{N}_2(\eta_t)$ 表示该时变不确定性部分的已知常矩阵；矩阵 $\boldsymbol{F}(\eta_t,t)$ 表示该时变不确定性的未知的时变矩阵，并且满足

$$\boldsymbol{F}^{\mathrm{T}}(\eta_t,t)\boldsymbol{F}(\eta_t,t)\leqslant\boldsymbol{I},\ \forall t\geqslant 0$$

本章中，假设式(7-3)中的时变不确定性参数 $\Delta\boldsymbol{A}(\eta_t,t)$ 和 $\Delta\boldsymbol{B}(\eta_t,t)$ 是随机发生

的。在此，引入随机变量 $\beta_1(t)$ 和 $\beta_2(t)$ 来描述随机发生的不确定的现象，并且假设随机变量独立地服从伯努利分布的白序列，即概率满足[93]：

$$\begin{cases} P_r(\beta_1(t)=1)=\beta_1,\ P_r(\beta_1(t)=0)=1-\beta_1 \\ P_r(\beta_2(t)=1)=\beta_2,\ P_r(\beta_2(t)=0)=1-\beta_2 \end{cases} \tag{7-4}$$

其中，$\beta_1,\beta_2\in[0,1]$ 为已知常数，并且假设不同随机变量之间是互相独立的。

注释 7.2：本章引入随机变量 $\beta_1(t)$ 和 $\beta_2(t)$ 来描述系统状态矩阵中随机产生的不确定性，也就是，状态参数不确定性以一个互相独立且服从伯努利分布的随机形式进入状态矩阵。受 Dong 等[205]的启发，在实际应用中，这样的统计学描述能更好地描述状态参数中存在的以特定概率随机发生的不确定性。

本章的主要目的是设计一个具有以下形式的、模态依赖的降阶滤波器来评估式(7-1)中的半马尔可夫切换系统的输出信号 $\boldsymbol{z}(t)$：

$$\begin{cases} \dot{\boldsymbol{x}}_f(t)=\boldsymbol{A}_f(\eta_t)\boldsymbol{x}_f(t)+\boldsymbol{B}_f(\eta_t)\hat{\boldsymbol{y}}(t) \\ \boldsymbol{z}_f(t)=\boldsymbol{E}_f(\eta_t)\boldsymbol{x}_f(t) \end{cases} \tag{7-5}$$

其中，$\boldsymbol{x}_f(t)\in\mathbb{R}^{n_f}$ 为滤波器的状态向量且满足 $n_f\leqslant n$；$\hat{\boldsymbol{y}}(t)$ 为降阶滤波器的真实输入；$\boldsymbol{z}_f(t)\in\mathbb{R}^m$ 为信号 $\boldsymbol{z}(t)$ 的估测值；矩阵 $\boldsymbol{A}_f(\eta_t)$，$\boldsymbol{B}_f(\eta_t)$ 和 $\boldsymbol{E}_f(\eta_t)$ 为待求的具有适当维数的滤波器参数。

值得提出的是，本章设计滤波器时用到的真实输入信号 $\hat{\boldsymbol{y}}(t)\neq\boldsymbol{y}(t)$，由于受输出量化器、事件触发序列及集中的时变时滞等影响并不是传感器的输出 $\boldsymbol{y}(t)$。在给出本章的主要结论之前，先讨论系统中量化器及事件驱动序列的基本原理。

7.1.2 对数量化器定义

如图 7-1 所示，传感器和事件触发器之间构建的量化器，其作用是当输出采样信号 $\boldsymbol{y}(t)$ 进入事件发生器之前对其进行量化。量化器函数 $\boldsymbol{q}_{\eta_t}(\boldsymbol{y}(t))$ 定义如下：

$$\boldsymbol{q}_i(\boldsymbol{y}(t))\triangleq\begin{bmatrix} q_i^1(y_1(t)) & q_i^2(y_2(t)) & \cdots & q_i^p(y_p(t)) \end{bmatrix}^{\mathrm{T}}$$

其中，$q_i^j(y_j(t))(i\in\mathcal{N})$ 是对称的且满足

$$q_i^j\left(y_j(t)\right)=-q_i^j\left(-y_j(t)\right),\ j=1,2,\cdots,p$$

本章考虑的量化器设定为具有以下量化水准的对数量化器[206]：

$$\psi_j\triangleq\left\{\pm\varphi_l^{(i,j)}\mid\varphi_l^{(i,j)}=a^{(i,j)l}\varphi_0^{(i,j)},\ l=\pm1,\pm2,\cdots\right\}\cup\left\{\pm\varphi_0^{(i,j)}\right\}\cup\left\{0\right\}$$

$$0<a^{(i,j)}<1,\ \varphi_0^{(i,j)}>0$$

其中，$\varphi_0^{(i,j)}$ 表示子量化器 $q_i^j(\cdot)$ 的初始值；$a^{(i,j)}$ 表示相应的子量化器的量化密度。

那么关联量化器 $q_i^j(y_j(t))$ 定义如下：

$$q_i^j(y_i(t)) \triangleq \begin{cases} \varphi_l^{(i,j)}, & \dfrac{\varphi_l^{(i,j)}}{1+\delta^{(i,j)}} < y_j(t) \leqslant \dfrac{\varphi_l^{(i,j)}}{1-\delta^{(i,j)}} \\ 0, & y_j(t)=0 \\ -q_i^j\left(-y_j(t)\right), & y_j(t)<0 \end{cases} \tag{7-6}$$

其中，$\delta^{(i,j)}=(1-a^{(i,j)})/(1+a^{(i,j)})$。

受 Dong 等[205]的启发，量化器可以由如下扇形有界不确定性形式表示：

$$q_i^j(y_j(t))=(1+\boldsymbol{\varDelta}_{q_i^j})y_j(t), \quad \left|\boldsymbol{\varDelta}_{q_i^j}\right| \leqslant \delta^{(i,j)}$$

若定义

$$\boldsymbol{\varDelta}_{q_i} \triangleq \mathrm{diag}\left\{\varDelta_{q_i^1}, \varDelta_{q_i^2}, \cdots, \varDelta_{q_i^p}\right\}$$

那么得量化信号 $q_i(y(t))$ 为

$$y_q(t)=q_i(y(t))=(1+\boldsymbol{\varDelta}_{q_i})y(t) \tag{7-7}$$

进一步，若定义

$$\boldsymbol{\varDelta}_{\delta_i} \triangleq \mathrm{diag}\left\{\delta^{(i,1)}, \delta^{(i,2)}, \cdots, \delta^{(i,p)}\right\}$$

$$\tilde{\boldsymbol{F}}_i(t) \triangleq \boldsymbol{\varDelta}_{q_i}\boldsymbol{\varDelta}_{\delta_i}^{-1}$$

可知 $\tilde{\boldsymbol{F}}_i(t)$ 是一个未知实值且时变矩阵，并且满足

$$\tilde{\boldsymbol{F}}_i^{\mathrm{T}}(t)\tilde{\boldsymbol{F}}_i(t) \leqslant I$$

7.1.3　事件触发机制

在时间触发序列中，测量输出在时间 $\hbar$ 内均被采样且所有的信号均传输到降阶滤波器的零阶保持器中。然而，在实际应用中，有些输出信号携带极少信息而没有必要传输，时间触发序列得到的结果具有较高的保守性。本章采用事件触发序列，当且仅当满足触发条件时进行传输，提高了传输效率，如图 7-1 所示。

受 Shen 等[207]的启发，事件触发器可以描述为

$$t_{k+1}\hbar = t_k\hbar + \min_{s\geqslant 0}\{s\hbar \mid o(s\hbar)\} \tag{7-8}$$

其中，$\hbar$ 为采样区间；$o(s\hbar)$ 表示事件触发条件，表示为

$$\begin{aligned} o(s\hbar) \triangleq & \left[\boldsymbol{y}(t_k\hbar+s\hbar)-\boldsymbol{y}(t_k\hbar)\right]^{\mathrm{T}}\boldsymbol{\Phi}_i(\rho)\left[\boldsymbol{y}(t_k\hbar+s\hbar)-\boldsymbol{y}(t_k\hbar)\right] \\ & \geqslant \kappa_i\boldsymbol{y}^{\mathrm{T}}(t_k\hbar)\boldsymbol{\Phi}_i(\rho)\boldsymbol{y}(t_k\hbar) \end{aligned} \tag{7-9}$$

其中，$\boldsymbol{\Phi}_i(\rho)$ 为待设计的事件加权参数且满足 $\boldsymbol{\Phi}_i(\rho)=\boldsymbol{\Phi}_i^{\mathrm{T}}(\rho)>0$；$t_k\hbar+s\hbar$ 和 $t_k\hbar$ 表

示采样瞬间；$\kappa_i \in [0,1)$ 为给定的时间参数。

值得提出的是，零阶保持器持有当前传输信号直至下一个满足事件触发条件的信号到来。令

$$t_k\hbar,(t_k+1)\hbar,(t_k+2)\hbar,\cdots,t_{k+1}\hbar,(t_{k+1}+1)\hbar,(t_{k+1}+2)\hbar,\cdots,\quad k=0,1,2,\cdots$$

为传感器采样瞬间，$t_k\hbar, t_{k+1}\hbar,\cdots$ 为式(7-9)中事件触发序列作用下输出信号采样瞬间。

接下来讨论集中在具有事件触发和零阶保持器的信号传输过程中的时变时滞 τ_{t_k}：

$$t\in\left[t_k\hbar+\tau_{t_k},t_{k+1}\hbar+\tau_{t_{k+1}}\right)$$

其中，t 表示降阶滤波器输入信号瞬间时间。假设 $0<\underline{\tau}\leqslant\tau_{t_k}\leqslant\overline{\tau}$，根据时间区间和采样周期 $\hbar$ 的关系，考虑以下两种情形。

(1)若满足 $t_{k+1}\hbar-t_k\hbar\leqslant\hbar+\overline{\tau}-\tau_{t_{k+1}}$，则定义区间内的时变时滞为

$$\tau(t)=t-t_k\hbar,\quad t\in\left[t_k\hbar+\tau_{t_k},t_{k+1}\hbar+\tau_{t_{k+1}}\right) \tag{7-10}$$

满足

$$0<\tau_1=\underline{\tau}\leqslant\tau(t)\leqslant h+\overline{\tau}=\tau_2,\quad \dot{\tau}(t)=1$$

当前采样输出信号和上一个采样信号之间的误差定义为

$$e_k(t_k\hbar)=0,\quad t\in\left[t_k\hbar+\tau_{t_k},t_{k+1}\hbar+\tau_{t_{k+1}}\right) \tag{7-11}$$

(2)若满足 $t_{k+1}\hbar-t_k\hbar>\hbar+\overline{\tau}-\tau_{t_{k+1}}$，则时间区间划分为 F 个子区间

$$\left[t_k\hbar+\tau_{t_k},t_{k+1}\hbar+\tau_{t_{k+1}}\right)=\bigcup_{s=0}^{F}\Theta_{s,k}$$

其中，

$$\begin{cases}\Theta_{0,k}=\left[t_k\hbar+\tau_{t_k},t_k\hbar+\hbar+\overline{\tau}\right)\\ \Theta_{s,k}=\left[t_k\hbar+s\hbar+\overline{\tau},t_k\hbar+(s+1)\hbar+\overline{\tau}\right)\\ \Theta_{F,k}=\left[t_k\hbar+F\hbar+\overline{\tau},t_{k+1}\hbar+\tau_{k+1}\right)\end{cases}$$

这种情形下，时变时滞属于分段函数且具有以下定义：

$$\tau(t)=\begin{cases}t-t_k\hbar,\quad t\in\Theta_{0,k}\\ t-t_k\hbar-s\hbar,\quad t\in\Theta_{s,k}\\ t-t_k\hbar-F\hbar,\quad t\in\Theta_{F,k}\end{cases} \tag{7-12}$$

满足

$$0<\tau_1=\underline{\tau}\leqslant\tau(t)\leqslant h+\overline{\tau}=\tau_2,\quad \dot{\tau}(t)=1,\quad t\in\Theta_{s,k}$$

当前采样输出信号 $y_q(t_k\hbar+s\hbar)$ 与上一个采样输出信号 $y(t_k\hbar)$ 之间的误差表示为

$$
e_k(t_k\hbar+s\hbar)=\begin{cases} y(t_k\hbar)-y(t_k\hbar), & t\in\Theta_{0,k} \\ y(t_k\hbar+s\hbar)-y(t_k\hbar), & t\in\Theta_{s,k} \\ y(t_k\hbar+F\hbar)-y(t_k\hbar), & t\in\Theta_{F,k} \end{cases} \tag{7-13}
$$

综合式(7-10)和式(7-12)中的时变时滞 $\tau(t)$，式(7-11)和式(7-13)中的误差，最终降阶滤波器的输入信号 $\hat{y}(t)$ 更新为

$$
\begin{aligned} \hat{y}(t)&=y_q(t_k\hbar)=(1+\Delta_{q_i})y(t_k\hbar) \\ &=(1+\Delta_{q_i})\big(y(t-\tau(t))-e_k(t-\tau(t))\big), \quad t\in\big[t_k\hbar+\tau_{t_k},t_{k+1}\hbar+\tau_{k+1}\big) \end{aligned} \tag{7-14}
$$

根据式(7-5)中的滤波器模型和式(7-14)中的滤波器输入信号，在量化器、事件触发序列及集中的时变时滞影响下，降阶滤波器进一步表示为

$$
\begin{cases} \dot{\boldsymbol{x}}_f(t)=\boldsymbol{A}_f(\eta_t)\boldsymbol{x}_f(t)+\boldsymbol{B}_f(\eta_t)(1+\boldsymbol{\Delta}_{q_i})\boldsymbol{y}(t-\tau(t)) \\ \qquad -\boldsymbol{B}_f(\eta_t)(1+\boldsymbol{\Delta}_{q_i})\boldsymbol{e}_k(t-\tau(t)) \\ z_f(t)=\boldsymbol{E}_f(\eta_t)\boldsymbol{x}_f(t) \end{cases} \tag{7-15}
$$

7.1.4　滤波误差系统和问题描述

本节结合式(7-1)中的半马尔可夫切换系统和式(7-15)中的降阶滤波器，得到如下滤波误差系统（$\eta_t=i\in\mathcal{N}$）：

$$
\begin{cases} \dot{\boldsymbol{\xi}}_1(t)=\tilde{\boldsymbol{A}}_i(t)\boldsymbol{\xi}_1(t)+\tilde{\boldsymbol{A}}_{hi}(t)\boldsymbol{H}\boldsymbol{\xi}_1(t-\tau(t))+\tilde{\boldsymbol{B}}_i(t)\boldsymbol{\omega}(t)+\tilde{\boldsymbol{B}}_{hi}(t)\boldsymbol{e}_k(t-\tau(t)) \\ \boldsymbol{e}(t)=\boldsymbol{E}_{ei}\boldsymbol{\xi}_1(t)+\boldsymbol{D}_i\boldsymbol{\omega}(t) \\ \boldsymbol{\xi}_1(t)=\boldsymbol{\phi}(t),t\in[-\tau_2,0] \end{cases} \tag{7-16}
$$

其中，$\boldsymbol{\xi}_1(t)\triangleq[\boldsymbol{x}^{\mathrm{T}}(t)\quad \boldsymbol{x}_f^{\mathrm{T}}(t)]^{\mathrm{T}}\in\mathbb{R}^{n+n_f}$，$\boldsymbol{e}(t)\triangleq\boldsymbol{z}(t)-\boldsymbol{z}_f(t)$ 且

$$
\begin{cases} \tilde{\boldsymbol{A}}_i(t)\triangleq\tilde{\boldsymbol{A}}_{0i}(t)+(\beta_1(t)-\beta_1)\Delta\tilde{\boldsymbol{A}}_i(t) \\ \tilde{\boldsymbol{B}}_i(t)\triangleq\tilde{\boldsymbol{B}}_{0i}(t)+(\beta_2(t)-\beta_2)\Delta\tilde{\boldsymbol{B}}_i(t) \\ \tilde{\boldsymbol{A}}_{0i}(t)\triangleq\begin{bmatrix}\boldsymbol{A}_i+\beta_1\Delta\boldsymbol{A}_i(t) & 0 \\ 0 & \boldsymbol{A}_{fi}\end{bmatrix}, \tilde{\boldsymbol{B}}_{0i}(t)\triangleq\begin{bmatrix}\boldsymbol{B}_i+\beta_2\Delta\boldsymbol{B}_i(t) \\ 0\end{bmatrix} \\ \tilde{\boldsymbol{A}}_{hi}(t)\triangleq\begin{bmatrix}0 \\ \boldsymbol{B}_{fi}(\boldsymbol{I}+\Delta_{q_i})\boldsymbol{C}_i\end{bmatrix}, \tilde{\boldsymbol{B}}_{hi}(t)\triangleq\begin{bmatrix}0 \\ -\boldsymbol{B}_{fi}(\boldsymbol{I}+\boldsymbol{\Delta}_{q_i})\end{bmatrix} \\ \Delta\tilde{\boldsymbol{A}}_i(t)\triangleq\begin{bmatrix}\Delta\boldsymbol{A}_i(t) & 0 \\ 0 & 0\end{bmatrix}, \Delta\tilde{\boldsymbol{B}}_i(t)\triangleq\begin{bmatrix}\Delta\boldsymbol{B}_i(t) \\ 0\end{bmatrix} \\ \boldsymbol{E}_{ei}\triangleq\begin{bmatrix}\boldsymbol{E}_i & -\boldsymbol{E}_{fi}\end{bmatrix}, \boldsymbol{H}=\begin{bmatrix}\boldsymbol{I} & 0\end{bmatrix} \end{cases}
$$

且如果以下不等式成立则事件不会被触发：

$$\boldsymbol{e}_k^{\mathrm{T}}(t-\tau(t))\boldsymbol{\Phi}_i(\rho)\boldsymbol{e}_k(t-\tau(t))$$
$$<\kappa_i\left[\boldsymbol{C}_i\boldsymbol{H}\boldsymbol{\xi}_1(t-\tau(t))-\boldsymbol{e}_k(t-\tau(t))\right]^{\mathrm{T}}\boldsymbol{\Phi}_i(\rho)\left[\boldsymbol{C}_i\boldsymbol{H}\boldsymbol{\xi}_1(t-\tau(t))-\boldsymbol{e}_k(t-\tau(t))\right]$$

在给出本节的主要结论之前，先回顾推导过程中用到的基本定义和引理。

定义 7.1[154]：式(7-16)中的滤波误差系统是随机稳定的，如果所有的初始状态(ξ_{10},η_0)下，系统的解满足

$$\lim_{t\to\infty}\mathrm{E}\left\{\|\xi_1(t)\|^2\mid\xi_{10},\eta_0\right\}=0$$

给定系统耗散性定义之前，首先回顾 Zhang 等[77]介绍的系统供给率。我们假设式(7-16)中滤波误差系统的供给率为

$$s(\boldsymbol{\omega}(t),\boldsymbol{e}(t))=\begin{bmatrix}\boldsymbol{e}(t)\\\boldsymbol{\omega}(t)\end{bmatrix}^{\mathrm{T}}\begin{bmatrix}\mathcal{X}&\mathcal{Y}\\ * &\mathcal{Z}\end{bmatrix}\begin{bmatrix}\boldsymbol{e}(t)\\\boldsymbol{\omega}(t)\end{bmatrix}\tag{7-17}$$

其中，矩阵$\mathcal{X}\in\mathbb{R}^{q\times q}$，$\mathcal{Y}\in\mathbb{R}^{q\times l}$和$\mathcal{Z}\in\mathbb{R}^{l\times l}$是已知的，并且满足$\mathcal{X}=\mathcal{X}^{\mathrm{T}}<0$和$\mathcal{Z}=\mathcal{Z}^{\mathrm{T}}$。

定义 7.2[77]：考虑供给率$s(\boldsymbol{\omega}(t),\boldsymbol{e}(t))$满足式(7-17)的滤波误差系统(7-16)，若存在一个标量$\vartheta>0$使得

$$\mathrm{E}\left\{\int_0^{t^*}s(\boldsymbol{\omega}(t),\boldsymbol{e}(t)\mathrm{d}t)\right\}>\vartheta\mathrm{E}\left\{\int_0^{t^*}\boldsymbol{\omega}^{\mathrm{T}}(t)\boldsymbol{\omega}(t)\mathrm{d}t\right\}\tag{7-18}$$

对任意的$t^*\geqslant0$和零初始条件均成立，那么该系统是严格$(\mathcal{X},\mathcal{Y},\mathcal{Z})$-$\vartheta$-耗散的。并且若式(7-18)当且仅当$\vartheta=0$时成立，则该系统是$(\mathcal{X},\mathcal{Y},\mathcal{Z})$-耗散的。

引理 7.1：令$\boldsymbol{\Sigma}_1$为给定对称矩阵且$\boldsymbol{\Sigma}_2$、$\boldsymbol{\Sigma}_3$为任意具有适当维数的实矩阵，以下不等式：

$$\boldsymbol{\Sigma}_1+\boldsymbol{\Sigma}_2\boldsymbol{F}(t)\boldsymbol{\Sigma}_3+(\boldsymbol{\Sigma}_2\boldsymbol{F}(t)\boldsymbol{\Sigma}_3)^{\mathrm{T}}<0$$

对任意的满足$\boldsymbol{F}^{\mathrm{T}}(t)\boldsymbol{F}(t)\leqslant\boldsymbol{I}$的矩阵$\boldsymbol{F}(t)$和任意标量$\epsilon>0$均成立，当且仅当

$$\boldsymbol{\Sigma}_1+\epsilon\boldsymbol{\Sigma}_3^{\mathrm{T}}\boldsymbol{\Sigma}_3+\epsilon^{-1}\boldsymbol{\Sigma}_2\boldsymbol{\Sigma}_2^{\mathrm{T}}<0$$

引理 7.2(Wirtinger 不等式[208])：对任意具有适当维数的对称矩阵$\boldsymbol{R}>0$和向量函数$\boldsymbol{\xi}(t):[a,b]\to\mathbb{R}^n$且有$b>a>0$，下列不等式满足

$$-\int_a^b\dot{\boldsymbol{\xi}}^{\mathrm{T}}(v)\boldsymbol{R}\dot{\boldsymbol{\xi}}(v)\mathrm{d}v\leqslant-\frac{1}{b-a}\mathcal{G}^{\mathrm{T}}\begin{bmatrix}a_1\boldsymbol{R}&a_2\boldsymbol{R}&a_3\boldsymbol{R}\\ * &a_1\boldsymbol{R}&a_3\boldsymbol{R}\\ * & * &a_4\boldsymbol{R}\end{bmatrix}\mathcal{G}$$

其中，

$$\mathcal{G}^{\mathrm{T}}\triangleq\left[\boldsymbol{\xi}^{\mathrm{T}}(b)\quad\boldsymbol{\xi}^{\mathrm{T}}(a)\quad\frac{1}{b-a}\int_a^b\boldsymbol{\xi}^{\mathrm{T}}(v)\mathrm{d}v\right]$$

$$a_1=\frac{\pi^2}{4}+1,a_2=\frac{\pi^2}{4}-1,a_3=-\frac{\pi^2}{2},a_4=\pi^2$$

问题描述：对给定的式(7-1)中的半马尔可夫切换系统，事件驱动降阶滤波问题旨在设计一个式(7-15)中的混合阶滤波器，使得到的式(7-16)中的滤波误差系统随机稳定且满足严格耗散性性能。

7.2　主要结论

本节将以定理的形式，给出式(7-16)中滤波误差系统随机稳定且严格耗散的判定条件，且将得到的结果通过分割的方法推广到转移概率矩阵时变的情形。基于得到的降阶滤波器存在条件的结论，通过引入疏松矩阵和矩阵变换的方法得到滤波器增益。下面将详细给出本章的主要结论。

7.2.1　滤波误差系统随机稳定性和耗散性分析

本章采用模态依赖和参数依赖的李雅普诺夫-克拉索夫斯基泛函和 Wirtinger 不等式相结合的方法来判定滤波误差系统随机稳定且严格耗散，并且将得到的结论推广到转移概率矩阵为时变的情形。

定理 7.1：对给定正标量 τ_1、τ_2、ϵ_{1i}、ϵ_{2i}、$\kappa_i \in [0,1]$ 和满足式(7-17)的矩阵 $\mathcal{X}$、$\mathcal{Y}$、$\mathcal{Z}$ 在式(7-6)中输出量化器和式(7-8)中事件触发序列的作用下，滤波误差系统式(7-16)是随机稳定的且满足严格 $(\mathcal{X},\mathcal{Y},\mathcal{Z})$-耗散的，如果存在正定对称矩阵 $\boldsymbol{P}_i(\rho(t)), \boldsymbol{\Phi}_i(\rho), \boldsymbol{Q}_j (j=1,2), \boldsymbol{R}_j (j=1,2,3)$ 和具有适当维数的矩阵 $\boldsymbol{A}_{fi}$、$\boldsymbol{B}_{fi}$、$\boldsymbol{E}_{fi}$ 使得以下不等式成立：

$$
\begin{bmatrix}
\boldsymbol{\Theta}_i(\rho) & \bar{\boldsymbol{H}}_8^{\mathrm{T}} \bar{\boldsymbol{E}}_{ei}^{\mathrm{T}} \mathcal{X} & \mathcal{A}_i^{\mathrm{T}} \boldsymbol{H}^{\mathrm{T}} \mathcal{R} & \bar{\boldsymbol{H}}_1^{\mathrm{T}} \boldsymbol{P}_i(\rho(t)) \bar{\boldsymbol{M}}_{1i} & \epsilon_{1i} \mathcal{N}_i^{\mathrm{T}} & \bar{\boldsymbol{H}}_1^{\mathrm{T}} \boldsymbol{P}_i(\rho(t)) \bar{\boldsymbol{B}}_{fi} & \epsilon_{2i} \mathcal{C}_i^{\mathrm{T}} \\
* & \mathcal{X} & 0 & 0 & 0 & 0 & 0 \\
* & * & -\hat{\boldsymbol{R}} & \mathcal{R}^{\mathrm{T}} \boldsymbol{H} \bar{\boldsymbol{M}}_{1i} & 0 & 0 & 0 \\
* & * & * & -\epsilon_{1i} \boldsymbol{I} & 0 & 0 & 0 \\
* & * & * & * & \epsilon_{1i} \boldsymbol{I} & 0 & 0 \\
* & * & * & * & * & -\epsilon_{2i} \boldsymbol{I} & 0 \\
* & * & * & * & * & * & -\epsilon_{2i} \boldsymbol{I}
\end{bmatrix} < 0
\tag{7-19}
$$

其中，

$$\begin{aligned}\boldsymbol{\Theta}_i(\rho) \triangleq\; & 2\boldsymbol{\mathcal{A}}_i^{\mathrm{T}}\boldsymbol{P}_i(\rho(t))\bar{\boldsymbol{H}}_1 + \bar{\boldsymbol{H}}_1^{\mathrm{T}}\left[\sum_{j=1}^{N}\alpha_{ij}(h)\boldsymbol{P}_j(\rho(t)) + \frac{\mathrm{d}\boldsymbol{P}_i(\rho(t))}{\mathrm{d}t}\right]\bar{\boldsymbol{H}}_1 + \bar{\boldsymbol{H}}_2^{\mathrm{T}}\bar{\boldsymbol{Q}}\bar{\boldsymbol{H}}_2 \\ & + \bar{\boldsymbol{H}}_3^{\mathrm{T}}\bar{\boldsymbol{R}}_1\bar{\boldsymbol{H}}_3 + \bar{\boldsymbol{H}}_4^{\mathrm{T}}\bar{\boldsymbol{R}}_2\bar{\boldsymbol{H}}_4 + \bar{\boldsymbol{H}}_5^{\mathrm{T}}\bar{\boldsymbol{R}}_2\bar{\boldsymbol{H}}_5 + \bar{\boldsymbol{H}}_6^{\mathrm{T}}\bar{\boldsymbol{R}}_3\bar{\boldsymbol{H}}_6 \\ & + \bar{\boldsymbol{H}}_7^{\mathrm{T}}\begin{bmatrix}\kappa_i\boldsymbol{C}_i^{\mathrm{T}}\boldsymbol{\Phi}_i(\rho)\boldsymbol{C}_i & -\kappa_i\boldsymbol{C}_i^{\mathrm{T}}\boldsymbol{\Phi}_i(\rho) \\ * & (\kappa_i-1)\boldsymbol{\Phi}_i(\rho)\end{bmatrix}\bar{\boldsymbol{H}}_7 \\ & + \bar{\boldsymbol{H}}_8^{\mathrm{T}}\begin{bmatrix}\boldsymbol{0} & -\boldsymbol{E}_{ei}^{\mathrm{T}}\boldsymbol{\mathcal{Y}} \\ * & \vartheta\boldsymbol{I}-\boldsymbol{\mathcal{Z}}-2\boldsymbol{D}_i^{\mathrm{T}}\boldsymbol{\mathcal{Y}}\end{bmatrix}\bar{\boldsymbol{H}}_8\end{aligned}$$

$$\boldsymbol{\mathcal{A}}_i \triangleq \begin{bmatrix}\tilde{\boldsymbol{A}}_{0i} & \boldsymbol{0} & \tilde{\boldsymbol{A}}_{hi} & \boldsymbol{0}_{(n+n_f)\times 5n} & \tilde{\boldsymbol{B}}_{hi} & \tilde{\boldsymbol{B}}_{0i}\end{bmatrix},\quad \boldsymbol{H} = \begin{bmatrix}\boldsymbol{I}_n & \boldsymbol{0}_{n\times n_f}\end{bmatrix}$$

$$\boldsymbol{\mathcal{C}}_i \triangleq \begin{bmatrix}\boldsymbol{0}_{q\times(2n+n_f)} & \boldsymbol{\Delta}_{\delta_i}\boldsymbol{C}_i & \boldsymbol{0}_{q\times 5n} & -\boldsymbol{\Delta}_{\delta_i}\boldsymbol{I} & \boldsymbol{0}\end{bmatrix}$$

$$\boldsymbol{\mathcal{N}}_i \triangleq \begin{bmatrix}\beta_1\bar{\boldsymbol{N}}_{1i} & \boldsymbol{0}_{n_F\times(7n+q)} & \beta_2\boldsymbol{N}_{2i}\end{bmatrix},\quad \boldsymbol{\Delta}_{\delta_i} \triangleq \mathrm{diag}\left\{\delta^{(i,1)},\delta^{(i,2)},\cdots,\delta^{(i,p)}\right\}$$

$$\bar{\boldsymbol{H}}_1 \triangleq \begin{bmatrix}\boldsymbol{I}_{n+n_f} & \boldsymbol{0}_{(n+n_f)\times(7n+q+l)}\end{bmatrix},\quad \bar{\boldsymbol{M}}_{1i} \triangleq \boldsymbol{H}^{\mathrm{T}}\boldsymbol{M}_{1i},\quad \bar{\boldsymbol{N}}_{1i} \triangleq \boldsymbol{N}_{1i}\boldsymbol{H}$$

$$\bar{\boldsymbol{H}}_2 \triangleq \begin{bmatrix}\boldsymbol{I}_{2n+n_f} & \boldsymbol{0}_{(2n+n_f)\times(6n+q+l)} & \\ \boldsymbol{0}_{n\times(3n+n_f)} & \boldsymbol{I}_n & \boldsymbol{0}_{n\times(4n+q+l)}\end{bmatrix},\quad \bar{\boldsymbol{H}}_3 \triangleq \begin{bmatrix}\boldsymbol{I}_{2n+n_f} & \boldsymbol{0}_{(2n+n_f)\times(6n+q+l)} & \\ \boldsymbol{0}_{n\times(4n+n_f)} & \boldsymbol{I}_n & \boldsymbol{0}_{n\times(3n+q+l)}\end{bmatrix}$$

$$\bar{\boldsymbol{H}}_4 \triangleq \begin{bmatrix}\boldsymbol{0}_{2n\times(n+n_f)} & \boldsymbol{I}_{2n} & \boldsymbol{0}_{2n\times(5n+q+l)} \\ \boldsymbol{0}_{n\times(5n+n_f)} & \boldsymbol{I}_n & \boldsymbol{0}_{n\times(2n+q+l)}\end{bmatrix},\quad \bar{\boldsymbol{H}}_5 \triangleq \begin{bmatrix}\boldsymbol{0}_{2n\times(2n+n_f)} & \boldsymbol{I}_{2n} & \boldsymbol{0}_{2n\times(4n+q+l)} \\ \boldsymbol{0}_{n\times(6n+n_f)} & \boldsymbol{I}_n & \boldsymbol{0}_{n\times(n+q+l)}\end{bmatrix}$$

$$\bar{\boldsymbol{H}}_6 \triangleq \begin{bmatrix}\boldsymbol{I}_{n+n_f} & \boldsymbol{0}_{(n+n_f)\times(7n+q+l)} & \\ \boldsymbol{0}_{n\times(3n+n_f)} & \boldsymbol{I}_n & \boldsymbol{0}_{n\times(4n+q+l)} \\ \boldsymbol{0}_{n\times(7n+n_f)} & \boldsymbol{I}_n & \boldsymbol{0}_{n\times(q+l)}\end{bmatrix},\quad \bar{\boldsymbol{H}}_7 \triangleq \begin{bmatrix}\boldsymbol{0}_{n\times(2n+n_f)} & \boldsymbol{I}_n & \boldsymbol{0}_{n\times(5n+q+l)} \\ \boldsymbol{0}_{q\times(8n+n_f)} & \boldsymbol{I}_q & \boldsymbol{0}_{q\times l}\end{bmatrix}$$

$$\bar{\boldsymbol{H}}_8 \triangleq \begin{bmatrix}\boldsymbol{I}_{n+n_f} & \boldsymbol{0}_{(n+n_f)\times(7n+q+l)} \\ \boldsymbol{0}_{l\times(8n+n_f+q)} & \boldsymbol{I}_l\end{bmatrix}$$

$$\bar{\boldsymbol{Q}} \triangleq \mathrm{diag}\left\{\boldsymbol{H}^{\mathrm{T}}(\boldsymbol{Q}_1+\boldsymbol{Q}_2)\boldsymbol{H},-\boldsymbol{Q}_1,-\boldsymbol{Q}_2\right\},\quad \bar{\boldsymbol{E}}_{ei} \triangleq \begin{bmatrix}\boldsymbol{E}_{ei} & \boldsymbol{D}_i\end{bmatrix}$$

$$\bar{\boldsymbol{R}}_2 \triangleq \begin{bmatrix}a_1\boldsymbol{R}_2 & a_2\boldsymbol{R}_2 & a_3\boldsymbol{R}_2 \\ * & a_1\boldsymbol{R}_2 & a_3\boldsymbol{R}_2 \\ * & * & a_4\boldsymbol{R}_2\end{bmatrix},\quad \bar{\boldsymbol{R}}_i \triangleq \begin{bmatrix}a_1\boldsymbol{H}^{\mathrm{T}}\boldsymbol{R}_i\boldsymbol{H} & a_2\boldsymbol{H}^{\mathrm{T}}\boldsymbol{R}_i & a_3\boldsymbol{H}^{\mathrm{T}}\boldsymbol{R}_i \\ * & a_1\boldsymbol{R}_i & a_3\boldsymbol{R}_i \\ * & * & a_4\boldsymbol{R}_i\end{bmatrix},\quad i=1,3$$

$$\hat{\boldsymbol{R}} \triangleq \mathrm{diag}\{\boldsymbol{R}_1,\boldsymbol{R}_2,\boldsymbol{R}_3\},\quad \boldsymbol{\mathcal{R}} \triangleq \begin{bmatrix}\tau_1\boldsymbol{R}_1 & \tau_{12}\boldsymbol{R}_2 & \tau_2\boldsymbol{R}_3\end{bmatrix}$$

$$\tilde{\boldsymbol{A}}_{0i} \triangleq \begin{bmatrix}\boldsymbol{A}_i & \boldsymbol{0} \\ \boldsymbol{0} & \boldsymbol{A}_{fi}\end{bmatrix},\quad \tilde{\boldsymbol{B}}_{0i} \triangleq \begin{bmatrix}\boldsymbol{B}_i \\ \boldsymbol{0}\end{bmatrix},\quad \tilde{\boldsymbol{A}}_{hi} \triangleq \begin{bmatrix}\boldsymbol{0} \\ \boldsymbol{B}_{fi}\boldsymbol{C}_i\end{bmatrix},\quad \tilde{\boldsymbol{B}}_{hi} \triangleq \begin{bmatrix}\boldsymbol{0} \\ -\boldsymbol{B}_{fi}\end{bmatrix},\quad \bar{\boldsymbol{B}}_{fi} \triangleq \begin{bmatrix}\boldsymbol{0} \\ \boldsymbol{B}_{fi}\end{bmatrix}$$

$$\underbrace{a_1=\frac{\pi^2}{4}+1,\ a_2=\frac{\pi^2}{4}-1,\ a_3=-\frac{\pi^2}{2},\ a_4=\pi^2,\ \tau_{12}=\tau_2-\tau_1} \tag{7-20}$$

证明：为了证明滤波误差系统是随机稳定且严格耗散的，选取如下模态依赖且参数依赖李雅普诺夫-克拉索夫斯基泛函：

$$V(\xi_1,t,\eta_t,\rho)=\sum_{l=1}^{3}V_1(\xi_1,t,\eta_t=i,\rho(t))$$

其中，

$$V_1(\xi_1,t,i_t,\rho)\triangleq\xi_1^{\mathrm{T}}(t)\boldsymbol{P}_i(\rho(t))\xi_1(t)=\xi_1^{\mathrm{T}}(t)\sum_{r=1}^{S}\rho_r(t)\boldsymbol{P}_i^r\xi_1(t)$$

$$V_2(\xi_1,t)\triangleq\int_{t-\tau_1}^{t}\xi_1^{\mathrm{T}}(s)\boldsymbol{H}^{\mathrm{T}}\boldsymbol{Q}_1\boldsymbol{H}\xi_1(s)\mathrm{d}s+\int_{t-\tau_2}^{t}\xi_1^{\mathrm{T}}(s)\boldsymbol{H}^{\mathrm{T}}\boldsymbol{Q}_2\boldsymbol{H}\xi_1(s)\mathrm{d}s$$

$$\begin{aligned}V_3(\xi_1,t)\triangleq{}&\tau_1\int_{-\tau_1}^{0}\int_{t+s}^{t}\dot{\xi}_1^{\mathrm{T}}(v)\boldsymbol{H}^{\mathrm{T}}\boldsymbol{R}_1\boldsymbol{H}\dot{\xi}_1(v)\mathrm{d}v\mathrm{d}s\\&+\tau_{12}\int_{-\tau_2}^{-\tau_1}\int_{t+s}^{t}\dot{\xi}_1^{\mathrm{T}}(v)\boldsymbol{H}^{\mathrm{T}}\boldsymbol{R}_2\boldsymbol{H}\dot{\xi}_1(v)\mathrm{d}v\mathrm{d}s\\&+\tau_2\int_{-\tau_2}^{0}\int_{t+s}^{t}\dot{\xi}_1^{\mathrm{T}}(v)\boldsymbol{H}^{\mathrm{T}}\boldsymbol{R}_3\boldsymbol{H}\dot{\xi}_1(v)\mathrm{d}v\mathrm{d}s\end{aligned}$$

其中，假设 $\boldsymbol{P}_i(\rho(t)),\boldsymbol{Q}_1,\boldsymbol{Q}_2$和$\boldsymbol{R}_j\ (j=1,2,3)$ 为对称正定矩阵。定义如下无穷小算子 $\mathcal{L}$，可得

$$\begin{aligned}\mathcal{L}V(\xi_1,t,i,\rho)={}&2\dot{\xi}_1^{\mathrm{T}}(t)\boldsymbol{P}_i(\rho(t))\xi_1(t)+\xi_1^{\mathrm{T}}(t)\sum_{j=1}^{N}\alpha_{ij}(h)\boldsymbol{P}_j(\rho(t))\xi_1(t)\\&+\xi_1^{\mathrm{T}}(t)\frac{\mathrm{d}\boldsymbol{P}_i(\rho(t))}{\mathrm{d}t}\xi_1(t)+\xi_1^{\mathrm{T}}(t)\boldsymbol{H}^{\mathrm{T}}(\boldsymbol{Q}_1+\boldsymbol{Q}_2)\boldsymbol{H}\xi_1(t)\\&+\dot{\xi}_1^{\mathrm{T}}(t)\boldsymbol{H}^{\mathrm{T}}(\tau_1^2\boldsymbol{R}_1+\tau_{12}^2\boldsymbol{R}_2+\tau_2^2\boldsymbol{R}_3)\boldsymbol{H}\dot{\xi}_1(t)\\&-\xi_1^{\mathrm{T}}(t-\tau_1)\boldsymbol{H}^{\mathrm{T}}\boldsymbol{Q}_1\boldsymbol{H}\xi_1(t-\tau_1)-\xi_1^{\mathrm{T}}(t-\tau_2)\boldsymbol{H}^{\mathrm{T}}\boldsymbol{Q}_2\boldsymbol{H}\xi_1(t-\tau_2)\\&-\tau_1\int_{t-\tau_1}^{t}\dot{\xi}_1^{\mathrm{T}}(t)\boldsymbol{H}^{\mathrm{T}}\boldsymbol{R}_1\boldsymbol{H}\dot{\xi}_1(v)\mathrm{d}v-\tau_{12}\int_{t-\tau(t)}^{t-\tau_1}\dot{\xi}_1^{\mathrm{T}}(t)\boldsymbol{H}^{\mathrm{T}}\boldsymbol{R}_2\boldsymbol{H}\dot{\xi}_1(v)\mathrm{d}v\\&-\tau_{12}\int_{t-\tau_2}^{t-\tau(t)}\dot{\xi}_1^{\mathrm{T}}(t)\boldsymbol{H}^{\mathrm{T}}\boldsymbol{R}_2\boldsymbol{H}\dot{\xi}_1(v)\mathrm{d}v-\tau_2\int_{t-\tau_2}^{t}\dot{\xi}_1^{\mathrm{T}}(t)\boldsymbol{H}^{\mathrm{T}}\boldsymbol{R}_3\boldsymbol{H}\dot{\xi}_1(v)\mathrm{d}v\end{aligned} \tag{7-21}$$

应用引理 7.2 中的 Wirtinger-Based 不等式，可知

$$-\tau_1\int_{t-\tau_1}^{t}\dot{\xi}_1^{\mathrm{T}}(t)\boldsymbol{H}^{\mathrm{T}}\boldsymbol{R}_1\boldsymbol{H}\dot{\xi}_1(v)\mathrm{d}v\leqslant-\mathcal{G}_1^{\mathrm{T}}(t)\bar{\boldsymbol{R}}_1\mathcal{G}_1(t) \tag{7-22}$$

$$-\tau_{12}\int_{t-\tau(t)}^{t-\tau_1}\dot{\xi}_1^{\mathrm{T}}(t)\boldsymbol{H}^{\mathrm{T}}\boldsymbol{R}_2\boldsymbol{H}\dot{\xi}_1(v)\mathrm{d}v\leqslant-\mathcal{G}_2^{\mathrm{T}}(t)\bar{\boldsymbol{R}}_2\mathcal{G}_2(t) \tag{7-23}$$

$$-\tau_{12}\int_{t-\tau_2}^{t-\tau(t)}\dot{\xi}_1^{\mathrm{T}}(t)\boldsymbol{H}^{\mathrm{T}}\boldsymbol{R}_2\boldsymbol{H}\dot{\xi}_1(v)\mathrm{d}v\leqslant-\mathcal{G}_3^{\mathrm{T}}(t)\bar{\boldsymbol{R}}_2\mathcal{G}_3(t) \tag{7-24}$$

$$-\tau_2\int_{t-\tau_2}^{t}\dot{\xi}_1^{\mathrm{T}}(t)\boldsymbol{H}^{\mathrm{T}}\boldsymbol{R}_3\boldsymbol{H}\dot{\xi}_1(v)\mathrm{d}v\leqslant-\mathcal{G}_4^{\mathrm{T}}(t)\bar{\boldsymbol{R}}_3\mathcal{G}_4(t) \tag{7-25}$$

其中，$\bar{\boldsymbol{R}}_1$，$\bar{\boldsymbol{R}}_2$和$\bar{\boldsymbol{R}}_3$在式(7-20)中，并且

$$\mathcal{G}_1(t)\triangleq\left[\boldsymbol{\xi}_1^{\mathrm{T}}(t)\quad \boldsymbol{\xi}_1^{\mathrm{T}}(t-\tau_1)\boldsymbol{H}^{\mathrm{T}}\quad \bar{\boldsymbol{v}}_1^{\mathrm{T}}(t)\right]^{\mathrm{T}}$$

$$\mathcal{G}_2(t)\triangleq\left[\boldsymbol{\xi}_1^{\mathrm{T}}(t-\tau_1)\boldsymbol{H}^{\mathrm{T}}\quad \boldsymbol{\xi}_1^{\mathrm{T}}(t-\tau(t))\boldsymbol{H}^{\mathrm{T}}\quad \bar{\boldsymbol{v}}_2^{\mathrm{T}}(t)\right]^{\mathrm{T}}$$

$$\mathcal{G}_3(t)\triangleq\left[\boldsymbol{\xi}_1^{\mathrm{T}}(t-\tau(t))\boldsymbol{H}^{\mathrm{T}}\quad \boldsymbol{\xi}_1^{\mathrm{T}}(t-\tau_2)\boldsymbol{H}^{\mathrm{T}}\quad \bar{\boldsymbol{v}}_3^{\mathrm{T}}(t)\right]^{\mathrm{T}}$$

$$\mathcal{G}_4(t)\triangleq\left[\boldsymbol{\xi}_1^{\mathrm{T}}(t)\quad \boldsymbol{\xi}_1^{\mathrm{T}}(t-\tau_2)\boldsymbol{H}^{\mathrm{T}}\quad \bar{\boldsymbol{v}}_4^{\mathrm{T}}(t)\right]^{\mathrm{T}}$$

$$\bar{\boldsymbol{v}}_1(t)\triangleq\frac{1}{\tau_1}\int_{t-\tau_1}^{t}\boldsymbol{H}\boldsymbol{\xi}_1(v)\mathrm{d}v$$

$$\bar{\boldsymbol{v}}_2(t)\triangleq\frac{1}{\tau(t)-\tau_1}\int_{t-\tau(t)}^{t-\tau_1}\boldsymbol{H}\boldsymbol{\xi}_1(v)\mathrm{d}v$$

$$\bar{\boldsymbol{v}}_3(t)\triangleq\frac{1}{\tau_2-\tau(t)}\int_{t-\tau_2}^{t-\tau(t)}\boldsymbol{H}\boldsymbol{\xi}_1(v)\mathrm{d}v$$

$$\bar{\boldsymbol{v}}_4(t)\triangleq\frac{1}{\tau_2}\int_{t-\tau_2}^{t}\boldsymbol{H}\boldsymbol{\xi}_1(v)\mathrm{d}v$$

若定义$\boldsymbol{\zeta}(t)\triangleq\mathrm{col}\{\boldsymbol{\xi}_1(t)，\boldsymbol{H}\boldsymbol{\xi}_1(t-\tau_1)，\boldsymbol{H}\boldsymbol{\xi}_1(t-\tau(t))，\boldsymbol{H}\boldsymbol{\xi}_1(t-\tau_2)，\bar{\boldsymbol{v}}_1，\bar{\boldsymbol{v}}_2，\bar{\boldsymbol{v}}_3，\bar{\boldsymbol{v}}_4，\boldsymbol{e}_k(t-\tau(t))，\boldsymbol{\omega}(t)\}$，则有

$$\dot{\boldsymbol{\xi}}_1(t)=\boldsymbol{\mathcal{A}}_i(t)\boldsymbol{\zeta}(t)，\boldsymbol{\mathcal{A}}_i(t)\triangleq\left[\tilde{\boldsymbol{A}}_i(t)\quad \boldsymbol{0}_n\quad \tilde{\boldsymbol{A}}_{hi}(t)\quad \boldsymbol{0}_{5n}\quad \tilde{\boldsymbol{B}}_{hi}(t)\quad \tilde{\boldsymbol{B}}_i(t)\right]$$

$$\bar{\boldsymbol{H}}_1\boldsymbol{\zeta}(t)=\boldsymbol{\xi}_1(t)，\bar{\boldsymbol{H}}_2\boldsymbol{\zeta}(t)=\left[\boldsymbol{\xi}_1^{\mathrm{T}}(t)\quad \boldsymbol{\xi}_1^{\mathrm{T}}(t-\tau_1)\quad \boldsymbol{\xi}_1^{\mathrm{T}}(t-\tau_2)\right]^{\mathrm{T}}$$

$$\bar{\boldsymbol{H}}_3\boldsymbol{\zeta}(t)=\mathcal{G}_1(t)，\bar{\boldsymbol{H}}_4\boldsymbol{\zeta}(t)=\mathcal{G}_2(t)，\bar{\boldsymbol{H}}_5\boldsymbol{\zeta}(t)=\mathcal{G}_3(t)$$

$$\bar{\boldsymbol{H}}_6\boldsymbol{\zeta}(t)=\mathcal{G}_4(t)，\bar{\boldsymbol{H}}_7\boldsymbol{\zeta}(t)=\mathcal{G}_5(t)，\bar{\boldsymbol{H}}_8\boldsymbol{\zeta}(t)=\left[\boldsymbol{\xi}_1^{\mathrm{T}}(t)\quad \boldsymbol{\omega}(t)\right]^{\mathrm{T}}$$

综合式(7-22)～式(7-25)，可得

$$\begin{aligned}\mathcal{L}V(\boldsymbol{\xi}_1,t,i,\rho)=\boldsymbol{\zeta}^{\mathrm{T}}(t)\Bigg\{&2\boldsymbol{\mathcal{A}}_i^{\mathrm{T}}(t)\boldsymbol{P}_i(\rho(t))\bar{\boldsymbol{H}}_1+\bar{\boldsymbol{H}}_1^{\mathrm{T}}\left[\sum_{j=1}^{N}\alpha_{ij}(h)\boldsymbol{P}_j(\rho(t))+\frac{\mathrm{d}\boldsymbol{P}_i(\rho(t))}{\mathrm{d}t}\right]\bar{\boldsymbol{H}}_1\\&+\bar{\boldsymbol{H}}_2^{\mathrm{T}}\bar{\boldsymbol{Q}}\bar{\boldsymbol{H}}_2+\bar{\boldsymbol{H}}_3^{\mathrm{T}}\bar{\boldsymbol{R}}_1\bar{\boldsymbol{H}}_3+\bar{\boldsymbol{H}}_4^{\mathrm{T}}\bar{\boldsymbol{R}}_2\bar{\boldsymbol{H}}_4+\bar{\boldsymbol{H}}_5^{\mathrm{T}}\bar{\boldsymbol{R}}_2\bar{\boldsymbol{H}}_5+\bar{\boldsymbol{H}}_6^{\mathrm{T}}\bar{\boldsymbol{R}}_3\bar{\boldsymbol{H}}_6\\&+\boldsymbol{\mathcal{A}}_i^{\mathrm{T}}(t)\boldsymbol{H}^{\mathrm{T}}\left(\tau_1^2\boldsymbol{R}_1+\tau_{12}^2\boldsymbol{R}_2+\tau_2^2\boldsymbol{R}_3\right)\boldsymbol{H}\boldsymbol{\mathcal{A}}_i(t)\Bigg\}\boldsymbol{\zeta}(t)\end{aligned}\tag{7-26}$$

其次，取$\tilde{\boldsymbol{A}}_i(t)$和$\tilde{\boldsymbol{B}}_i(t)$的期望值，根据式(7-4)得

$$\mathrm{E}\left\{\tilde{\boldsymbol{A}}_i(t)\right\}=\mathrm{E}\left\{\tilde{\boldsymbol{A}}_{0i}(t)+(\beta_1(t)-\beta_1)\Delta\tilde{\boldsymbol{A}}_i(t)\right\}=\mathrm{E}\left\{\tilde{\boldsymbol{A}}_{0i}(t)\right\}$$

$$\mathrm{E}\left\{\tilde{B}_i(t)\right\}=\mathrm{E}\left\{\tilde{B}_{0i}(t)+(\beta_2(t)-\beta_2)\Delta\tilde{\boldsymbol{B}}_i(t)\right\}=\mathrm{E}\left\{\tilde{\boldsymbol{B}}_{0i}(t)\right\}$$

另外，由式(7-9)可知，若满足下列不等式，则事件不会被触发：

$$\kappa_i\boldsymbol{y}^{\mathrm{T}}(t_k\hbar)\boldsymbol{\Phi}_i(\rho)\boldsymbol{y}(t_k\hbar)-\boldsymbol{e}_k^{\mathrm{T}}(t_k\hbar+s\hbar)\boldsymbol{\Phi}_i(\rho)\boldsymbol{e}_k(t_k\hbar+s\hbar)>0$$

等价于

$$\varDelta_{\mathrm{etc}} \triangleq \mathcal{G}_5^{\mathrm{T}}(t)\begin{bmatrix} \kappa_i \boldsymbol{C}_i^{\mathrm{T}}\boldsymbol{\Phi}_i(\rho)\boldsymbol{C}_i & -\kappa_i \boldsymbol{C}_i^{\mathrm{T}}\boldsymbol{\Phi}_i(\rho) \\ * & (\kappa_i - 1)\boldsymbol{\Phi}_i(\rho) \end{bmatrix}\mathcal{G}_5(t) > 0 \tag{7-27}$$

其中，$\mathcal{G}_5(t) \triangleq \left[\boldsymbol{\xi}_1^{\mathrm{T}}(t-\tau(t))\boldsymbol{H}^{\mathrm{T}} \quad \boldsymbol{e}_k^{\mathrm{T}}(t-\tau(t))\right]^{\mathrm{T}}$。

综上所述，为了证明式(7-16)中滤波误差系统是严格$(\mathcal{X},\mathcal{Y},\mathcal{Z})$-耗散的，当$\boldsymbol{\omega}(t)\in\mathbb{R}^l$非零条件下我们引入以下指标：

$$\begin{aligned} J(\zeta,t,i) &\triangleq \mathrm{E}\left\{\int_0^\infty\left[\vartheta\boldsymbol{\omega}^{\mathrm{T}}(t)\boldsymbol{\omega}(t)-s(\boldsymbol{\omega}(t),\boldsymbol{e}(t))\right]\mathrm{d}t\right\} \\ &= \mathrm{E}\left\{\int_0^\infty\left[\vartheta\boldsymbol{\omega}^{\mathrm{T}}(t)\boldsymbol{\omega}(t)-s(\boldsymbol{\omega}(t),\boldsymbol{e}(t))+\mathcal{L}V\right]\mathrm{d}t\right\}-\mathrm{E}\left\{V(\xi_1,t,i,\rho)\right\} \\ &\leqslant \mathrm{E}\left\{\int_0^\infty\left[\vartheta\boldsymbol{\omega}^{\mathrm{T}}(t)\boldsymbol{\omega}(t)-s(\boldsymbol{\omega}(t),\boldsymbol{e}(t))+\mathcal{L}V+\varDelta_{\mathrm{etc}}\right]\mathrm{d}t\right\} \end{aligned} \tag{7-28}$$

然后结合式(7-26)～式(7-28)可得

$$\begin{aligned} J\leqslant \mathrm{E}\Bigg\{\int_0^\infty \boldsymbol{\zeta}^{\mathrm{T}}(t)\Bigg\{& 2\mathcal{A}_i^{\mathrm{T}}(t)\boldsymbol{P}_i(\rho(t))\bar{\boldsymbol{H}}_1+\sum_{j=1}^{N}\alpha_{ij}\bar{\boldsymbol{H}}_1^{\mathrm{T}}\boldsymbol{P}_j(\rho(t))\bar{\boldsymbol{H}}_1+\bar{\boldsymbol{H}}_1^{\mathrm{T}}\frac{\mathrm{d}\boldsymbol{P}_i(\rho(t))}{\mathrm{d}t}\bar{\boldsymbol{H}}_1 \\ &+\bar{\boldsymbol{H}}_2^{\mathrm{T}}\bar{\boldsymbol{Q}}\bar{\boldsymbol{H}}_2+\bar{\boldsymbol{H}}_3^{\mathrm{T}}\boldsymbol{R}_1\bar{\boldsymbol{H}}_3+\bar{\boldsymbol{H}}_4^{\mathrm{T}}\boldsymbol{R}_2\bar{\boldsymbol{H}}_4+\bar{\boldsymbol{H}}_5^{\mathrm{T}}\boldsymbol{R}_2\bar{\boldsymbol{H}}_5+\bar{\boldsymbol{H}}_6^{\mathrm{T}}\boldsymbol{R}_3\bar{\boldsymbol{H}}_6 \\ &+\mathcal{A}_i^{\mathrm{T}}\boldsymbol{H}^{\mathrm{T}}(\tau_1^2\boldsymbol{R}_1+\tau_{12}^2\boldsymbol{R}_2+\tau_2^2\boldsymbol{R}_3)\boldsymbol{H}\mathcal{A}_i(t)+\bar{\boldsymbol{H}}_7^{\mathrm{T}}\begin{bmatrix}\kappa_i\boldsymbol{C}_i^{\mathrm{T}}\boldsymbol{\Phi}_i(\rho)\boldsymbol{C}_i & -\kappa_i\boldsymbol{C}_i^{\mathrm{T}}\boldsymbol{\Phi}_i(\rho) \\ * & (\kappa_i-1)\boldsymbol{\Phi}_i(\rho)\end{bmatrix}\bar{\boldsymbol{H}}_7 \\ &-\bar{\boldsymbol{H}}_8^{\mathrm{T}}\begin{bmatrix}\boldsymbol{E}_{ei}^{\mathrm{T}} \\ \boldsymbol{D}_i^{\mathrm{T}}\end{bmatrix}\mathcal{X}\begin{bmatrix}\boldsymbol{E}_{ei} & \boldsymbol{D}_i\end{bmatrix}\bar{\boldsymbol{H}}_8+\bar{\boldsymbol{H}}_8^{\mathrm{T}}\begin{bmatrix}\boldsymbol{0} & -\boldsymbol{E}_{ei}^{\mathrm{T}}\mathcal{Y} \\ * & \vartheta\boldsymbol{I}-\mathcal{Z}-2\boldsymbol{D}_i^{\mathrm{T}}\mathcal{Y}\end{bmatrix}\bar{\boldsymbol{H}}_8\Bigg\}\boldsymbol{\zeta}(t)\mathrm{d}t\Bigg\} \end{aligned} \tag{7-29}$$

对式(7-29)应用 Schur 补引理并且用$\tilde{\boldsymbol{A}}_{0i}+\beta_1\bar{\boldsymbol{M}}_{1i}\boldsymbol{F}_i(t)\bar{\boldsymbol{N}}_{1i}$和$\tilde{\boldsymbol{B}}_{0i}+\beta_2\bar{\boldsymbol{M}}_{1i}\boldsymbol{F}_i(t)\bar{\boldsymbol{N}}_{2i}$分别代替不确定矩阵$\tilde{\boldsymbol{A}}_{0i}(t)$和$\tilde{\boldsymbol{B}}_{0i}(t)$，即

$$\begin{aligned} &\begin{bmatrix}\boldsymbol{\Theta}_i(\rho,t) & \bar{\boldsymbol{H}}_8^{\mathrm{T}}\bar{\boldsymbol{E}}_{ei}^{\mathrm{T}}\mathcal{X} & \mathcal{A}_i^{\mathrm{T}}(t)\boldsymbol{H}^{\mathrm{T}}\mathcal{R} \\ * & \mathcal{X} & \boldsymbol{0} \\ * & * & -\hat{\boldsymbol{R}}\end{bmatrix}=\begin{bmatrix}\boldsymbol{\Theta}_i(\rho) & \bar{\boldsymbol{H}}_8^{\mathrm{T}}\bar{\boldsymbol{E}}_{ei}^{\mathrm{T}}\mathcal{X} & \mathcal{A}_i^{\mathrm{T}}\boldsymbol{H}^{\mathrm{T}}\mathcal{R} \\ * & \mathcal{X} & \boldsymbol{0} \\ * & * & -\hat{\boldsymbol{R}}\end{bmatrix} \\ &+\begin{bmatrix}\bar{\boldsymbol{H}}_1^{\mathrm{T}}\boldsymbol{P}_i(\rho(t))\bar{\boldsymbol{M}}_{1i} \\ \boldsymbol{0} \\ \mathcal{R}^{\mathrm{T}}\boldsymbol{H}\bar{\boldsymbol{M}}_{1i}\end{bmatrix}\boldsymbol{F}_i(t)\begin{bmatrix}\mathcal{N}_i & \boldsymbol{0} & \boldsymbol{0}\end{bmatrix}+\begin{bmatrix}\mathcal{N}_i^{\mathrm{T}} \\ \boldsymbol{0} \\ \boldsymbol{0}\end{bmatrix}\boldsymbol{F}_i^{\mathrm{T}}(t)\begin{bmatrix}\bar{\boldsymbol{H}}_1^{\mathrm{T}}\boldsymbol{P}_i(\rho(t))\bar{\boldsymbol{M}}_{1i} \\ \boldsymbol{0} \\ \mathcal{R}^{\mathrm{T}}\boldsymbol{H}\bar{\boldsymbol{M}}_{1i}\end{bmatrix}^{\mathrm{T}} \\ &+\begin{bmatrix}\bar{\boldsymbol{H}}_1^{\mathrm{T}}\boldsymbol{P}_i(\rho(t))\bar{\boldsymbol{B}}_{fi} \\ \boldsymbol{0} \\ \mathcal{R}^{\mathrm{T}}\boldsymbol{H}\bar{\boldsymbol{B}}_{fi}\end{bmatrix}\tilde{\boldsymbol{F}}_i(t)\begin{bmatrix}\mathcal{C}_i & \boldsymbol{0} & \boldsymbol{0}\end{bmatrix}+\begin{bmatrix}\mathcal{C}_i^{\mathrm{T}} \\ \boldsymbol{0} \\ \boldsymbol{0}\end{bmatrix}\tilde{\boldsymbol{F}}_i^{\mathrm{T}}(t)\begin{bmatrix}\bar{\boldsymbol{H}}_1^{\mathrm{T}}\boldsymbol{P}_i(\rho(t))\bar{\boldsymbol{B}}_{fi} \\ \boldsymbol{0} \\ \mathcal{R}^{\mathrm{T}}\boldsymbol{H}\bar{\boldsymbol{B}}_{fi}\end{bmatrix}^{\mathrm{T}}<0 \end{aligned}$$

其中，$\boldsymbol{\Theta}_i(\rho)$，$\mathcal{A}_i$，$\mathcal{N}_i$，$\mathcal{C}_i$，$\mathcal{R}$，$\bar{\boldsymbol{E}}_{ei}$，$\hat{\boldsymbol{R}}$和$\bar{\boldsymbol{B}}_{fi}$如式(7-20)中定义且有

$$\mathcal{R}^{\mathrm{T}}\boldsymbol{H}\bar{\boldsymbol{B}}_{fi}=\begin{bmatrix}\tau_1\bar{\boldsymbol{B}}_{fi}^{\mathrm{T}}\boldsymbol{H}^{\mathrm{T}}\boldsymbol{R}_1 & \tau_{12}\bar{\boldsymbol{B}}_{fi}^{\mathrm{T}}\boldsymbol{H}^{\mathrm{T}}\boldsymbol{R}_2 & \tau_2\bar{\boldsymbol{B}}_{fi}^{\mathrm{T}}\boldsymbol{H}^{\mathrm{T}}\boldsymbol{R}_3\end{bmatrix}^{\mathrm{T}}=\boldsymbol{0}_{3n\times n}$$

对式(7-19)利用引理 7.1 和 Schur 补定理，可得$J<0$对所有的$\boldsymbol{\omega}(t)\in\mathbb{R}^l$均成立，即

$$\mathrm{E}\left\{\int_0^\infty\left[\vartheta\boldsymbol{\omega}^{\mathrm{T}}(t)\boldsymbol{\omega}(t)-s(\boldsymbol{\omega}(t),\boldsymbol{e}(t))\right]\mathrm{d}t\right\}>0$$

满足式(7-18)。因此，式(7-16)中滤波误差系统的严格$(\mathcal{X},\mathcal{Y},\mathcal{Z})$-耗散性能得到证明。

当外部干扰输入$\boldsymbol{\omega}(t)=0$时，根据式(7-21)可得

$$\mathcal{L}V(\xi_1,t,i,\rho)=\bar{\boldsymbol{\zeta}}^{\mathrm{T}}(t)\boldsymbol{\Omega}(t,\rho(t))\bar{\boldsymbol{\zeta}}(t)$$

其中，

$$\bar{\boldsymbol{\zeta}}(t)\triangleq\mathrm{col}\{\xi_1(t),\boldsymbol{H}\xi_1(t-\tau_1),\boldsymbol{H}\xi_1(t-\tau(t)),\boldsymbol{H}\xi_1(t-\tau_2),\bar{\boldsymbol{v}}_1,\bar{\boldsymbol{v}}_2,\bar{\boldsymbol{v}}_3,\bar{\boldsymbol{v}}_4,\boldsymbol{e}_k(t-\tau(t))\}$$

根据式(7-19)得到$\boldsymbol{\Omega}(t,\rho(t))<0$，即满足$\mathcal{L}V(\xi_1,t,i,\rho)<0$。也就是说，式(7-16)的具有事件驱动的滤波误差系统是随机稳定的。至此，定理得证。

值得提出的是，由于半马尔可夫切换系统的转移概率矩阵依赖于逗留时间，定理 7.1 中的不等式含时变项$\alpha_{ij}(h)$。在求解不等式时需要对无穷多个不等式进行验证，这为后续降阶滤波器的设计带来了极大的困难。因此，假设转移概率矩阵为满足式(7-2)的凸胞型结构，对定理 7.1 进行进一步改进。与第 6 章中转移概率的假设条件不同的是，本章考虑了转移概率凸胞型中参数的变化率，在构造李雅普诺夫函数的过程中充分考虑了转移概率的信息，更具有一般性。

定理 7.2：对给定正标量$\tau_1,\tau_2,\epsilon_{1i},\epsilon_{2i},\kappa_i\in[0,1]$和满足式(7-17)的矩阵$\mathcal{X}$、$\mathcal{Y}$、$\mathcal{Z}$在式(7-6)中输出量化器和式(7-8)中事件触发序列的作用下，滤波误差系统(7-16)是随机稳定且严格$(\mathcal{X},\mathcal{Y},\mathcal{Z})$-耗散的，如果存在正定对称矩阵$\boldsymbol{P}_i^r$、$\boldsymbol{\Phi}_i^r$、$\boldsymbol{Q}_j(j=1,2)$、$\boldsymbol{R}_j(j=1,2,3)$和具有适当维数的矩阵$\boldsymbol{A}_{fi}$、$\boldsymbol{B}_{fi}$、$\boldsymbol{E}_{fi}$使得以下不等式成立：

$$\boldsymbol{\Xi}_i^{rs}+\boldsymbol{\Xi}_i^{sr}<0,\ 1\leqslant r\leqslant s\leqslant S \tag{7-30}$$

其中，

$$\boldsymbol{\Xi}_i^{rs}\triangleq\begin{bmatrix}\boldsymbol{\Theta}_i^{rs} & \bar{\boldsymbol{H}}_8^{\mathrm{T}}\bar{\boldsymbol{E}}_{ei}^{\mathrm{T}}\mathcal{X} & \mathcal{A}_i^{\mathrm{T}}\boldsymbol{H}^{\mathrm{T}}\mathcal{R} & \bar{\boldsymbol{H}}_1^{\mathrm{T}}\boldsymbol{P}_i^r\bar{\boldsymbol{M}}_{1i} & \epsilon_{1i}\mathcal{N}_i^{\mathrm{T}} & \bar{\boldsymbol{H}}_1^{\mathrm{T}}\boldsymbol{P}_i^r\bar{\boldsymbol{B}}_{fi} & \epsilon_{2i}\mathcal{C}_i^{\mathrm{T}}\\ * & \mathcal{X} & 0 & 0 & 0 & 0 & 0\\ * & * & -\hat{\boldsymbol{R}} & \mathcal{R}^{\mathrm{T}}\boldsymbol{H}\bar{\boldsymbol{M}}_{1i} & 0 & 0 & 0\\ * & * & * & -\epsilon_{1i}\boldsymbol{I} & 0 & 0 & 0\\ * & * & * & * & -\epsilon_{1i}\boldsymbol{I} & 0 & 0\\ * & * & * & * & * & -\epsilon_{2i}\boldsymbol{I} & 0\\ * & * & * & * & * & * & -\epsilon_{2i}\boldsymbol{I}\end{bmatrix}<0$$

$$\begin{aligned}\boldsymbol{\Theta}_i^{rs} \triangleq & 2\boldsymbol{\mathcal{A}}_i^{\mathrm{T}}\boldsymbol{P}_i^r\bar{\boldsymbol{H}}_1 + \bar{\boldsymbol{H}}_1^{\mathrm{T}}\left[\sum_{j=1}^{N}\alpha_{ij}^r\boldsymbol{P}_j^S + \sum_{k=1}^{S-1}\pm\left(\bar{\rho}_k\right)\left(\boldsymbol{P}_i^k - \boldsymbol{P}_i^S\right)\right]\bar{\boldsymbol{H}}_1 \\ & + \bar{\boldsymbol{H}}_2^{\mathrm{T}}\bar{\boldsymbol{Q}}\bar{\boldsymbol{H}}_2 + \bar{\boldsymbol{H}}_3^{\mathrm{T}}\bar{\boldsymbol{R}}_1\bar{\boldsymbol{H}}_3 + \bar{\boldsymbol{H}}_4^{\mathrm{T}}\bar{\boldsymbol{R}}_2\bar{\boldsymbol{H}}_4 + \bar{\boldsymbol{H}}_5^{\mathrm{T}}\bar{\boldsymbol{R}}_2\bar{\boldsymbol{H}}_5 + \bar{\boldsymbol{H}}_6^{\mathrm{T}}\bar{\boldsymbol{R}}_3\bar{\boldsymbol{H}}_6 \\ & + \bar{\boldsymbol{H}}_7^{\mathrm{T}}\begin{bmatrix}\kappa_i\boldsymbol{C}_i^{\mathrm{T}}\boldsymbol{\Phi}_i^r\boldsymbol{C}_i & -\kappa_i\boldsymbol{C}_i^{\mathrm{T}}\boldsymbol{\Phi}_i^r \\ * & \left(\kappa_i - 1\right)\boldsymbol{\Phi}_i^r\end{bmatrix}\bar{\boldsymbol{H}}_7 + \bar{\boldsymbol{H}}_8^{\mathrm{T}}\begin{bmatrix}\boldsymbol{0} & -\boldsymbol{E}_{ei}^{\mathrm{T}}\boldsymbol{\mathcal{Y}} \\ * & \vartheta\boldsymbol{I} - \boldsymbol{\mathcal{Z}} - 2\boldsymbol{D}_i^{\mathrm{T}}\boldsymbol{\mathcal{Y}}\end{bmatrix}\bar{\boldsymbol{H}}_8\end{aligned} \tag{7-31}$$

证明：由式(7-2)中转移概率的条件可知

$$\boldsymbol{P}_i(\rho(t)) = \sum_{r=1}^{S}\rho_r(t)\boldsymbol{P}_i^r \Rightarrow \frac{\mathrm{d}\boldsymbol{P}_i(\rho(t))}{\mathrm{d}t} = \sum_{r=1}^{S}\dot{\rho}_r(t)\boldsymbol{P}_i^r$$

$$\sum_{r=1}^{S}\rho_r(t) = 1 \Rightarrow \sum_{r=1}^{S}\dot{\rho}_r(t) = 0$$

经观察可得

$$\begin{aligned}\sum_{r=1}^{S}\dot{\rho}_r(t)\boldsymbol{P}_i^r &= \sum_{k=1}^{S-1}\dot{\rho}_k(t)\boldsymbol{P}_i^k + \dot{\rho}_S(t)\boldsymbol{P}_i^S \\ &= \sum_{k=1}^{S-1}\dot{\rho}_k(t)\left(\boldsymbol{P}_i^k - \boldsymbol{P}_i^S\right) = \sum_{k=1}^{S-1}\pm\left(\bar{\rho}_k\right)\left(\boldsymbol{P}_i^k - \boldsymbol{P}_i^S\right)\end{aligned}$$

受 Ding 和 Liu[93]启发，将不等式(7-19)中 $\dfrac{\mathrm{d}\boldsymbol{P}_i(\rho(t))}{\mathrm{d}t}$ 用 $\sum_{k=1}^{S-1}\pm(\bar{\rho}_k)(\boldsymbol{P}_i^k - \boldsymbol{P}_i^S)$ 替换，重新改写可得

$$\boldsymbol{\Xi}_i(\rho) = \sum_{r=1}^{S}\rho_r^2(t)\boldsymbol{\Xi}_i^{rr} + \sum_{r=1}^{S-1}\sum_{s=r+1}^{S}\rho_r(t)\rho_s(t)(\boldsymbol{\Xi}_i^{rs} + \boldsymbol{\Xi}_i^{sr}) < 0$$

值得提出的是，符号 $\pm(\cdot)$ 代表参数变量 $\dot{\rho}_r(t)(r = 1,2,\cdots,S)$ 上下界的所有可能组合。

注释 7.3：定理 7.2 中的符号 $\pm(\cdot)$ 表示关于随机变量 $(i \in \mathcal{N},\ r = 1,2,\cdots,S,\ r \leqslant s \leqslant S)$ 取值的所有组合，也就是说，将会有 $N\times 2^{S-1}$ 个不同的 LMI 需要求解。

下面给出逗留时间服从指数分布的马尔可夫切换系统的相关事件驱动降阶滤波器存在的条件。

推论 7.1：对给定正标量 $\tau_1,\tau_2,\epsilon_{1i},\epsilon_{2i},\kappa_i \in [0,1]$ 和满足式(7-17)的矩阵 $\boldsymbol{\mathcal{X}}$、$\boldsymbol{\mathcal{Y}}$、$\boldsymbol{\mathcal{Z}}$，在式(7-6)中输出量化器和式(7-8)中事件触发序列的作用下，滤波误差系统是随机稳定且严格 $(\boldsymbol{\mathcal{X}},\boldsymbol{\mathcal{Y}},\boldsymbol{\mathcal{Z}})$-耗散的，如果存在正定对称矩阵 $\boldsymbol{P}_i$、$\boldsymbol{\Phi}_i$、$\boldsymbol{Q}_j(j = 1,2)$、$\boldsymbol{R}_j(j = 1,2,3)$ 和具有适当维数的矩阵 $\boldsymbol{A}_{fi}$、$\boldsymbol{B}_{fi}$、$\boldsymbol{E}_{fi}$ 使得以下不等式成立：

$$\begin{bmatrix} \boldsymbol{\Theta}_i & \bar{\boldsymbol{H}}_8^{\mathrm{T}}\bar{\boldsymbol{E}}_{ei}^{\mathrm{T}}\boldsymbol{\mathcal{X}} & \boldsymbol{\mathcal{A}}_i^{\mathrm{T}}\boldsymbol{H}^{\mathrm{T}}\boldsymbol{\mathcal{R}} & \bar{\boldsymbol{H}}_1^{\mathrm{T}}\boldsymbol{P}_i\bar{\boldsymbol{M}}_{1i} & \epsilon_{1i}\boldsymbol{\mathcal{N}}_i^{\mathrm{T}} & \bar{\boldsymbol{H}}_1^{\mathrm{T}}\boldsymbol{P}_i\bar{\boldsymbol{B}}_{fi} & \epsilon_{2i}\boldsymbol{\mathcal{C}}_i^{\mathrm{T}} \\ * & \boldsymbol{\mathcal{X}} & 0 & 0 & 0 & 0 & 0 \\ * & * & -\hat{\boldsymbol{R}} & \boldsymbol{\mathcal{R}}^{\mathrm{T}}\boldsymbol{H}\bar{\boldsymbol{M}}_{1i} & 0 & 0 & 0 \\ * & * & * & -\epsilon_{1i}\boldsymbol{I} & 0 & 0 & 0 \\ * & * & * & * & -\epsilon_{1i}\boldsymbol{I} & 0 & 0 \\ * & * & * & * & * & -\epsilon_{2i}\boldsymbol{I} & 0 \\ * & * & * & * & * & * & -\epsilon_{2i}\boldsymbol{I} \end{bmatrix} < 0 \quad (7\text{-}32)$$

其中，

$$\boldsymbol{\Theta}_i \triangleq \sum_{j=1}^{N}\alpha_{ij}\bar{\boldsymbol{H}}_1^{\mathrm{T}}\boldsymbol{P}_j\bar{\boldsymbol{H}}_1 + \bar{\boldsymbol{H}}_2^{\mathrm{T}}\bar{\boldsymbol{Q}}\bar{\boldsymbol{H}}_2 + \bar{\boldsymbol{H}}_3^{\mathrm{T}}\bar{\boldsymbol{R}}_1\bar{\boldsymbol{H}}_3 + \bar{\boldsymbol{H}}_4^{\mathrm{T}}\bar{\boldsymbol{R}}_2\bar{\boldsymbol{H}}_4 + \bar{\boldsymbol{H}}_5^{\mathrm{T}}\bar{\boldsymbol{R}}_2\bar{\boldsymbol{H}}_5 + \bar{\boldsymbol{H}}_6^{\mathrm{T}}\bar{\boldsymbol{R}}_3\bar{\boldsymbol{H}}_6$$

$$+2\boldsymbol{\mathcal{A}}_i^{\mathrm{T}}\boldsymbol{P}_i\bar{\boldsymbol{H}}_1 + \bar{\boldsymbol{H}}_7^{\mathrm{T}}\begin{bmatrix} \kappa_i\boldsymbol{C}_i^{\mathrm{T}}\boldsymbol{\Phi}_i\boldsymbol{C}_i & -\kappa_i\boldsymbol{C}_i^{\mathrm{T}}\boldsymbol{\Phi}_i \\ * & (\kappa_i-1)\boldsymbol{\Phi}_i \end{bmatrix}\bar{\boldsymbol{H}}_7 + \bar{\boldsymbol{H}}_8^{\mathrm{T}}\begin{bmatrix} 0 & -\boldsymbol{E}_{ei}^{\mathrm{T}}\boldsymbol{\mathcal{Y}} \\ * & \vartheta\boldsymbol{I}-\boldsymbol{\mathcal{Z}}-2\boldsymbol{D}_i^{\mathrm{T}}\boldsymbol{\mathcal{Y}} \end{bmatrix}\bar{\boldsymbol{H}}_8$$

7.2.2 降阶滤波器设计

本节将利用定理 7.2 中给出的结论，求解式(7-16)中滤波误差系统的降阶滤波器设计问题。

定理 7.3：考虑式(7-16)中滤波误差系统，且具有式(7-6)中输出量化器和式(7-8)中事件触发序列。对给定正标量 $\tau_1,\tau_2,\epsilon_{1i},\epsilon_{2i},\kappa_i\in[0,1]$ 和满足式(7-17)的矩阵 $\boldsymbol{\mathcal{X}}$、$\boldsymbol{\mathcal{Y}}$、$\boldsymbol{\mathcal{Z}}$，降阶滤波器问题是可解的，如果存在正定对称矩阵 $\boldsymbol{Y}_i^r$、$\boldsymbol{Z}$、$\tilde{\boldsymbol{P}}_i^r$、$\boldsymbol{\Phi}_i^r$、$\boldsymbol{Q}_1$、$\boldsymbol{Q}_2$、$\boldsymbol{R}_j(j=1,2,3)$ 和具有适当维数的矩阵 $\tilde{\boldsymbol{A}}_{fi}$、$\tilde{\boldsymbol{B}}_{fi}$、$\tilde{\boldsymbol{E}}_{fi}$ 使得以下不等式成立：

$$\boldsymbol{\Pi}_i^{rs} + \boldsymbol{\Pi}_i^{sr} < 0,\quad 1\leqslant r\leqslant s\leqslant S \quad (7\text{-}33)$$

其中，

$$\boldsymbol{\Pi}_i^{rs} \triangleq \begin{bmatrix} \boldsymbol{\Psi}_{1i}^{rs} & \bar{\boldsymbol{H}}_8^{\mathrm{T}}\tilde{\boldsymbol{E}}_{ei}^{\mathrm{T}}\boldsymbol{\mathcal{X}} & \tilde{\boldsymbol{\mathcal{A}}}_i^{\mathrm{T}}\boldsymbol{\mathcal{R}} & \boldsymbol{\Psi}_{2i}^{r} & \epsilon_{1i}\boldsymbol{\mathcal{N}}_i^{\mathrm{T}} & \boldsymbol{\Psi}_{3i} & \epsilon_{2i}\boldsymbol{\mathcal{C}}_i^{\mathrm{T}} \\ * & \boldsymbol{\mathcal{X}} & 0 & 0 & 0 & 0 & 0 \\ * & * & -\hat{\boldsymbol{R}} & \boldsymbol{\mathcal{R}}^{\mathrm{T}}\boldsymbol{H}\bar{\boldsymbol{M}}_{1i} & 0 & 0 & 0 \\ * & * & * & -\epsilon_{1i}\boldsymbol{I} & 0 & 0 & 0 \\ * & * & * & * & -\epsilon_{1i}\boldsymbol{I} & 0 & 0 \\ * & * & * & * & * & -\epsilon_{2i}\boldsymbol{I} & 0 \\ * & * & * & * & * & * & -\epsilon_{2i}\boldsymbol{I} \end{bmatrix}$$

$$\tilde{\boldsymbol{\mathcal{A}}}_i \triangleq \begin{bmatrix} \boldsymbol{A}_i\boldsymbol{H} & \boldsymbol{0}_{n\times(7n+q)} & \boldsymbol{B}_i \end{bmatrix},\quad \tilde{\boldsymbol{E}}_{ei} = \begin{bmatrix} \boldsymbol{E}_i & -\tilde{\boldsymbol{E}}_{fi} & \boldsymbol{D}_i \end{bmatrix}$$

$$
\begin{aligned}
\psi_{1i}^{rs} \triangleq\ & 2\bar{\boldsymbol{H}}_1^{\mathrm{T}}\left[\boldsymbol{\Upsilon}_{1i}^{r} \quad \mathbf{0}_n \quad \boldsymbol{\Upsilon}_{2i} \quad \mathbf{0}_{n\times 5n} \quad \boldsymbol{\Upsilon}_{3i} \quad \boldsymbol{\Upsilon}_{4i}^{r}\right] \\
& + \bar{\boldsymbol{H}}_1^{\mathrm{T}}\left[\sum_{j=1}^{N}\alpha_{ij}^{r}\tilde{\boldsymbol{P}}_j^{S} + \sum_{k=1}^{S-1}\pm(\bar{\rho}_k)\left(\tilde{\boldsymbol{P}}_i^{k} - \tilde{\boldsymbol{P}}_i^{S}\right)\right]\bar{\boldsymbol{H}}_1 + \bar{\boldsymbol{H}}_2^{\mathrm{T}}\boldsymbol{Q}\bar{\boldsymbol{H}}_2 + \bar{\boldsymbol{H}}_3^{\mathrm{T}}\boldsymbol{R}_1\bar{\boldsymbol{H}}_3 \\
& + \bar{\boldsymbol{H}}_4^{\mathrm{T}}\boldsymbol{R}_2\bar{\boldsymbol{H}}_4 + \bar{\boldsymbol{H}}_5^{\mathrm{T}}\boldsymbol{R}_2\bar{\boldsymbol{H}}_5 + \bar{\boldsymbol{H}}_6^{\mathrm{T}}\boldsymbol{R}_3\bar{\boldsymbol{H}}_6 \\
& + \bar{\boldsymbol{H}}_7^{\mathrm{T}}\begin{bmatrix} \kappa_i\boldsymbol{C}_i^{\mathrm{T}}\boldsymbol{\Phi}_i^{r}\boldsymbol{C}_i & -\kappa_i\boldsymbol{C}_i^{\mathrm{T}}\boldsymbol{\Phi}_i^{r} \\ * & (\kappa_i-1)\boldsymbol{\Phi}_i^{r} \end{bmatrix}\bar{\boldsymbol{H}}_7 \\
& + \bar{\boldsymbol{H}}_8^{\mathrm{T}}\begin{bmatrix} \mathbf{0} & -\tilde{\boldsymbol{E}}_{ei}^{\mathrm{T}}\boldsymbol{\mathcal{Y}} \\ * & \vartheta\boldsymbol{I} - \boldsymbol{\mathcal{Z}} - 2\boldsymbol{D}_i^{\mathrm{T}}\boldsymbol{\mathcal{Y}} \end{bmatrix}\bar{\boldsymbol{H}}_8
\end{aligned}
$$

$$
\boldsymbol{\Upsilon}_{1i}^{r} \triangleq \begin{bmatrix} \boldsymbol{Y}_i^{r}\boldsymbol{A}_i & \boldsymbol{\mathcal{H}}\tilde{\boldsymbol{A}}_{fi} \\ \boldsymbol{\mathcal{Z}}\boldsymbol{\mathcal{H}}^{\mathrm{T}}\boldsymbol{A}_i & \tilde{\boldsymbol{A}}_{fi} \end{bmatrix} + \begin{bmatrix} \boldsymbol{A}_i^{\mathrm{T}}\boldsymbol{Y}_i^{r} & \boldsymbol{A}_i^{\mathrm{T}}\boldsymbol{\mathcal{H}}\boldsymbol{Z} \\ \tilde{\boldsymbol{A}}_{fi}^{\mathrm{T}}\boldsymbol{\mathcal{H}}^{T} & \tilde{\boldsymbol{A}}_{fi}^{\mathrm{T}} \end{bmatrix},\quad \boldsymbol{\Upsilon}_{2i} \triangleq \begin{bmatrix} \boldsymbol{\mathcal{H}}\tilde{\boldsymbol{B}}_{fi}\boldsymbol{C}_i \\ \tilde{\boldsymbol{B}}_{fi}\boldsymbol{C}_i \end{bmatrix},\quad \boldsymbol{\Upsilon}_{3i} \triangleq \begin{bmatrix} -\boldsymbol{\mathcal{H}}\tilde{\boldsymbol{B}}_{fi} \\ -\tilde{\boldsymbol{B}}_{fi} \end{bmatrix}
$$

$$
\boldsymbol{\Upsilon}_{4i}^{r} \triangleq \begin{bmatrix} \boldsymbol{Y}_i^{r}\boldsymbol{B}_i \\ \boldsymbol{Z}\boldsymbol{\mathcal{H}}^{\mathrm{T}}\boldsymbol{B}_i \end{bmatrix},\quad \psi_{2i}^{r} \triangleq \bar{\boldsymbol{H}}_1^{\mathrm{T}}\begin{bmatrix} \boldsymbol{Y}_i^{r}\boldsymbol{M}_{1i} \\ \boldsymbol{Z}\boldsymbol{\mathcal{H}}^{T}\boldsymbol{M}_{1i} \end{bmatrix},\quad \psi_{3i} \triangleq \bar{\boldsymbol{H}}_1^{\mathrm{T}}\begin{bmatrix} \boldsymbol{\mathcal{H}}\tilde{\boldsymbol{B}}_{fi} \\ \boldsymbol{H}\tilde{\boldsymbol{B}}_{fi} \end{bmatrix}
$$

那么要求的降阶滤波器的参数为

$$
\begin{bmatrix} \boldsymbol{A}_{fi} & \boldsymbol{B}_{fi} \\ \boldsymbol{E}_{fi} & \mathbf{0} \end{bmatrix} \triangleq \begin{bmatrix} \boldsymbol{Z}^{-1} & \mathbf{0} \\ \mathbf{0} & \boldsymbol{I} \end{bmatrix}\begin{bmatrix} \tilde{\boldsymbol{A}}_{fi} & \tilde{\boldsymbol{B}}_{fi} \\ \tilde{\boldsymbol{E}}_{fi} & \mathbf{0} \end{bmatrix} \tag{7-34}
$$

证明：由定理 7.2 可知，如果存在满足不等式(7-30)的非奇异矩阵 $\boldsymbol{P}_i^{r}$，则降阶滤波器设计问题是可解的。下面以矩阵变换的方法求解降阶滤波器的参数。令矩阵 $\boldsymbol{P}_i^{r}$ 具有以下分解：

$$
\boldsymbol{P}_i^{r} \triangleq \begin{bmatrix} \boldsymbol{P}_{1i}^{r} & \boldsymbol{P}_2 \\ * & \boldsymbol{P}_3 \end{bmatrix} > 0,\quad \boldsymbol{P}_2 \triangleq \begin{bmatrix} \boldsymbol{P}_4 \\ \mathbf{0}_{(n-n_f)\times n_f} \end{bmatrix}
$$

其中，$\boldsymbol{P}_{1i}^{r} \in \mathbb{R}^{n\times n}$ 和 $\boldsymbol{P}_3 \in \mathbb{R}^{n_f\times n_f}$ 是对称矩阵；$\boldsymbol{P}_2 \in \mathbb{R}^{n\times n_f}$ 假设为非奇异矩阵并且满足 $\boldsymbol{P}_2 = \boldsymbol{\mathcal{H}}\boldsymbol{P}_4$和$\boldsymbol{\mathcal{H}} \triangleq [\boldsymbol{I}_{n_f\times n_f} \quad \mathbf{0}_{n_f\times(n-n_f)}]^{\mathrm{T}}$。定义如下矩阵：

$$
\begin{cases} \boldsymbol{X} \triangleq \begin{bmatrix} \boldsymbol{I} & \mathbf{0} \\ \mathbf{0} & \boldsymbol{P}_3^{-1}\boldsymbol{P}_4^{\mathrm{T}} \end{bmatrix},\ \boldsymbol{Y}_i^{r} \triangleq \boldsymbol{P}_{1i}^{r},\ \boldsymbol{Z} \triangleq \boldsymbol{P}_4\boldsymbol{P}_3^{-1}\boldsymbol{P}_4^{\mathrm{T}} \\ \tilde{\boldsymbol{A}}_{fi} \triangleq \boldsymbol{P}_4\boldsymbol{A}_{fi}\boldsymbol{P}_3^{-1}\boldsymbol{P}_4^{\mathrm{T}},\ \tilde{\boldsymbol{B}}_{fi} \triangleq \boldsymbol{P}_4\boldsymbol{B}_{fi},\ \tilde{\boldsymbol{E}}_{fi} \triangleq \boldsymbol{E}_{fi}\boldsymbol{P}_3^{-1}\boldsymbol{P}_4^{\mathrm{T}} \end{cases}
$$

两边同时乘以 $\mathrm{diag}\{\boldsymbol{X},\boldsymbol{I}_9,\boldsymbol{I}_6\}$，得到

$$
\boldsymbol{X}^{\mathrm{T}}\boldsymbol{P}_i^{r}\tilde{\boldsymbol{A}}_{0i}\boldsymbol{X} = \begin{bmatrix} \boldsymbol{Y}_i^{r}\boldsymbol{A}_i & \boldsymbol{\mathcal{H}}\tilde{\boldsymbol{A}}_{fi} \\ \boldsymbol{Z}\boldsymbol{\mathcal{H}}^{T}\boldsymbol{A}_i & \tilde{\boldsymbol{A}}_{fi} \end{bmatrix},\quad \boldsymbol{X}^{\mathrm{T}}\boldsymbol{P}_i^{r}\tilde{\boldsymbol{A}}_{hi} = \begin{bmatrix} \boldsymbol{\mathcal{H}}\tilde{\boldsymbol{B}}_{fi}\boldsymbol{C}_i \\ \tilde{\boldsymbol{B}}_{fi}\boldsymbol{C}_i \end{bmatrix}
$$

$$
\boldsymbol{X}^{\mathrm{T}}\tilde{\boldsymbol{A}}_{0i}^{\mathrm{T}}\boldsymbol{P}_i^{r}\boldsymbol{X} = \begin{bmatrix} \boldsymbol{A}_i^{\mathrm{T}}\boldsymbol{Y}_i^{r} & \boldsymbol{A}_i^{\mathrm{T}}\boldsymbol{\mathcal{H}}\boldsymbol{Z} \\ \tilde{\boldsymbol{A}}_{fi}^{\mathrm{T}}\boldsymbol{\mathcal{H}}^{\mathrm{T}} & \tilde{\boldsymbol{A}}_{fi}^{\mathrm{T}} \end{bmatrix},\quad \boldsymbol{X}^{\mathrm{T}}\boldsymbol{P}_i^{r}\tilde{\boldsymbol{B}}_{hi} = \begin{bmatrix} -\boldsymbol{\mathcal{H}}\tilde{\boldsymbol{B}}_{fi} \\ -\tilde{\boldsymbol{B}}_{fi} \end{bmatrix},\quad \boldsymbol{X}^{\mathrm{T}}\boldsymbol{P}_i^{r}\tilde{\boldsymbol{B}}_{0i} = \begin{bmatrix} \boldsymbol{Y}_i^{r}\boldsymbol{B}_i \\ \boldsymbol{Z}\boldsymbol{\mathcal{H}}^{\mathrm{T}}\boldsymbol{B}_i \end{bmatrix}
$$

$$\begin{bmatrix} X^{\mathrm{T}} & 0 \\ 0 & I_9 \end{bmatrix} \bar{H}_8^{\mathrm{T}} \bar{E}_{ei}^{\mathrm{T}} \mathcal{X} = \bar{H}_8^{\mathrm{T}} \tilde{E}_{ei}^{\mathrm{T}} \mathcal{X}, \quad \begin{bmatrix} X^{\mathrm{T}} & 0 \\ 0 & I_9 \end{bmatrix} \bar{H}_1^{\mathrm{T}} P_i^r \bar{M}_{1i} = \bar{H}_1^{\mathrm{T}} \begin{bmatrix} Y_i^r M_{1i} \\ Z\mathcal{H}^{\mathrm{T}} M_{1i} \end{bmatrix}$$

$$\begin{bmatrix} X^{\mathrm{T}} & 0 \\ 0 & I_9 \end{bmatrix} \mathcal{A}_i^{\mathrm{T}} H^{\mathrm{T}} \mathcal{R} = \mathcal{A}_i^{\mathrm{T}} \mathcal{R}, \quad \begin{bmatrix} X^{\mathrm{T}} & 0 \\ 0 & I_9 \end{bmatrix} \bar{H}_1^{\mathrm{T}} P_i^r \bar{B}_{fi} = \bar{H}_1^{\mathrm{T}} \begin{bmatrix} \mathcal{H}\tilde{B}_{fi} \\ \tilde{B}_{fi} \end{bmatrix}$$

$$\begin{bmatrix} X^{\mathrm{T}} & 0 \\ 0 & I_9 \end{bmatrix} \bar{H}_1^{\mathrm{T}} \left[\sum_{j=1}^{N} \alpha_{ij}^r P_j^S + \sum_{k=1}^{S-1} \pm(\bar{\rho}_k)(P_i^k - P_i^S) \right] \bar{H}_1 \begin{bmatrix} X & 0 \\ 0 & I_9 \end{bmatrix}$$

$$= \bar{H}_1^{\mathrm{T}} \left[\sum_{j=1}^{N} \alpha_{ij}^r \tilde{P}_j^S + \sum_{k=1}^{S-1} \pm(\bar{\rho}_k)(\tilde{P}_i^k - \tilde{P}_i^S) \right] \bar{H}_1$$

$$\begin{bmatrix} X^{\mathrm{T}} & 0 \\ 0 & I_9 \end{bmatrix} \left(\bar{H}_2^{\mathrm{T}} \bar{Q} \bar{H}_2 + \bar{H}_3^{\mathrm{T}} \bar{R}_1 \bar{H}_3 + \bar{H}_4^{\mathrm{T}} \bar{R}_2 \bar{H}_4 + \bar{H}_5^{\mathrm{T}} \bar{R}_2 \bar{H}_5 + \bar{H}_6^{\mathrm{T}} \bar{R}_3 \bar{H}_6 \right) \begin{bmatrix} X & 0 \\ 0 & I_9 \end{bmatrix}$$

$$= \bar{H}_2^{\mathrm{T}} \bar{Q} \bar{H}_2 + \bar{H}_3^{\mathrm{T}} \bar{R}_1 \bar{H}_3 + \bar{H}_4^{\mathrm{T}} \bar{R}_2 \bar{H}_4 + \bar{H}_5^{\mathrm{T}} \bar{R}_2 \bar{H}_5 + \bar{H}_6^{\mathrm{T}} \bar{R}_3 \bar{H}_6$$

$$\begin{bmatrix} X^{\mathrm{T}} & 0 \\ 0 & I_9 \end{bmatrix} \bar{H}_7^{\mathrm{T}} \begin{bmatrix} \kappa_i C_i^{\mathrm{T}} \Phi_i^r C_i & -\kappa_i C_i^{\mathrm{T}} \Phi_i^r \\ * & (\kappa_i - 1)\Phi_i^r \end{bmatrix} \bar{H}_7 \begin{bmatrix} X & 0 \\ 0 & I_9 \end{bmatrix} = \bar{H}_7^{\mathrm{T}} \begin{bmatrix} \kappa_i C_i^{\mathrm{T}} \Phi_i^r C_i & -\kappa_i C_i^{\mathrm{T}} \Phi_i^r \\ * & (\kappa_i - 1)\Phi_i^r \end{bmatrix} \bar{H}_7$$

$$\begin{bmatrix} X^{\mathrm{T}} & 0 \\ 0 & I_9 \end{bmatrix} \bar{H}_8^{\mathrm{T}} \begin{bmatrix} 0 & -E_{ei}^{\mathrm{T}} \mathcal{Y} \\ * & \vartheta I - \mathcal{Z} \end{bmatrix} \bar{H}_8 \begin{bmatrix} X & 0 \\ 0 & I_9 \end{bmatrix} = \bar{H}_8^{\mathrm{T}} \begin{bmatrix} 0 & -\tilde{E}_{ei}^{\mathrm{T}} \mathcal{Y} \\ * & \vartheta I - \mathcal{Z} \end{bmatrix} \bar{H}_8$$

进而，利用矩阵 $\mathrm{diag}\{X, I_9, I_6\}$ 对式(7-30)进行一致性转换得到式(7-33)中不等式成立，也就是说，滤波误差系统(7-16)是随机稳定且严格$(\mathcal{X},\mathcal{Y},\mathcal{Z})$-耗散的。降阶滤波器增益为

$$\begin{bmatrix} A_{fi} & B_{fi} \\ E_{fi} & 0 \end{bmatrix} \triangleq \begin{bmatrix} P_3^{-1} P_4^{\mathrm{T}} Z^{-1} & 0 \\ 0 & I \end{bmatrix} \begin{bmatrix} \tilde{A}_{fi} & \tilde{B}_{fi} \\ \tilde{E}_{fi} & 0 \end{bmatrix} \begin{bmatrix} P_4^{-\mathrm{T}} P_3 & 0 \\ 0 & I \end{bmatrix}$$

当取 $P_3 = P_4$ 时可得式(7-34)成立。至此，定理得证。

注释 7.4：由定理 7.3 的证明过程可知，为了处理不等式中的非线性项，我们定义疏松对称矩阵 P_i^r 满足

$$P_i^r \triangleq \begin{bmatrix} P_{1i}^r & P_2^r \\ * & P_3^r \end{bmatrix}, \quad P_2^r \triangleq \begin{bmatrix} P_4^r \\ 0_{(n-n_f)\times n_f} \end{bmatrix}$$

其中，矩阵 P_2^r 和 P_4^r 具有特殊的结构，即

$$P_2^r = \mathcal{H} P_4^r, \quad P_4^r = P_3^r, \quad \mathcal{H} = \begin{bmatrix} I_{n_f \times n_f} & 0_{n_f \times (n-n_f)} \end{bmatrix}^{\mathrm{T}}$$

引入具有特殊结构的疏松矩阵和矩阵变换的方法来求解降阶滤波器的增益。

7.3　数 值 算 例

为了评估本章给出的事件触发降阶滤波器设计算法的可行性和有效性，本节通过一个数值算例和一个单链机器人手臂系统进行仿真验证。两个仿真算例中，半马尔可夫切换系统的逗留时间假设服从韦布尔分布，且转移概率矩阵 $\boldsymbol{\Lambda}(t)$ 为参数时变的凸多面体结构，即 $\boldsymbol{\Lambda}(t)=\sin^2(t)\boldsymbol{\Lambda}^{(1)}+\cos^2(t)\boldsymbol{\Lambda}^{(2)}$，其中

$$\boldsymbol{\Lambda}^{(1)}=\begin{bmatrix}-0.3 & 0.3\\ 0.8 & -0.8\end{bmatrix},\ \boldsymbol{\Lambda}^{(2)}=\begin{bmatrix}-1.5 & 1.5\\ 2 & -2\end{bmatrix}$$

即 $\rho_1(t)=\sin^2(t)$， $\rho_2(t)=\cos^2(t)$ 和相应的变化率 $\bar{\rho}_1=1$， $\bar{\rho}_2=1$ 。

例 7.1：考虑以下两个模态构成的连续时间半马尔可夫切换系统：

$$\boldsymbol{A}_1=\begin{bmatrix}-0.75 & -2.0 & -4.25\\ 0.75 & -3.5 & -0.25\\ 3.75 & -4.5 & 1.25\end{bmatrix},\ \boldsymbol{A}_2=\begin{bmatrix}-3.75 & -1.25 & -4.25\\ -0.75 & 0.75 & 1.5\\ 2.5 & 1.75 & -1.75\end{bmatrix}$$

$$\boldsymbol{B}_1=\begin{bmatrix}4.8\\ 8.8\\ 3.8\end{bmatrix},\ \boldsymbol{B}_2=\begin{bmatrix}-0.3\\ 3\\ -3\end{bmatrix},\ \boldsymbol{M}_{11}=\begin{bmatrix}0.1\\ 0\\ 0.1\end{bmatrix},\ \boldsymbol{M}_{12}=\begin{bmatrix}0\\ 0.1\\ 0.1\end{bmatrix},\ \psi=2$$

$$\boldsymbol{N}_{11}=\begin{bmatrix}0.1 & 0 & 0.1\end{bmatrix},\ \boldsymbol{N}_{12}=\begin{bmatrix}0.1 & 0 & 0.1\end{bmatrix},\ \boldsymbol{E}_1=\begin{bmatrix}1 & 0 & 0\end{bmatrix}$$

$$\boldsymbol{C}_1=\begin{bmatrix}8 & -5.7 & -2\end{bmatrix},\ \boldsymbol{C}_2=\begin{bmatrix}2.8 & 4 & -1.4\end{bmatrix},\ \boldsymbol{E}_2=\begin{bmatrix}1 & 0 & 0\end{bmatrix}$$

$$\epsilon_1=\epsilon_2=1,\ F(t)=0.1\sin(t),\ \beta_1=0.4,\ \delta^{(1,1)}=\delta^{(2,1)}=0.01$$

本例的主要目的是验证本章给出的半马尔可夫切换系统的降阶滤波器设计方法的有效性。系统中随机发生的不确定性产生的影响以及耗散性性能指标研究的目的在第 2 章中已经做了详细说明，在此不再赘述。根据定理 7.3 中的结论，给定对数量化器参数为 $a^{(1,1)}=a^{(2,1)}=0.9$， $\varphi_0^{(1,1)}=\varphi_0^{(2,1)}=0.001$；事件触发相关参数为 $\kappa_1=\kappa_2=0.1$；传输过程中的时滞 $\tau_1=0.06$， $\tau_2=0.12$ 且要求滤波误差系统随机稳定且严格耗散性能指标 $\mathcal{X}=-1$，$\mathcal{Y}=2$，$\mathcal{Z}=5$ 。得到降阶滤波器参数为

$$\boldsymbol{A}_{f1}=\begin{bmatrix}-5.3516 & 2.8817\\ 5.6135 & -19.1748\end{bmatrix},\ \boldsymbol{B}_{f1}=\begin{bmatrix}-0.4137\\ 0.7515\end{bmatrix},\ \boldsymbol{E}_{f1}=\begin{bmatrix}-0.9890 & 0.3157\end{bmatrix}$$

$$\boldsymbol{A}_{f2}=\begin{bmatrix}-20.4321 & -7.0056\\ -17.3361 & -17.2669\end{bmatrix},\ \boldsymbol{B}_{f2}=\begin{bmatrix}-0.5425\\ -2.0149\end{bmatrix},\ \boldsymbol{E}_{f2}=\begin{bmatrix}-0.4940 & 0.2606\end{bmatrix}$$

此时，系统能包容的最大时滞为 $\tau_M=3.94$ 。

选取初始条件 $\boldsymbol{x}_0=\begin{bmatrix}0 & 0 & 0\end{bmatrix}$，$\boldsymbol{x}_{f0}=\begin{bmatrix}0 & 0\end{bmatrix}$ 和外部干扰为 $\omega(t)=\mathrm{e}^{-t}\sin(2t)$ 。图 7-2 给出了系统不同模态之间的切换信号；图 7-3 描述了在考虑外部干扰的情况下系

统的测量输出信号 $y(t)$ 、量化输出信号 $y_q(t)$ 和事件触发机制下的量化输出信号 $\hat{y}(t)$ ；图 7-4 给出了系统待估计的输出信号 $z(t)$ 和估计的真实输出信号 $z_f(t)$ 的曲线图；图 7-5 给出了相应的滤波误差曲线。由图可知，本章给出的降阶滤波器可以对系统测量输出进行有效的估计，具有较强的实际应用价值。

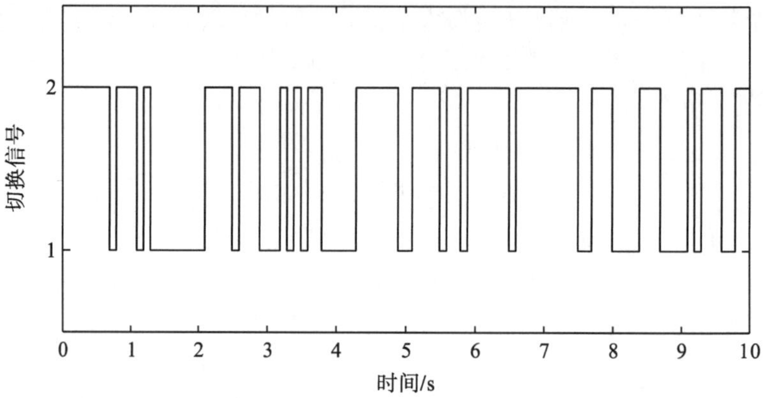

图 7-2 切换信号

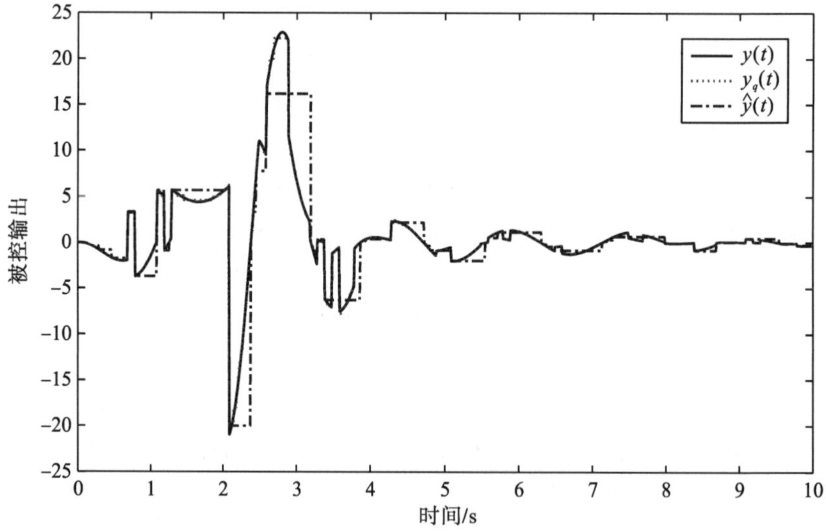

图 7-3 测量输出信号、量化输出信号、事件触发机制下的量化输出信号

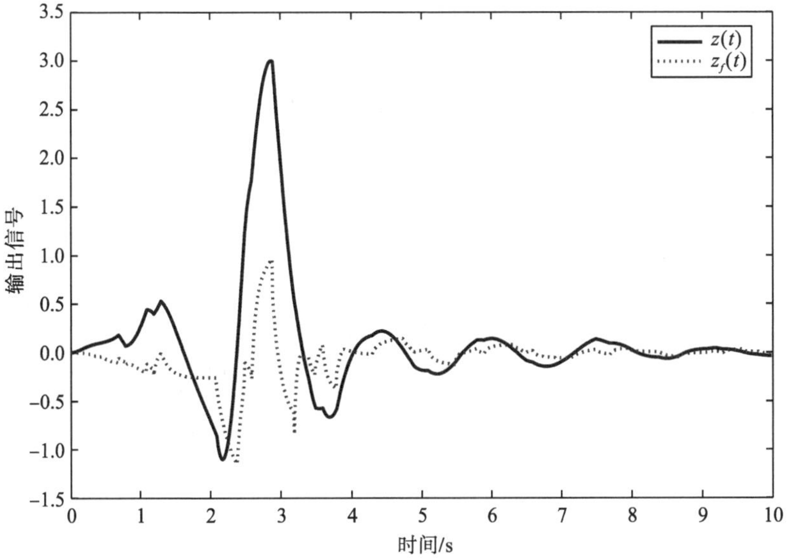

图 7-4　待估计的输出信号、估计的输出信号

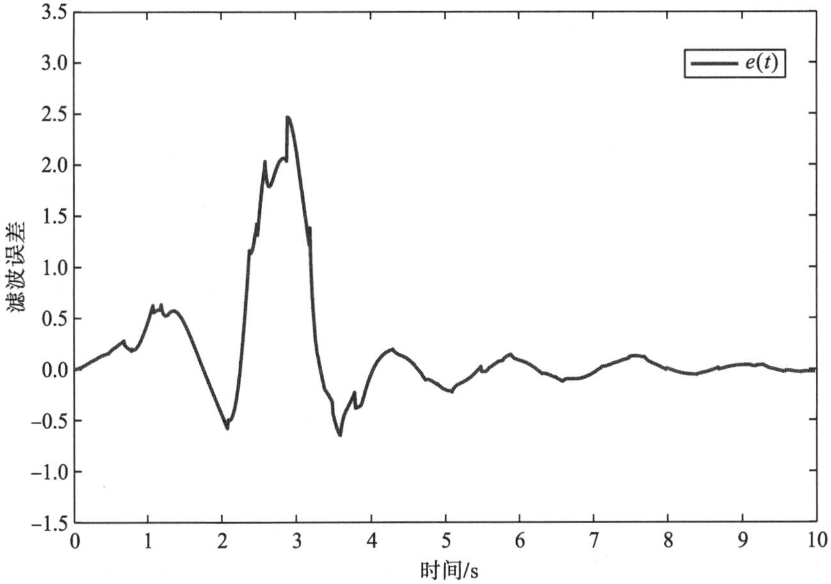

图 7-5　滤波误差

例 7.2：单链机器人手臂系统[207]。本例将降阶滤波器设计方法应用到单链机器人手臂系统中。Shen 等[207]给出的系统动态方程为

$$\ddot{\theta}(t)=\left[-\frac{MgL}{I_m}\sin(\theta(t))-\frac{D(t)}{I_m}\dot{\theta}(t)+\frac{1}{I_m}\omega(t)\right]$$

其中，g表示重力加速度；M和L分别表示负载的质量和机器人臂的长度；I_m和$D(t)$分别为惯性矩和黏性摩擦不确定系数；$\theta(t)$和$\omega(t)$分别为机器臂的角位移和外部干扰。

利用欧拉近似方法，选取参数$g=9.81$和$L=0.5$，得到以下连续系统：

$$\dot{\boldsymbol{x}}(t)=\begin{bmatrix}0 & 1\\ -gl & -\dfrac{2}{I_m(\eta_t)}\end{bmatrix}\boldsymbol{x}(t)+\begin{bmatrix}0\\ \dfrac{1}{I_m(\eta_t)}\end{bmatrix}\boldsymbol{\omega}(t)$$

其中，$x_1(t)=\theta(t)$和$x_2(t)=\dot{\theta}(t)$，$I_m(\eta_t)$依赖于转移模态$\eta_t=1,2$且模态之间切换的转移矩阵是凸多面体结构。

假设系统矩阵为

$$\boldsymbol{A}_1=\begin{bmatrix}0 & 1\\ -10 & -1.68\end{bmatrix},\ \boldsymbol{B}_1=\begin{bmatrix}0\\ -1.6653\end{bmatrix},\ \boldsymbol{M}_{11}=\begin{bmatrix}0.1\\ 0\end{bmatrix}$$

$$\boldsymbol{A}_2=\begin{bmatrix}0 & 1\\ -7.114 & 1.8229\end{bmatrix},\ \boldsymbol{B}_2=\begin{bmatrix}0\\ -0.504\end{bmatrix},\ \boldsymbol{M}_{12}=\begin{bmatrix}0\\ 0.1\end{bmatrix}$$

$$\boldsymbol{C}_1=\begin{bmatrix}3.0884 & 6.4633\end{bmatrix},\ \boldsymbol{C}_2=\begin{bmatrix}6.2166 & 2.3469\end{bmatrix},\ \boldsymbol{E}_1=\begin{bmatrix}1 & 0\end{bmatrix}$$

$$\boldsymbol{N}_{11}=\begin{bmatrix}0.1 & 0\end{bmatrix},\ \boldsymbol{N}_{12}=\begin{bmatrix}0 & 0.1\end{bmatrix},\ \psi=2,\ \boldsymbol{E}_2=\begin{bmatrix}1 & 0\end{bmatrix}$$

$$\epsilon_1=\epsilon_2=1,\ F(t)=0.1\sin(t),\ \beta_1=0.4,\ \delta^{(1,1)}=\delta^{(2,1)}=0.01$$

利用定理 7.3 中的结论，给定对数量化器参数为$a^{(1,1)}=a^{(2,1)}=0.9$，$\varphi_0^{(1,1)}=\varphi_0^{(2,1)}=0.001$；事件触发相关参数为$\kappa_1=\kappa_2=0.1$；传输过程中的时滞$\tau_1=0.06$，$\tau_2=0.12$且要求滤波误差系统随机稳定且严格耗散性能指标$\mathcal{X}=-1$、$\mathcal{Y}=2$、$\mathcal{Z}=5$。得到降阶滤波器参数为

$$A_{f1}=-13.9921,\ B_{f1}=-0.1919,\ E_{f1}=-0.446$$

$$A_{f2}=-2.5895,\ B_{f2}=-0.3142,\ E_{f2}=-0.5557$$

选取初始条件$\boldsymbol{x}_0=\begin{bmatrix}0 & 0\end{bmatrix}$，$x_{f0}=0$和外部干扰$\boldsymbol{\omega}(t)=\mathrm{e}^{-t}\sin(2t)$。图 7-6 给出了系统不同模态之间的切换信号；图 7-7 描述了在给定切换信号作用下，系统的测量输出信号$y(t)$、量化输出信号$y_q(t)$和滤波器真实输入信号$\hat{y}(t)$的轨迹；图 7-8 给出了系统待估计的输出信号$z(t)$和估计的真实输出信号$z_f(t)$的曲线图；图 7-9 给出了相应的滤波误差曲线。由图可知，本章给出的降阶滤波器可以对系统测量输出进行有效的估计。

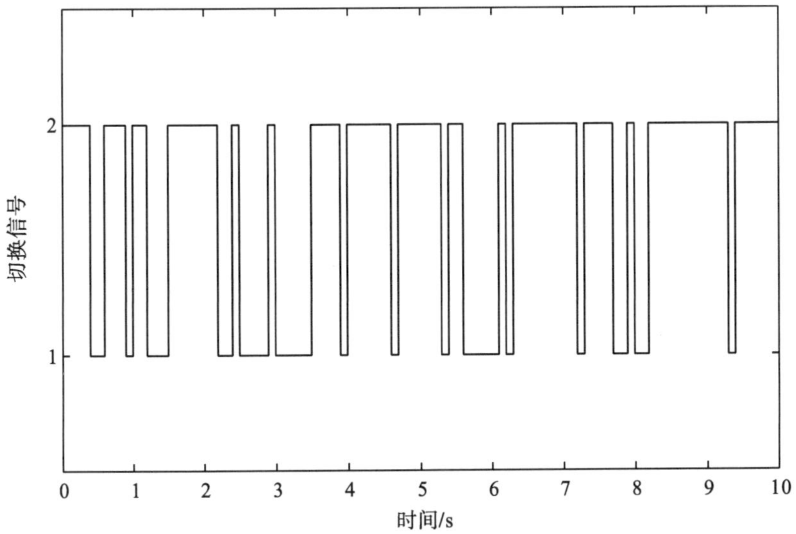

图 7-6　切换信号

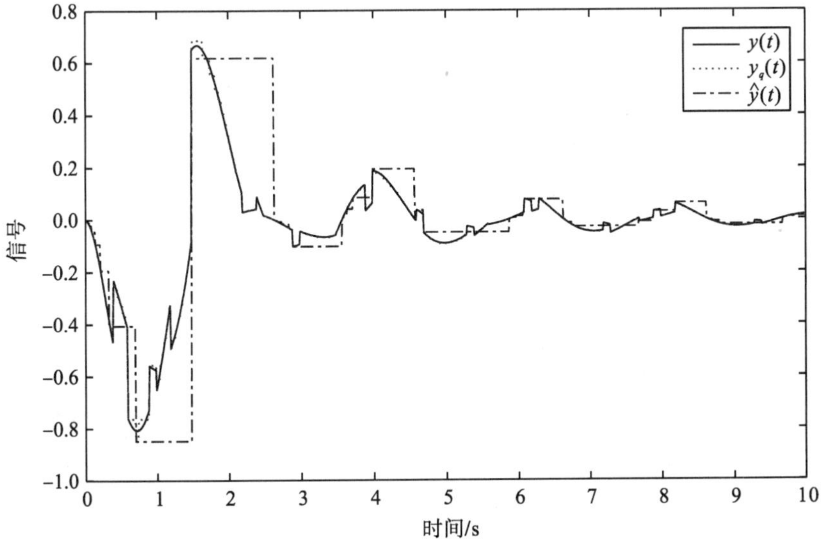

图 7-7　测量输出信号、量化输出信号、滤波器真实输入信号的轨迹

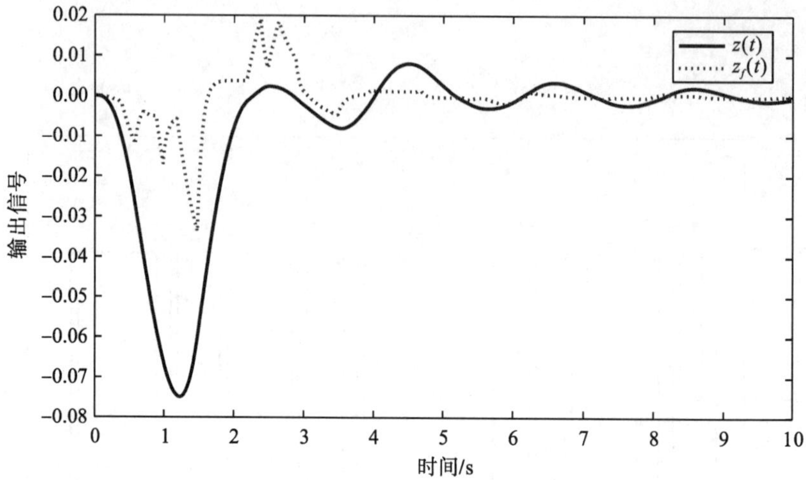

图 7-8 待估计的输出信号、估计的真实输出信号曲线

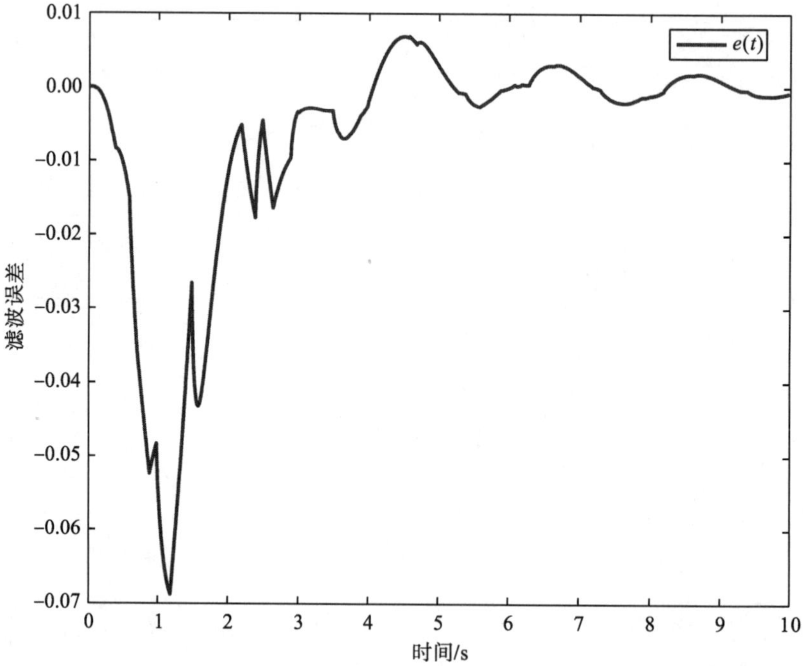

图 7-9 滤波误差

7.4 本章小结

本章考虑了具有随机发生的不确定性、时变凸胞型转移概率矩阵的连续半马尔可夫切换系统的混合阶滤波器设计问题。值得提出的是，本章得到的降阶滤波器充分考虑了对数量化器、事件触发序列以及传输过程中时延的影响，降低了滤波过程中的复杂性、提高了传输效率。该滤波器具有量化器的测量输出信号、受事件驱动序列决定采样信号的传输，进而降低了采样信号的带宽、提高了传输信号的有效性、降低了滤波器设计问题的复杂性。本章提出，采用模态依赖和参数依赖李雅普诺夫-克拉索夫斯基泛函和耗散性理论得到滤波误差系统随机稳定且严格耗散的判定条件；利用引入疏松矩阵和矩阵变换的方法得到混合阶滤波器的增益。最后，通过一个数值算例和单链机器人手臂系统来验证本章提出的基于耗散性的半马尔可夫切换系统混合阶滤波器设计方法的有效性。

参 考 文 献

[1]张会焱. 随机跳变系统的降阶方法研究[D]. 哈尔滨: 哈尔滨工业大学, 2019.

[2]黄苏南, 邵惠鹤. 智能控制的理论和方法[J]. 控制理论与应用, 1994, 11(4): 386-395.

[3]辛斌, 陈杰, 彭志红. 智能优化控制: 概述与展望[J]. 自动化学报, 2013, 39(11): 1831-1848.

[4]高为炳, 霍伟. 控制理论的发展与现状: 兼论复杂系统与智能控制[J]. 控制理论与应用, 1994, 11(1): 99-102.

[5]郑应平. 钱学森与控制论[J]. 中国工程科学, 2001, 3(10): 7-12.

[6]郑大钟, 郑应平. 离散事件动态系统理论: 现状和展望[J]. 自动化学报, 1992, 18(2): 129-142.

[7]Boukas E K. Stochastic Switching Systems: Analysis and Design[M]. Switzerland: Springer Science & Business Media, 2007.

[8]Sun Z. Switched Linear Systems: Control and Design[M]. Switzerland: Springer Science & Business Media, 2006.

[9]Mahmoud M S, Shi P. Methodologies for Control of Jump Time-delay Systems[M]. Switzerland: Springer Science & Business Media, 2007.

[10]Li F, Shi P, Wu L. Control and Filtering for Semi-Markovian Jump Systems[M]. Switzerland: Springer International Publishing, 2017.

[11]Shen H, Park J H, Zhang L, et al. Robust extended dissipative control for sampled-data Markov jump systems[J]. International Journal of Control, 2014, 87(8): 1549-1564.

[12]Liberzon D. Switching in Systems and Control[M]. Switzerland: Springer Science & Business Media, 2003.

[13]Lian J, Shi P, Feng Z. Passivity and passification for a class of uncertain switched stochastic time-delay systems[J]. IEEE Transactions on Cybernetics, 2012, 43(1): 3-13.

[14]Zhang D, Shi P, Zhang W A, et al. Energy-efficient distributed filtering in sensor networks: A unified switched system approach[J]. IEEE Transactions on Cybernetics, 2016, 47(7): 1618-1629.

[15]Abe K, Smerpitak K, Pongswatd S, et al. A step-down switched-capacitor AC-DC converter with double conversion topology[J]. International Journal of Innovative Computing, Information and Control, 2017, 13(1): 319-330.

[16]Peleties P, DeCarlo R. Asymptotic stability of m-switched systems using Lyapunov-like functions[C]//1991 American Control Conference. IEEE, 1991: 1679-1684.

[17]Davrazos G, Koussoulas N T. A review of stability results for switched and hybrid systems[C]//Mediterranean Conference on Control and Automation, 2001.

[18]Abdallah C T, Fierro R, Lewis F L. Common, multiple and parametric Lyapunov functions for a class of hybrid dynamical systems[C]//Proceedings of the 4th IEEE Mediterranean Symposium of New Directions in Control and Automation. IEEE, 1996: 77.

[19]Zhai G, Hu B, Yasuda K, et al. Stability analysis of switched systems with stable and unstable subsystems: An average dwell time approach[J]. International Journal of Systems Science, 2001, 32(8): 1055-1061.

[20]Lu B, Wu F. Switching LPV control designs using multiple parameter-dependent Lyapunov functions[J]. Automatica, 2004, 40(11): 1973-1980.

[21]Yang D, Zhao J. Stabilization for switched LPV systems with Markovian jump parameters and its application[J]. Asian Journal of Control, 2017, 19(1): 11-21.

[22]Wang Q, Wu Z G, Shi P, et al. Stability analysis and control for switched system with bounded actuators[J]. IEEE Transactions on Systems, Man, and Cybernetics: Systems, 2018.

[23]Zhang L, Peng S. $\mathcal{L}_2-\mathcal{L}_\infty$ model reduction for switched LPV systems with average dwell time[J]. IEEE Transactions on Automatic Control, 2008, 53(10): 2443-2448.

[24]Lee J W, Dullerud G E. Uniform stabilization of discrete-time switched and Markovian jump linear systems[J]. Automatica, 2006, 42(2): 205-218.

[25]Krasovskii N N, Lidskii E A. Analytical design of controllers in systems with random attributes[J]. Automation and Remote Control, 1961, 22(1-3): 1021-1025.

[26]Sworder D. Feedback control of a class of linear systems with jump parameters[J]. IEEE Transactions on Automatic Control, 1969, 14(1): 9-14.

[27]Shi P, Boukas E K, Agarwal R K. Kalman filtering for continuous-time uncertain systems with Markovian jumping parameters[J]. IEEE Transactions on Automatic Control, 1999, 44(8): 1592-1597.

[28]Shi P, Boukas E K, Agarwal R K. Control of Markovian jump discrete-time systems with norm bounded uncertainty and unknown delay[J]. IEEE Transactions on Automatic Control, 1999, 44(11): 2139-2144.

[29]Xiong J, Lam J. Robust $\mathcal{H}_2$ control of Markovian jump systems with uncertain switching probabilities[J]. International Journal of Systems Science, 2009, 40(3): 255-265.

[30]Sakthivel R, Selvi S, Mathiyalagan K, et al. Reliable mixed $\mathcal{H}_\infty$ and passivity-based control for fuzzy Markovian switching systems with probabilistic time delays and actuator failures[J]. IEEE Transactions on Cybernetics, 2015, 45(12): 2720-2731.

[31]Feng X, Loparo K A, Ji Y, et al. Stochastic stability properties of jump linear systems[J]. IEEE Transactions on Automatic Control, 1992, 37(1): 38-53.

[32]Ji Y, Chizeck H J. Controllability, stabilizability, and continuous-time Markovian jump linear quadratic control[J]. IEEE Transactions on Automatic Control, 1990, 35(7): 777-788.

[33]Fang Y, Loparo K A. Stabilization of continuous-time jump linear systems[J]. IEEE Transactions on Automatic Control, 2002, 47(10): 1590-1603.

[34]杨婷. 离散 Markov 与 Semi-Markov 随机切换系统的分析与控制[D]. 哈尔滨：哈尔滨工业大学, 2016.

[35]Shi P, Li F. A survey on Markovian jump systems: Modeling and design[J]. International Journal of Control, Automation and Systems, 2015, 13(1): 1-16.

[36]Shi P, Li F, Wu L, et al. Neural network-based passive filtering for delayed neutral-type semi-Markovian jump

systems[J]. IEEE Transactions on Neural Networks and Learning Systems, 2016, 28(9): 2101-2114.

[37]Zhang L, Boukas E K, Lam J. Analysis and synthesis of Markov jump linear systems with time-varying delays and partially known transition probabilities[J]. IEEE Transactions on Automatic Control, 2008, 53(10): 2458-2464.

[38]Zhang L, Boukas E K. Stability and stabilization of Markovian jump linear systems with partly unknown transition probabilities[J]. Automatica, 2009, 45(2): 463-468.

[39]Zhang Y, He Y, Wu M, et al. Stabilization for Markovian jump systems with partial information on transition probability based on free-connection weighting matrices[J]. Automatica, 2011, 47(1): 79-84.

[40]Wei Y, Qiu J, Karimi H R, et al. $\mathcal{H}_\infty$ model reduction for continuous-time Markovian jump systems with incomplete statistics of mode information[J]. International Journal of Systems Science, 2014, 45(7): 1496-1507.

[41]Qiu J, Wei Y, Karimi H R. New approach to delay-dependent $\mathcal{H}_\infty$ control for continuous-time Markovian jump systems with time-varying delay and deficient transition descriptions[J]. Journal of the Franklin Institute, 2015, 352(1): 189-215.

[42]Shen M, Park J H, Ye D. A separated approach to control of Markov jump nonlinear systems with general transition probabilities[J]. IEEE Transactions on Cybernetics, 2015, 46(9): 2010-2018.

[43]Shen M, Nguang S K, Ahn C K. Quantized $\mathcal{H}_\infty$ output control of linear Markov jump systems in finite frequency domain[J]. IEEE Transactions on Systems, Man, and Cybernetics: Systems, 2018, 49(9): 1901-1911.

[44]Xu B, Liu Y. An improved Razumikhin-type theorem and its applications[J]. IEEE Transactions on Automatic Control, 1994, 39(4): 839-841.

[45]沈轶，廖晓昕. 随机中立型泛函微分方程指数稳定的 Razumikhin 型定理[J]. 科学通报，1998, 43(21): 2272-2275.

[46]Cao Y Y, Frank P M. Analysis and synthesis of nonlinear time-delay systems via fuzzy control approach[J]. IEEE Transactions on Fuzzy Systems, 2000, 8(2): 200-211.

[47]Gu K. An improved stability criterion for systems with distributed delays[J]. International Journal of Robust and Nonlinear Control, 2003, 13(9): 819-831.

[48]Wu M, He Y, She J H, et al. Delay-dependent criteria for robust stability of time-varying delay systems[J]. Automatica, 2004, 40(8): 1435-1439.

[49]Park P G. A delay-dependent stability criterion for systems with uncertain time-invariant delays[J]. IEEE Transactions on Automatic Control, 1999, 44(4): 876-877.

[50]Moon Y S, Park P, Kwon W H, et al. Delay-dependent robust stabilization of uncertain state-delayed systems[J]. International Journal of Control, 2001, 74(14): 1447-1455.

[51]Park J H. A new delay-dependent criterion for neutral systems with multiple delays[J]. Journal of Computational and Applied Mathematics, 2001, 136(1-2): 177-184.

[52]Chen W H, Guan Z H, Lu X. Delay-dependent exponential stability of uncertain stochastic systems with multiple delays: An LMI approach[J]. Systems & Control Letters, 2005, 54(6): 547-555.

[53]Gu K. An integral inequality in the stability problem of time-delay systems[C]//Proceedings of the 39th IEEE

Conference on Decision and Control. IEEE, 2000, 3: 2805-2810.

[54]Shao H. Improved delay-dependent stability criteria for systems with a delay varying in a range[J]. Automatica, 2008, 44(12): 3215-3218.

[55]Liu K, Fridman E. Wirtinger's inequality and Lyapunov-based sampled-data stabilization[J]. Automatica, 2012, 48(1): 102-108.

[56]Hardy L J P G. Inequalities[M]. Cambridge: Cambridge University Press, 1934.

[57]Park P G, Ko J W, Jeong C. Reciprocally convex approach to stability of systems with time-varying delays[J]. Automatica, 2011, 47(1): 235-238.

[58]Feng Z, Lam J, Yang G H. Optimal partitioning method for stability analysis of continuous/discrete delay systems[J]. International Journal of Robust and Nonlinear Control, 2015, 25(4): 559-574.

[59]赵旭东，凌明祥，曾庆双. 基于时滞分割法的 Markov 随机切换系统指数稳定性[J]. 系统工程与电子技术, 2010, 31(9): 2200-2207.

[60]Wu M, He Y, She J H. New delay-dependent stability criteria and stabilizing method for neutral systems[J]. IEEE Transactions on Automatic Control, 2004, 49(12): 2266-2271.

[61]He Y, Wang Q G, Lin C, et al. Delay-range-dependent stability for systems with time-varying delay[J]. Automatica, 2007, 43(2): 371-376.

[62]He Y, Zhang Y, Wu M, et al. Improved exponential stability for stochastic Markovian jump systems with nonlinearity and time-varying delay[J]. International Journal of Robust and Nonlinear Control, 2010, 20(1): 16-26.

[63]Zhang W, Cai X S, Han Z Z. Robust stability criteria for systems with interval time-varying delay and nonlinear perturbations[J]. Journal of Computational and Applied Mathematics, 2010, 234(1): 174-180.

[64]Zhao Y, Gao H, Lam J, et al. Stability and stabilization of delayed T-S fuzzy systems: A delay partitioning approach[J]. IEEE Transactions on Fuzzy Systems, 2008, 17(4): 750-762.

[65]Gu K, Chen J, Kharitonov V L. Stability of Time-delay Systems[M]. Switzerland: Springer Science & Business Media, 2003.

[66]Fridman E, Shaked U. Input-output approach to stability and $\mathcal{L}_2$-gain analysis of systems with time-varying delays[J]. Systems & Control Letters, 2006, 55(12): 1041-1053.

[67]Li H, Gao Y, Wu L, et al. Fault detection for T-S fuzzy time-delay systems: delta operator and input-output methods[J]. IEEE Transactions on Cybernetics, 2014, 45(2): 229-241.

[68]Su X, Shi P, Wu L, et al. A novel approach to filter design for T-S fuzzy discrete-time systems with time-varying delay[J]. IEEE Transactions on Fuzzy Systems, 2012, 20(6): 1114-1129.

[69]Zhang J, Knopse C R, Tsiotras P. Stability of time-delay systems: Equivalence between Lyapunov and scaled small-gain conditions[J]. IEEE Transactions on Automatic Control, 2001, 46(3): 482-486.

[70]魏延岭. 具有不完整模式信息的 Markovian 跳跃系统的鲁棒滤波和控制[D]. 哈尔滨：哈尔滨工业大学, 2014.

[71]Wei Y, Qiu J, Karimi H R, et al. New results on dynamic output feedback control for Markovian jump systems with time-varying delay and defective mode information[J]. Optimal Control Applications and Methods, 2014, 35(6):

656-675.

[72]Wei Y, Qiu J, Fu S. Mode-dependent nonrational output feedback control for continuous-time semi-Markovian jump systems with time-varying delay[J]. Nonlinear Analysis: Hybrid Systems, 2015, 16: 52-71.

[73]陶杰. 马尔科夫跳变系统的耗散性分析与综合[D]. 杭州: 浙江大学, 2018.

[74]Willems J C. Dissipative dynamical systems part I: General theory[J]. Archive for Rational Mechanics and Analysis, 1972, 45(5): 321-351.

[75]Willems J C. Dissipative dynamical systems part II: Linear systems with quadratic supply rates[J]. Archive for Rational Mechanics and Analysis, 1972, 45(5): 352-393.

[76]Xia M, Antsaklis P J, Gupta V, et al. Passivity and dissipativity analysis of a system and its approximation[J]. IEEE Transactions on Automatic Control, 2016, 62(2): 620-635.

[77]Zhang M, Shi P, Liu Z, et al. Dissipativity-based asynchronous control of discrete-time Markov jump systems with mixed time delays[J]. International Journal of Robust and Nonlinear Control, 2018, 28(6): 2161-2171.

[78]Sakthivel R, Saravanakumar T, Kaviarasan B, et al. Dissipativity based repetitive control for switched stochastic dynamical systems[J]. Applied Mathematics and Computation, 2016, 291: 340-353.

[79]Tao J, Lu R, Su H, et al. Dissipativity-based asynchronous state estimation for Markov jump neural networks with jumping fading channels[J]. Neurocomputing, 2017, 241: 56-63.

[80]Li F, Du C, Yang C, et al. Passivity-based asynchronous sliding mode control for delayed singular Markovian jump systems[J]. IEEE Transactions on Automatic Control, 2017, 63(8): 2715-2721.

[81]Wu Z G, Shi P, Shu Z, et al. Passivity-based asynchronous control for Markov jump systems[J]. IEEE Transactions on Automatic Control, 2016, 62(4): 2020-2025.

[82]Shen H, Wu Z G, Park J H. Reliable mixed passive and filtering for semi-Markov jump systems with randomly occurring uncertainties and sensor failures[J]. International Journal of Robust and Nonlinear Control, 2015, 25(17): 3231-3251.

[83]Wu L, Zheng W X, Gao H. Dissipativity-based sliding mode control of switched stochastic systems[J]. IEEE Transactions on Automatic Control, 2012, 58(3): 785-791.

[84]Shi P, Su X, Li F. Dissipativity-based filtering for fuzzy switched systems with stochastic perturbation[J]. IEEE Transactions on Automatic Control, 2015, 61(6): 1694-1699.

[85]Wu Z G, Dong S, Su H, et al. Asynchronous dissipative control for fuzzy Markov jump systems[J]. IEEE Transactions on Cybernetics, 2017, 48(8): 2426-2436.

[86]Ishizaki T, Sandberg H, Kashima K, et al. Dissipativity-preserving model reduction for large-scale distributed control systems[J]. IEEE Transactions on Automatic Control, 2014, 60(4): 1023-1037.

[87]Shen Y, Wu Z G, Shi P, et al. Dissipativity-based asynchronous filtering for periodic Markov jump systems[J]. Information Sciences, 2017, 420: 505-516.

[88]Wang J, Shen H. Passivity-based fault-tolerant synchronization control of chaotic neural networks against actuator faults using the semi-Markov jump model approach[J]. Neurocomputing, 2014, 143: 51-56.

[89]Liu X, Yu X, Ma G, et al. On sliding mode control for networked control systems with semi-Markovian switching and random sensor delays[J]. Information Sciences, 2016, 337: 44-58.

[90]Jiang B, Kao Y, Gao C, et al. Passification of uncertain singular semi-Markovian jump systems with actuator failures via sliding mode approach[J]. IEEE Transactions on Automatic Control, 2017, 62(8): 4138-4143.

[91]Huang J, Shi Y. Stochastic stability and robust stabilization of semi-Markov jump linear systems[J]. International Journal of Robust and Nonlinear Control, 2013, 23(18): 2028-2043.

[92]Li F, Wu L, Shi P. Stochastic stability of semi-Markovian jump systems with mode - dependent delays[J]. International Journal of Robust and Nonlinear Control, 2014, 24(18): 3317-3330.

[93]Ding Y, Liu H. Stability analysis of continuous-time Markovian jump time-delay systems with time-varying transition rates[J]. Journal of the Franklin Institute, 2016, 353(11): 2418-2430.

[94]Hou Z, Luo J, Shi P. Stochastic stability of linear systems with semi-Markovian jump parameters[J]. The ANZIAM Journal, 2005, 46(3): 331-340.

[95]Hou Z, Luo J, Shi P, et al. Stochastic stability of Ito differential equations with semi-Markovian jump parameters[J]. IEEE Transactions on Automatic Control, 2006, 51(8): 1383-1387.

[96]Liu X, Ma G, Jiang X, et al. $\mathcal{H}_\infty$ stochastic synchronization for master-slave semi-Markovian switching system via sliding mode control[J]. Complexity, 2016, 21(6): 430-441.

[97]Li F, Wu L, Shi P, et al. State estimation and sliding mode control for semi-Markovian jump systems with mismatched uncertainties[J]. Automatica, 2015, 51: 385-393.

[98]李繁飙. 半马尔科夫跳变系统的分析和综合[D]. 哈尔滨: 哈尔滨工业大学, 2015.

[99]Yao X, Wu L, Zheng W X. Filtering and Control of Stochastic Jump Hybrid Systems[M]. Switzerland: Springer International Publishing, 2016.

[100]Zhang L, Yang T, Shi P, et al. Analysis and Design of Markov Jump Systems with Complex Transition Probabilities[M]. Switzerland: Springer International Publishing, 2016.

[101]Boukas E K, Liu Z. Robust $\mathcal{H}_\infty$ control of discrete-time Markovian jump linear systems with mode-dependent time-delays[J]. IEEE Transactions on Automatic Control, 2001, 46(12): 1918-1924.

[102]Wen J, Nguang S K, Shi P, et al. Robust $\mathcal{H}_\infty$ control of discrete-time nonhomogenous Markovian jump systems via multistep Lyapunov function approach[J]. IEEE Transactions on Systems, Man, and Cybernetics: Systems, 2016, 47(7): 1439-1450.

[103]Costa O L V, do Val J B R, Geromel J C. Continuous-time state-feedback $\mathcal{H}_2$-control of Markovian jump linear systems via convex analysis[J]. Automatica, 1999, 35(2): 259-268.

[104]Wu L, Su X, Shi P. Output feedback control of Markovian jump repeated scalar nonlinear systems[J]. IEEE Transactions on Automatic Control, 2013, 59(1): 199-204.

[105]Hou L, Zong G, Zheng W, et al. Exponential $\mathcal{L}_2-\mathcal{L}_\infty$ control for discrete-time switching Markov jump linear systems[J]. Circuits, Systems, and Signal Processing, 2013, 32(6): 2745-2759.

[106]Shi P, Zhang Y, Chadli M, et al. Mixed $\mathcal{H}_\infty$ and passive filtering for discrete fuzzy neural networks with stochastic

jumps and time delays[J]. IEEE Transactions on Neural Networks and Learning Systems, 2015, 27(4): 903-909.

[107]Wu H N, Cai K Y. Mode-independent robust stabilization for uncertain Markovian jump nonlinear systems via fuzzy control[J]. IEEE Transactions on Systems, Man, and Cybernetics, Part B (Cybernetics), 2006, 36(3): 509-519.

[108]El Ghaoui L, Rami M A. Robust state - feedback stabilization of jump linear systems via LMIs[J]. International Journal of Robust and Nonlinear Control, 1996, 6(9-10): 1015-1022.

[109]Xiong J, Lam J, Gao H, et al. On robust stabilization of Markovian jump systems with uncertain switching probabilities[J]. Automatica, 2005, 41(5): 897-903.

[110]Chen M, Yang X, Shen H, et al. Finite-time asynchronous $\mathcal{H}_\infty$ control for Markov jump repeated scalar non-linear systems with input constraints[J]. Applied Mathematics and Computation, 2016, 275: 172-180.

[111]Boukas E K. Static output feedback control for stochastic hybrid systems: LMI approach[J]. Automatica, 2006, 42(1): 183-188.

[112]Shu Z, Lam J, Xiong J. Static output-feedback stabilization of discrete-time Markovian jump linear systems: A system augmentation approach[J]. Automatica, 2010, 46(4): 687-694.

[113]Cheng J, Park J H, Karimi H R, et al. Static output feedback control of nonhomogeneous Markovian jump systems with asynchronous time delays[J]. Information Sciences, 2017, 399: 219-238.

[114]Kwon N K, Park I S, Park P G, et al. Dynamic output-feedback control for singular Markovian jump system: LMI approach[J]. IEEE Transactions on Automatic Control, 2017, 62(10): 5396-5400.

[115]Kalman R E. A new approach to linear filtering and prediction problems[J]. Journal of Basic Engineering, 1960, 82(1): 35-45.

[116]Xu S, Chen T, Lam J. Robust $\mathcal{H}_\infty$ filtering for uncertain Markovian jump systems with mode-dependent time delays[J]. IEEE Transactions on Automatic Control, 2003, 48(5): 900-907.

[117]Xu S, Lam J, Mao X. Delay-dependent $\mathcal{H}_\infty$ control and filtering for uncertain Markovian jump systems with time-varying delays[J]. IEEE Transactions on Circuits and Systems I, 2007, 54(9): 2070-2077.

[118]Dong H, Wang Z, Ho D W C, et al. Robust $\mathcal{H}_\infty$ filtering for Markovian jump systems with randomly occurring nonlinearities and sensor saturation: The finite-horizon case[J]. IEEE Transactions on Signal Processing, 2011, 59(7): 3048-3057.

[119]Mahmoud M S, Shi P. Robust Kalman filtering for continuous time-lag systems with Markovian jump parameters[J]. IEEE Transactions on Circuits and Systems I, 2003, 50(1): 98-105.

[120]Carlos E, Alexandre T, Karina A. Mode-independent $\mathcal{H}_\infty$ filter for Markovian jump linear systems[J]. IEEE Transactions on Automatic Control, 2006, 51(11): 1837-1841.

[121]Wu L, Shi P, Gao H, et al. $\mathcal{H}_\infty$ filtering for 2D Markovian jump systems[J]. Automatica, 2008, 44(7): 1849-1858.

[122]Zhang L, Boukas E K. Mode-dependent $\mathcal{H}_\infty$ filtering for discrete-time Markovian jump linear systems with partly unknown transition probabilities[J]. Automatica, 2009, 45(6): 1462-1467.

[123]Li F, Shi P, Lim C C, et al. Fault detection filtering for nonhomogeneous Markovian jump systems via a fuzzy approach[J]. IEEE Transactions on Fuzzy Systems, 2016, 26(1): 131-141.

[124]Wu Z G, Dong S, Shi P, et al. Reliable filtering of nonlinear Markovian jump systems: The continuous-time case[J]. IEEE Transactions on Systems, Man, and Cybernetics: Systems, 2017, 49(2): 386-394.

[125]Antoulas A C. Approximation of Large-scale Dynamical Systems[M]. Philadelphia, PA, USA: Society for Industrial and Applied Mathematics, 2005.

[126]Gugercin S, Antoulas A C. A survey of model reduction by balanced truncation and some new results[J]. International Journal of Control, 2004, 77(8): 748-766.

[127]Lastman G. Reduced-order aggregated models for bilinear time-invariant dynamical systems[J]. IEEE Transactions on Automatic Control, 1984, 29(4): 359-361.

[128]Al Fhaid M S. Aggregated models reduction via real schur from decomposition[J]. Control and Computers, 1997, 25(3): 105-108.

[129]Kung S, Lin D. Optimal Hankel-norm model reductions: Multivariable systems[J]. IEEE Transactions on Automatic Control, 1981, 26(4): 832-852.

[130]Glover K. All optimal Hankel-norm approximations of linear multivariable systems and their $\mathcal{L}_\infty$ -error bounds[J]. International Journal of Control, 1984, 39(6): 1115-1193.

[132]Zhang L, Lam J. On $\mathcal{H}_2$ model reduction of bilinear systems[J]. Automatica, 2002, 38(2): 205-216.

[132]Gugercin S, Antoulas A C, Beattie C. $\mathcal{H}_2$ model reduction for large-scale linear dynamical systems[J]. SIAM Journal on Matrix Analysis and Applications, 2008, 30(2): 609-638.

[133]Benner P, Breiten T. On $\mathcal{H}_2$ - model reduction of linear parameter - varying systems[J]. PAMM, 2011, 11(1): 805-806.

[134]Enns D F. Model reduction with balanced realizations: An error bound and a frequency weighted generalization[C]//The 23rd IEEE Conference on Decision and Control. IEEE, 1984: 127-132.

[135]Willcox K, Peraire J. Balanced model reduction via the proper orthogonal decomposition[J]. AIAA Journal, 2002, 40(11): 2323-2330.

[136]Farhood M, Beck C L. On the balanced truncation and coprime factors reduction of Markovian jump linear systems[J]. Systems & Control Letters, 2014, 64: 96-106.

[137]Moreno C P, Seiler P J, Balas G J. Model reduction for Aeroservoelastic systems[J]. Journal of Aircraft, 2014, 51(1): 280-290.

[138]Grigoriadis K M. Optimal $\mathcal{H}_\infty$ model reduction via linear matrix inequalities: Continuous-and discrete-time cases[J]. Systems & Control Letters, 1995, 26(5): 321-333.

[139]Lu H, Zhou W, Xu Y, et al. Time-delay dependent $\mathcal{H}_\infty$ model simplification for singular systems with Markovian jumping parameters[J]. Optimal Control Applications and Methods, 2011, 32(4): 379-395.

[140]Gao H, Lam J, Wang C, et al. $\mathcal{H}_\infty$ model reduction for discrete time-delay systems: Delay-independent and dependent approaches[J]. International Journal of Control, 2004, 77(4): 321-335.

[141]Wu L, Shi P, Gao H, et al. $\mathcal{H}_\infty$ model reduction for linear parameter-varying systems with distributed delay[J]. International Journal of Control, 2009, 82(3): 408-422.

[142]Wu L, Zheng W X. Weighted $\mathcal{H}_\infty$ model reduction for linear switched systems with time-varying delay[J]. Automatica, 2009, 45(1): 186-193.

[143]Su X, Wu L, Shi P, et al. $\mathcal{H}_\infty$ model reduction of Takagi-Sugeno fuzzy stochastic systems[J]. IEEE Transactions on Systems, Man, and Cybernetics. Part B, Cybernetics, 2012, 42(6): 1574-1585.

[144]Sun M, Lam J. Model reduction of discrete Markovian jump systems with time-weighted $\mathcal{H}_2$ performance[J]. International Journal of Robust and Nonlinear Control, 2016, 26(3): 401-425.

[145]Zhang L, Huang B, Lam J. $\mathcal{H}_\infty$ model reduction of Markovian jump linear systems[J]. Systems & Control Letters, 2003, 50(2): 103-118.

[146]Zhang L, Boukas E K, Shi P. $\mathcal{H}_\infty$ model reduction for discrete-time Markov jump linear systems with partially known transition probabilities[J]. International Journal of Control, 2009, 82(2): 343-351.

[147]Wei Y, Qiu J, Karimi H R, et al. Model approximation for two-dimensional Markovian jump systems with state-delays and imperfect mode information[J]. Multidimensional Systems and Signal Processing, 2015, 26(3): 575-597.

[148]Li X, Lam J, Gao H, et al. Improved results on $\mathcal{H}_\infty$ model reduction for Markovian jump systems with partly known transition probabilities[J]. Systems & Control Letters, 2014, 70: 109-117.

[149]Zhou K, Salomon G, Wu E. Balanced realization and model reduction for unstable systems[J]. International Journal of Robust and Nonlinear Control, 1999, 9(3): 183-198.

[150]Farhood M, Dullerud G E. Model reduction of nonstationary LPV systems[J]. IEEE Transactions on Automatic Control, 2007, 52(2): 181-196.

[151]Monshizadeh N, Trentelman H L, Camlibel M K. A simultaneous balanced truncation approach to model reduction of switched linear systems[J]. IEEE Transactions on Automatic Control, 2012, 57(12): 3118-3131.

[152]Kotsalis G, Megretski A, Dahleh M A. Balanced truncation for a class of stochastic jump linear systems and model reduction for hidden Markov models[J]. IEEE Transactions on Automatic Control, 2008, 53(11): 2543-2557.

[153]Kotsalis G, Rantzer A. Balanced truncation for discrete time Markov jump linear systems[J]. IEEE Transactions on Automatic Control, 2010, 55(11): 2606-2611.

[154]Shen M, Park J H, Fei S. Event-triggered nonfragile $\mathcal{H}_\infty$ filtering of Markov jump systems with imperfect transmissions[J]. Signal Processing, 2018, 149: 204-213.

[155]Kozin F. A survey of stability of stochastic systems[J]. Automatica, 1969, 5(1): 95-112.

[156]Wu M, He Y, She J H. Stability Analysis and Robust Control of Time-delay Systems[M]. Berlin: Springer, 2010.

[157]Xu S, Lam J, Chen T, et al. A delay-dependent approach to robust $\mathcal{H}_\infty$ filtering for uncertain distributed delay systems[J]. IEEE Transactions on Signal Processing, 2005, 53(10): 3764-3772.

[158]Kao Y, Yang T, Park J H. Exponential stability of switched Markovian jumping neutral-type systems with generally incomplete transition rates[J]. International Journal of Robust and Nonlinear Control, 2018, 28(5): 1583-1596.

[159]徐康丽, 杨志霞, 蒋耀林. 保结构及无源性的 $\mathcal{H}_2$ 模型降阶方法[J]. 计算机仿真, 2015, 32(12): 226-230.

[160]Huang Q, Li X, Fang C, et al. An aggregating based model order reduction method for power grids[J]. Integration, 2016, 55: 449-454.

[161]Cao X, Saltik M B, Weiland S. Optimal Hankel norm model reduction for discrete-time descriptor systems[J]. Journal of the Franklin Institute, 2019, 356(7): 4124-4143.

[162]Yu L, Xiong J. Moment matching model reduction for negative imaginary systems[J]. Journal of the Franklin Institute, 2019, 356(4): 2274-2293.

[163]Prajapati A K, Prasad R. A new model order reduction method for the design of compensator by using moment matching algorithm[J]. Transactions of the Institute of Measurement and Control, 2020, 42(3): 472-484.

[164]杜鑫, 吴新聪, 胡正, 等. 基于平衡截断的线性切换系统有限频模型降阶[J]. 控制工程, 2019 (4): 16.

[165]Xiao Z H, Jiang Y L, Qi Z Z. Finite-time balanced truncation for linear systems via shifted Legendre polynomials[J]. Systems & Control Letters, 2019, 126: 48-57.

[166]Yu L, Xiong J. $\mathcal{H}_\infty$ model reduction for interval frequency negative imaginary systems[J]. IEEE Transactions on Circuits and Systems I: Regular Papers, 2019, 66(3): 1116-1129.

[167]Zhang H, Lim C C, Wu L, et al. Time-weighted MR for switched LPV systems via balanced realisation[J]. IET Control Theory & Applications, 2017, 11(17): 3069-3078.

[168]Sreeram V. Frequency response error bounds for time-weighted balanced truncation[C]//Proceedings of the 41st IEEE Conference on Decision and Control. IEEE, 2002: 3330-3331.

[169]Tahavori M, Shaker H R. Time-weighted balanced stochastic model reduction[C]//2011 50th IEEE Conference on Decision and Control and European Control Conference. IEEE, 2011: 7777-7781.

[170]Mohammadpour J, Scherer C W. Control of Linear Parameter Varying Systems with Applications[M]. Switzerland: Springer Science & Business Media, 2012.

[171]Briat C. Linear parameter-varying and time-delay systems[J]. Analysis, Observation, Filtering & Control, 2014, 3: 5-7.

[172]He X, Dimirovski G M, Zhao J. Control of switched LPV systems using common Lyapunov function method and an F-16 aircraft application[C]//2010 IEEE International Conference on Systems, Man and Cybernetics. IEEE, 2010: 386-392.

[173]Wu L, Wang Z, Gao H, et al. $\mathcal{H}_\infty$ and $\mathcal{L}_2-\mathcal{L}_\infty$ filtering for two-dimensional linear parameter-varying systems[J]. International Journal of Robust and Nonlinear Control, 2007, 17(12): 1129-1154.

[174]Benner P, Damm T. Lyapunov equations, energy functionals, and model order reduction of bilinear and stochastic systems[J]. SIAM Journal on Control and Optimization, 2011, 49(2): 686-711.

[175]De Schutter B. Minimal state-space realization in linear system theory: An overview[J]. Journal of Computational and Applied Mathematics, 2000, 121(1-2): 331-354.

[176]Sandberg H, Rantzer A. Balanced truncation of linear time-varying systems[J]. IEEE Transactions on Automatic Control, 2004, 49(2): 217-229.

[177]Wood G D, Goddard P J, Glover K. Approximation of linear parameter-varying systems[C]//Proceedings of 35th

IEEE Conference on Decision and Control. IEEE, 1996: 406-411.

[178]Chen H, Zhu C, Hu P, et al. Delayed-state-feedback exponential stabilization for uncertain Markovian jump systems with mode-dependent time-varying state delays[J]. Nonlinear Dynamics, 2012, 69(3): 1023-1039.

[179]Zhang L, Huang B, Chen T. Model reduction of uncertain systems with multiplicative noise based on balancing[J]. SIAM Journal on Control and Optimization, 2006, 45(5): 1541-1560.

[180]Wang X, Wang Q, Zhang Z, et al. Balanced truncation for time-delay systems via approximate Gramians[C]//16th Asia and South Pacific Design Automation Conference (ASP-DAC 2011). IEEE, 2011: 55-60.

[181]Jarlebring E, Damm T, Michiels W. Model reduction of time-delay systems using position balancing and delay Lyapunov equations[J]. Mathematics of Control, Signals, and Systems, 2013, 25(2): 147-166.

[182]Zhang H, Wu L, Shi P, et al. Balanced truncation approach to model reduction of Markovian jump time-varying delay systems[J]. Journal of the Franklin Institute, 2015, 352(10): 4205-4224.

[183]Xu S, Lam J, Huang S, et al. $\mathcal{H}_\infty$ model reduction for linear time-delay systems: Continuous-time case[J]. International Journal of Control, 2001, 74(11): 1062-1074.

[184]Feng Z, Lam J, Yang G H. Optimal partitioning method for stability analysis of continuous/discrete delay systems[J]. International Journal of Robust and Nonlinear Control, 2015, 25(4): 559-574.

[185]Goyal P, Redmann M. Time-limited $\mathcal{H}_2$-optimal model order reduction[J]. Applied Mathematics and Computation, 2019, 355: 184-197.

[186]Redmann M, Kürschner P. An output error bound for time-limited balanced truncation[J]. Systems & Control Letters, 2018, 121: 1-6.

[187]Redmann M. An $\mathcal{L}_T^2$-error bound for time-limited balanced truncation[J]. Systems & Control Letters, 2020, 136: 104620.

[188]Kürschner P. Balanced truncation model order reduction in limited time intervals for large systems[J]. Advances in Computational Mathematics, 2018, 44(6): 1821-1844.

[189]Rydel M, Stanisławski R, Latawiec K J. Balanced truncation model order reduction in limited frequency and time intervals for discrete-time commensurate fractional-order systems[J]. Symmetry, 2019, 11(2): 258.

[190]Zulfiqar U, Imran M, Ghafoor A, et al. Time/frequency-limited positive-real truncated balanced realizations[J]. IMA Journal of Mathematical Control and Information, 2020, 37(1): 64-81.

[191]De Farias D P, Geromel J C, Do Val J B R, et al. Output feedback control of Markov jump linear systems in continuous-time[J]. IEEE Transactions on Automatic Control, 2000, 45(5): 944-949.

[192]Su L, Ye D. Static output feedback control for discrete-time hidden Markov jump systems against deception attacks[J]. International Journal of Robust and Nonlinear Control, 2019, 29(18): 6616-6637.

[193]De Oliveira A M, Do Valle Costa O L, Daafouz J. Suboptimal $\mathcal{H}_2$ and $\mathcal{H}_\infty$ static output feedback control of hidden Markov jump linear systems[J]. European Journal of Control, 2020, 51: 10-18.

[194]Park C, Kwon N K, Park P G. Dynamic output-feedback control for continuous-time singular Markovian jump systems[J]. International Journal of Robust and Nonlinear Control, 2018, 28(11): 3521-3531.

[195]Park I S, Kwon N K, Park P G. Dynamic output-feedback control for singular Markovian jump systems with partly unknown transition rates[J]. Nonlinear Dynamics, 2019, 95(4): 3149-3160.

[196]Tartaglione G, Ariola M, Amato F. An observer-based output feedback controller for the finite-time stabilization of Markov jump linear systems[J]. IEEE Control Systems Letters, 2019, 3(3): 763-768.

[197]Tian Y, Yan H, Zhang H, et al. Dynamic output-feedback control of linear semi-Markov jump systems with incomplete semi-Markov kernel[J]. Automatica, 2020, 117: 108997.

[198]Rakkiyappan R, Maheswari K, Velmurugan G, et al. Event-triggered $\mathcal{H}_\infty$ state estimation for semi-Markov jumping discrete-time neural networks with quantization[J]. Neural Networks, 2018, 105: 236-248.

[199]Yang H, Li P, Xia Y, et al. Reduced-order $\mathcal{H}_\infty$ filter design for delta operator systems over multiple frequency intervals[J]. IEEE Transactions on Automatic Control, 2020, 65(12): 5376-5383.

[200]Huang H, Huang T, Chen X. Reduced-order state estimation of delayed recurrent neural networks[J]. Neural Networks, 2018, 98: 59-64.

[201]Rong L, Peng X, Zhang B. A reduced-order fault detection filter design for polytopic uncertain continuous-time Markovian jump systems with time-varying delays[J]. International Journal of Control, Automation and Systems, 2018, 16(5): 2021-2032.

[202]Morais C F, Palma J M, Peres P L D, et al. An LMI approach for $\mathcal{H}_2$ and $\mathcal{H}_\infty$ reduced-order filtering of uncertain discrete-time Markov and Bernoulli jump linear systems[J]. Automatica, 2018, 95: 463-471.

[203]Huang H, Huang T, Cao Y. Reduced-order filtering of delayed static neural networks with Markovian jumping parameters[J]. IEEE Transactions on Neural Networks and Learning Systems, 2018, 29(11): 5606-5618.

[204]Huiyan Z, Wengang A O. Dissipativity-based reduced-order filtering for uncertain semi-Markovian jump systems: continuous-time case[C]//2019 3rd International Symposium on Autonomous Systems (ISAS). IEEE, 2019: 474-477.

[205]Dong H, Wang Z, Ding S X, et al. Finite-horizon reliable control with randomly occurring uncertainties and nonlinearities subject to output quantization[J]. Automatica, 2015, 52: 355-362.

[206]Fu M, Xie L. The sector bound approach to quantized feedback control[J]. IEEE Transactions on Automatic Control, 2005, 50(11): 1698-1711.

[207]Shen M, Ye D, Wang Q G. Event-triggered $\mathcal{H}_\infty$ filtering of Markov jump systems with general transition probabilities[J]. Information Sciences, 2017, 418: 635-651.

[208]Seuret A, Gouaisbaut F. Wirtinger-based integral inequality: Application to time-delay systems[J]. Automatica, 2013, 49(9): 2860-2866.

附录：物理量名称及符号表

符号	说明(若矩阵维数没有说明，则假设其维数适合矩阵运算)
$(\mho,\mathcal{F},P_r)$	$\mho$ 表示采样空间，$\mathcal{F}$ 表示采样空间代数子集，P_r 表示 $\mathcal{F}$ 内的概率测度实数集
$\mathbb{R}$	实数集
$\mathbb{R}^n$	n 维实 Euclidean 空间
$\mathbb{R}^{n\times m}$	$n\times m$ 维实矩阵集合
$\Vert\cdot\Vert$	Euclidean 范数
$\Vert\boldsymbol{x}\Vert^2=\boldsymbol{x}^{\mathrm{T}}\boldsymbol{x}$	Euclidean 范数的平方
$\Vert\cdot\Vert_\infty$	$\mathcal{H}_\infty$ 范数
$\Vert\cdot\Vert_2$	$\mathcal{L}_2$ 范数
$\mathcal{L}_2[0,\infty)$	具有 $\Vert\cdot\Vert_2$ 范数且在 $[0,\infty)$ 上平方可积的向量函数空间
$\boldsymbol{A}^{-1}$	矩阵 $\boldsymbol{A}$ 的逆
$\boldsymbol{A}^{\mathrm{T}}$	矩阵 $\boldsymbol{A}$ 的转置
$\boldsymbol{A}>,\geqslant 0$	正定、半正定矩阵 $\boldsymbol{A}$
$\boldsymbol{A}<,\leqslant 0$	负定、半负定矩阵 $\boldsymbol{A}$
$\mathrm{sym}(\boldsymbol{A})$	$\mathrm{sym}(\boldsymbol{A})=\boldsymbol{A}+\boldsymbol{A}^{\mathrm{T}}$
$\mathrm{trace}(\boldsymbol{A})$	矩阵 $\boldsymbol{A}$ 的迹
$\mathrm{rank}(\boldsymbol{A})$	矩阵 $\boldsymbol{A}$ 的秩
$\mathrm{diag}\{\boldsymbol{A}_1,\cdots,\boldsymbol{A}_n\}$	由矩阵 $\boldsymbol{A}_1,\cdots,\boldsymbol{A}_n$ 构成的对角矩阵，即 $\mathrm{diag}\{\boldsymbol{A}_1,\cdots,\boldsymbol{A}_n\}=\begin{bmatrix}\boldsymbol{A}_1 & & \\ & \ddots & \\ & & \boldsymbol{A}_n\end{bmatrix}$
$\lambda_{\min}(\boldsymbol{A})$	矩阵 $\boldsymbol{A}$ 的最小特征值
$\lambda_{\max}(\boldsymbol{A})$	矩阵 $\boldsymbol{A}$ 的最大特征值
$\sigma_{\max}(\boldsymbol{A})$	矩阵 $\boldsymbol{A}$ 的最大奇异值
$\sup\{\boldsymbol{A}\}$	矩阵 $\boldsymbol{A}$ 的上确界
$\inf\{\boldsymbol{A}\}$	矩阵 $\boldsymbol{A}$ 的下确界

符号	说明(若矩阵维数没有说明，则假设其维数适合矩阵运算)
$\mathrm{E}[\cdot]$	数学期望
$P_r\{x\}$	x 的概率
矩阵中的 *	矩阵中对应块的转置，例如 $\begin{bmatrix} \boldsymbol{X} & \boldsymbol{Y} \\ * & \boldsymbol{Z} \end{bmatrix} = \begin{bmatrix} \boldsymbol{X} & \boldsymbol{Y} \\ \boldsymbol{Y}^{\mathrm{T}} & \boldsymbol{Z} \end{bmatrix}$
$\triangleq$	定义为
$\boldsymbol{I}$	具有适当维数的单位矩阵
$\boldsymbol{0}$	具有适当维数的零矩阵

后　记

本书基于现有的关于随机切换系统的研究成果，提出了一系列以降低系统分析与综合的复杂性为主要目的的理论研究，解决了随机切换系统的指数均方稳定性分析、随机稳定性分析、耗散性分析、模型降阶研究、降阶动态输出反馈控制器设计及混合阶滤波器设计等问题。现将本书的主要研究内容及主要创新点总结如下。

(1) 针对连续半马尔可夫切换系统中存在的时变时滞，本书提出了利用模态依赖和参数依赖的李雅普诺夫-克拉索夫斯基泛函、分割技术和 Jensen 不等式相结合的方法，具体指将时变时滞分割为均等的几份且在每个区间都要验证 LMI 成立的条件，得到了低保守性的半马尔可夫切换系统指数稳定且严格耗散的判定条件。这一部分内容由于降低了现有结论的保守性，同时包括系统的 $\mathcal{H}_\infty$ 性能、无源性及混合性能而更具有一般性，为后续随机切换系统的系统综合提供了良好的基础。

(2) 针对切换 LPV 系统，本书定义了新的时间加权格拉姆矩阵和能量函数的概念，提出了基于平衡实现的时间加权模型降阶方法。书中定义了切换 LPV 系统的时间加权格拉姆矩阵，并通过输入-输出能量有界求解时间加权格拉姆矩阵的算法，进一步将原系统根据系统的输入-输出性能转换为一种平衡形式；截断最不能控同时也不能观的系统状态得到降阶后的系统，并且降阶误差存在一个上界。本书提出的基于时间加权格拉姆矩阵的模型降阶方法能更好地保持原系统的结构和输入-输出性能，并且可以根据实际需求改变惩罚函数的系数来调整系统能降到的最低阶数。

(3) 针对转移概率部分可知的连续半马尔可夫切换系统，本书定义了新的有限时间区间内的广义格拉姆矩阵，提出了基于有限时间区间的平衡降阶算法。书中定义了有限时间格拉姆矩阵，并通过有限时间内能量有界求解有限时间格拉姆矩阵。相比无限时间平衡截断，本书提出的有限时间平衡降阶算法具有较低的降阶误差，并且能在有限时间内达到要求的性能指标，在实际工程中具有更广泛的应用价值。

(4) 本书充分考虑马尔可夫切换系统模态间逗留时间的分布情况，即无记忆性的指数分布和有记忆性的一般分布，以及转移概率矩阵中包含不确定性、部分可知、完全可知等情形，得到的结论更具有一般性。本书解决了随机切换系统的动态输出反馈控制器设计问题，并且将模型降阶的相关结论应用到控制器降阶中，拓展了降阶算法在实际中的应用范围。

(5) 针对连续半马尔可夫切换系统，本书考虑了系统输出信号传输过程中的量化器、传输时延以及触发序列等因素，解决了混合阶滤波器的设计问题。书中得到的降阶滤波器，可以估计真实的输出信号。书中充分考虑了半马尔可夫切换系统中随机发生的不确定性和时变转移概率矩阵，保证了滤波误差系统随机稳定且严格耗散的要求，得到的降阶滤波器降低了复杂随机系统的复杂性和设计成本。这部分重要结论填补了滤波器设计领域中的随机切换系统的降阶滤波器设计的空白，无论是在实际应用中还是在降阶理论研究领域均具有重要的意义。

随机切换系统的研究已经取得一些重要的结论，尤其是马尔可夫切换系统的降阶算法研究，作者认为以下问题仍存在不足或者有待解决。

(1) 本书提到的基于 LMI 或者格拉姆矩阵的降阶算法均是基于模型的算法，智能制造及无模型的大数据时代的到来，书中提到的基于模型的模型降阶算法将不再适用。其次，在分布式系统中，由于每个系统都有自己的目标，且子系统之间需要协作与通信，这类系统不能通过构造类似结构使误差系统满足某种性能或以系统输入-输出性能为准则截断来得到降阶系统。这类系统的模型降阶或称为聚合研究问题有待解决。

(2) 实际应用过程中随机切换系统模型往往更加复杂，如图像处理领域，二维马尔可夫切换系统的模型降阶研究鲜有发表。因此，考虑在随机发生的不确定性、外部干扰和时变时滞等复杂环境下，如何将一维的随机切换系统的模型降阶、降阶控制器设计及降阶滤波器设计推广到二维随机切换系统的问题亟待解决。

(3) 在降阶控制器或者滤波器的设计过程中，存在控制器参数和李雅普诺夫参数互相耦合的问题，书中提出引入疏松矩阵进而通过矩阵变换的方法得到控制器或者滤波器增益。然而，该方法由于引入了新的矩阵具有较高的保守性，因此如何针对连续半马尔可夫切换系统提出较低保守性的降阶控制器或者滤波器设计方法具有重要的研究意义。

(4) 目前关于混杂系统的模型降阶研究中，大部分集中于如何利用 LMI 工具箱在满足要求的性能指标下获得降阶模型参数，往往忽略了降阶模型的结构或者降阶模型是否能保持原系统的输入-输出性能。平衡截断算法根据系统的输入-输出性能来决定截断的状态，能很好地解决上述问题并且存在一个误差界。然而，平衡降阶算法是以牺牲尽可能小的系统性能为代价，获取较小的降阶误差，那么在实际工程应用中，如何在满足系统性能的前提下研究系统能降到的最低阶数鲜有发表。